长江治理与保护科技创新丛书

SERIES OF SCIENCE & TECHNOLOGY INNOVATION
FOR CHANGJIANG RIVER REHABILITATION AND PROTECTION

长江下游河道发育过程
与综合治理研究

渠庚 丁兵 柴朝晖 雷文韬 栾华龙 等 著

U0381998

中国水利水电出版社
www.waterpub.com.cn

·北京·

内 容 提 要

本书综合运用原型资料分析、数学模型计算和实体模型试验等多种手段，开展长江下游干流河道发育过程与综合治理研究，系统阐述长江下游干流河道的基本情况，揭示长江下游河道演变与发育特征，预测冲刷条件下长江下游干流河道发育趋势；在此基础上结合新时期长江河道综合治理需求，探讨长江下游干流河道综合治理思路，并针对长江下游安庆、马鞍山、镇扬等典型河段综合治理进行了深入研究。

全书资料翔实、观点清晰，紧密结合长江治理实际，具有较强的指导性和实用性；可供从事泥沙运动、河道演变与治理等专业的研究、规划与设计人员参考，也可供高等院校等相关专业师生阅读参考。

图书在版编目（CIP）数据

长江下游河道发育过程与综合治理研究 / 渠庚等著
. -- 北京 : 中国水利水电出版社，2021.10
（长江治理与保护科技创新丛书）
ISBN 978-7-5170-9961-1

Ⅰ. ①长… Ⅱ. ①渠… Ⅲ. ①长江－下游－河道整治－研究 Ⅳ. ①TV85

中国版本图书馆CIP数据核字(2021)第201615号

书 名	长江治理与保护科技创新丛书 **长江下游河道发育过程与综合治理研究** CHANG JIANG XIAYOU HEDAO FAYU GUOCHENG YU ZONGHE ZHILI YANJIU
作 者	渠 庚 丁 兵 柴朝晖 雷文韬 栾华龙 等 著
出版发行	中国水利水电出版社 （北京市海淀区玉渊潭南路 1 号 D 座　100038） 网址：www.waterpub.com.cn E - mail：sales@waterpub.com.cn 电话：(010) 68367658（营销中心）
经 售	北京科水图书销售中心（零售） 电话：(010) 88383994、63202643、68545874 全国各地新华书店和相关出版物销售网点
排 版	中国水利水电出版社微机排版中心
印 刷	天津嘉恒印务有限公司
规 格	184mm×260mm　16 开本　13.25 印张　322 千字
版 次	2021 年 10 月第 1 版　2021 年 10 月第 1 次印刷
定 价	**90.00 元**

丛书序

长江是中华民族的母亲河，是世界第三、中国第一大河，是我国水资源配置的战略水源地、重要的清洁能源战略基地、横贯东西的"黄金水道"和珍稀水生生物的天然宝库。中华人民共和国成立以来，经过 70 多年的艰苦努力，长江流域防洪减灾体系基本建立，水资源综合利用体系初步形成，水资源与水生态环境保护体系逐步构建，流域综合管理体系不断完善，保障了长江岁岁安澜，造福了流域亿万人民，长江治理与保护取得了历史性成就。但是我们也要清醒地认识到，由于流域水科学问题的复杂性，以及全球气候变化和人类活动加剧等影响，长江治理与保护依然存在诸多新老水问题亟待解决。

进入新时代，党和国家高度重视长江治理与保护。习近平总书记明确提出了"节水优先、空间均衡、系统治理、两手发力"的治水思路，为强化水治理、保障水安全指明了方向。习近平总书记的目光始终关注着壮美的长江，多次视察长江并发表重要讲话，考察长江三峡和南水北调工程并作出重要指示，擘画了长江大保护与长江经济带高质量发展的宏伟蓝图，强调要把全社会的思想统一到"生态优先、绿色发展"和"共抓大保护、不搞大开发"上来，在坚持生态环境保护的前提下，推动长江经济带科学、有序、高质量发展。面向未来，长江治理与保护的新情况、新问题、新任务、新要求和新挑战，需要长江治理与保护的理论与技术创新和支撑，着力解决长江治理与保护面临的新老水问题，推进治江事业高质量发展，为推动长江经济带高质量发展提供坚实的水利支撑与保障。

科学技术是第一生产力，创新是引领发展的第一动力。科技立委是长江水利委员会的优良传统和新时期发展战略的重要组成部分。作为长江水利委员会科研单位，长江科学院始终坚持科技创新，努力为国家水利事业以及长江保护、治理、开发与管理提供科技支撑，同时面向国民经济建设相关行业提供科技服务，70 年来为治水治江事业和经济社会发展作出了重要贡献。近年来，长江科学院认真贯彻习近平总书记关于科技创新的重要论述精神，积极服务长江经济带发展等国家重大战略，围绕长江流域水旱灾害防御、水资源节约利用与优化配置、水生态环境保护、河湖治理与保护、流域综合管理、水工程建设与运行管理等领域的重大科学问题和技术难题，攻坚克难，不断进取，在治理开发和保护长江等方面取得了丰硕的科技创新成果。《长江治理与保护科技创新丛书》正是对这些成果的系统总结，其编撰出版正逢其时、意义重大。本套丛书系统总结、提炼了多年来长江治理与保护的关键技术和科研成果，具有较高学术价值和文献价值，可为我国水利水电行业的技术发展和进步提供成熟的理论与技术借鉴。

本人很高兴看到这套丛书的编撰出版，也非常愿意向广大读者推荐。希望丛书的出版能够为进一步攻克长江治理与保护难题，更好地指导未来我国长江大保护实践提供技术支撑和保障。

长江水利委员会党组书记、主任

2021 年 8 月

丛书前言

　　长江流域是我国经济重心所在、发展活力所在，是我国重要的战略中心区域。围绕长江流域，我国规划有长江经济带发展、长江三角洲区域一体化发展及成渝地区双城经济圈等国家战略。保护与治理好长江，既关系到流域人民的福祉，也关乎国家的长治久安，更事关中华民族的伟大复兴。经过长期努力，长江治理与保护取得举世瞩目的成效。但我们也清醒地看到，受人类活动和全球气候变化影响，长江的自然属性和服务功能都已发生深刻变化，流域内新老水问题相互交织，长江治理与保护面临着一系列重大问题和挑战。

　　长江水利委员会长江科学院（以下简称长科院）始建于1951年，是中华人民共和国成立后首个治理长江的科研机构。70年来，长科院作为长江水利委员会的主体科研单位和治水治江事业不可或缺的科技支撑力量，始终致力于为国家水利事业以及长江治理、保护、开发与管理提供科技支撑。先后承担了三峡、南水北调、葛洲坝、丹江口、乌东德、白鹤滩、溪洛渡、向家坝，以及巴基斯坦卡洛特、安哥拉卡卡等国内外数百项大中型水利水电工程建设中的科研和咨询服务工作，承担了长江流域综合规划及专项规划，防洪减灾、干支流河道治理、水资源综合利用、水环境治理、水生态修复等方面的科研工作，主持完成了数百项国家科技计划和省部级重大科研项目，攻克了一系列重大技术问题和关键技术难题，发挥了科技主力军的重要作用，铭刻了长江科研的卓越功勋，积累了一大批重要研究成果。

　　鉴于此，长科院以建院70周年为契机，围绕新时代长江大保护主题，精心组织策划《长江治理与保护科技创新丛书》（以下简称《丛书》），聚焦长江生态大保护，紧扣长江治理与保护工作实际，以全新角度总结了数十年来治江治水科技创新的最新研究和实践成果，主要涉及长江流域水旱灾害防御、水资源节约利用与优化配置、水生态环境保护、河湖治理与保护、流域综合管理、水工程建设与运行管理等相关领域。《丛书》是个开放性平台，随着长江治理与保护的不断深入，一些成熟的关键技术及研究成果将不断形成专著，陆续纳入《丛书》的出版范围。

　　《丛书》策划和组稿工作主要由编撰委员会集体完成，中国水利水电出版社给予了很大的帮助。在《丛书》编写过程中，得到了水利水电行业规划、设计、施工、管理、科研及教学等相关单位的大力支持和帮助；各分册编写人员反复讨论书稿内容，仔细核对相关数据，字斟句酌，殚精竭虑，付出了极大的心血，克服了诸多困难。在此，谨向所有关心、支持和参与编撰工作的领导、专家、科研人员和编辑出版人员表示诚挚的感谢，并诚恳欢迎广大读者给予批评指正。

《长江治理与保护科技创新丛书》编撰委员会

2021 年 8 月

前言

　　长江发源于青藏高原的唐古拉山主峰格拉丹冬雪山西南侧，干流全长6300余km，在世界大河中长度仅次于非洲的尼罗河和南美洲的亚马孙河，居世界第三位。长江湖口以下为下游，长938km，流经江西、安徽、江苏、上海四省（直辖市），流域面积约12万km²。下游地区沿江环湖城镇密集，形成了以南昌、合肥、南京和上海等城市为核心的城市圈、环鄱阳湖生态经济区、皖江经济带、长江三角洲城市群等，是长江经济带的核心和精华地带。

　　长江下游多年平均入海水量为9190亿m³（不含淮河入江水量）。区域内水资源年际变化较大，年内分配不均，水旱灾害频繁。1954年和1998年等全流域性大洪水和1981年、1991年、1996年、2016年、2020年等局部地区大洪水，均造成较严重损失。新中国成立以来，经过几十年的治理开发与保护，长江下游流域防洪能力显著提高，治理与保护取得较大成绩，为支撑经济社会发展发挥了重要作用。进入21世纪，随着长江流域下游区域经济社会的发展，对长江治理与保护提出了新的要求，同时，长江的治理开发，尤其是以三峡水库为主的上游干支流控制性水库群的陆续建设，使流域水情、工情、河流生态系统发生了新的变化。随着长江下游基本资料的不断积累、科技的不断发展和对治理开发与保护认识水平的不断提高，迫切需要对长江下游干流河道发育演化历程与机制、综合治理相关研究成果进行深入梳理、总结和提炼，为后续长江下游乃至全流域保护和综合治理提供技术支撑，助推长江大保护和长江经济带建设。

　　本书综合运用原型资料分析、数学模型计算和实体模型试验等多种手段，开展了长江下游干流河道发育过程与综合治理研究，系统阐述了长江下游干流河道基本情况，揭示了长江下游河道演变过程与发育特征，预测了冲刷条件下长江下游干流河道发育趋势；在此基础上，结合新时期河道综合治理需求，探讨了长江下游干流河道综合治理原则思路，并针对长江下游安庆、马鞍山、镇扬等典型河段综合治理进行了深入研究；为新时期长江大保护及综合治理提供技术支撑与参考。本书主要成果如下：

（1）基于统计与原型观测资料，介绍了长江下游河道概况、边界条件与地质构造、水文泥沙特征、水资源水生态情况以及相关规划和涉河工程设施等基本情况，为后续开展相关研究分析提供基础资料。

（2）利用地质、历史及水文观测资料，基于河谷地貌的基本特征，探讨了长江下游区域地质构造及演化，干流河道历史变迁，深入分析了干流河道总体演变特征与典型河段演变过程，阐明了顺直、弯曲和分汊等不同河型河道发育特征。

（3）利用一维数学模型，计算开展了"清水冲刷"下长江下游湖口至徐六泾干流河道总体发育趋势预测；在此基础上，运用实体模型试验和二维数学模型计算，进一步预测了三峡及上游控制性水库联合运用后安庆、马鞍山、镇扬和长江口四个典型河段发育趋势。

（4）结合新形势下长江下游干流河道防洪、河势、航道、水资源及岸滩保护与利用、水生态环境等综合治理需求，研究了长江下游干流河道综合治理原则、目标，初步探讨了综合治理体系与总体布局等思路。

（5）针对长江下游安庆、马鞍山和镇扬等重点河段，根据各河段特点和需求、河势最新变化特征及趋势预测成果，提出了多目标综合治理整治方案，并采用平面实体模型等手段研究了方案效果，为后续河段综合治理提供参考。

全书共6章，主要编写人员如下：前言由渠庚、丁兵执笔，第1章由丁兵、渠庚、胡呈维、柴朝晖执笔，第2章由雷文韬、丁兵、胡呈维、方娟娟、金琨、刘娟执笔，第3章由柴朝晖、郝婕妤、栾华龙、周建银、渠庚、黄卫东、方娟娟、雷文韬、胡呈维执笔，第4章由渠庚、黄卫东、方娟娟、郝婕妤、元媛、栾华龙、周建银、万星星执笔，第5章由栾华龙、丁兵、雷文韬、渠庚、李荣辉、李会云执笔，第6章由丁兵、渠庚、方娟娟、黄卫东、郝婕妤、栾华龙、李振青、杨光荣执笔。参加工作的还有姚仕明、林木松、刘同宦、张细兵、刘东风、李金瑞、吕平、王敏、赵瑾琼、元媛、沈之平、袁晶、朱玲玲、付博、夏禹、刘星童、张厚洁等，一并感谢。

本书是在多个项目研究成果的基础上总结提炼而成的，相关项目是在长江水利委员会规划计划局、长江科学院、长江勘测规划设计研究院有限责任公司、长江水利委员会水文局及长江水利委员会网络与信息中心等单位的努力下完成的。在项目研究过程中，项目组全体成员密切配合，相互支持，圆满完成了项目的各项研究任务，在此对他们的辛勤劳动表示诚挚的谢意！

长江下游河道源远流长，发育过程及演化机制十分复杂，治理难度也相对较大。目前，随着社会经济水平的发展，综合治理要求也正逐步提高，书中涉及的一些内容仍需进一步深入研究。书中存在的欠妥和不足之处敬请读者批评指正。

2021 年 8 月

目录

第 1 章

绪　　论

长江下游是长江经济带的精华区域，在我国经济社会中占据极其重要的位置，长江下游河道是长江的水沙、泄洪、航运、生态、文化等通道。本章简要介绍长江下游河道治理研究背景、研究历程及本书主要研究内容。

1.1　研究背景

长江是我国第一大河，源远流长，水量丰沛，与拉丁美洲的亚马孙河、非洲的尼罗河、美国的密西西比河同为世界著名的四大河流。长江无论是从长度、水量、流域面积等自然要素方面，还是从社会经济等方面来说，在我国的各大河流中均占据首位。《长江经济带发展规划纲要》（国务院，2016）中提出，以长江为依托形成的长江经济带包括上海、江苏、浙江、安徽、江西、湖北、湖南、重庆、四川、贵州、云南沿江 11 省（直辖市），国土面积约为 205 万 km^2，占全国的 21%；人口约为 6 亿人，占全国 42.9% 以上。长江经济带 2019 年生产总值（GDP）达 45.78 万亿元，以 21% 的国土创造了全国 46.2% 以上的经济增加值。可以说，长江经济带是中国经济发达水平最高、综合竞争力最强的经济带，也是中国经济发展全局中的重要支撑带。

长江下游从湖口至长江口，长度 938km，途经江西、安徽、江苏、上海四省（直辖市），流域面积为 12 万 km^2，拥有环鄱阳湖生态经济区、皖江经济带、长江三角洲等城市群，是长江经济带的精华区域。长江下游交通便捷，集"黄金海岸"和"黄金水道"的区位优势于一体，优良港址众多。沿江两岸工农业发达，地区经济增长速度快，对长江流域和全国的带动作用明显，既是我国经济社会资源最密集的地区，也是高新技术发展的核心地带，又是我国在经济全球化进程中率先融入世界经济的重要区域。随着时间的推移，沿江经济的发展，国家各项设施的建设，对长江的依赖愈来愈大。

长江下游干流为多分汊河型，演变历史悠久，形态多变，发育机制十分复杂。随着长江河道综合治理逐步深入，长江防洪体系逐步完善，堤防建设升级保障了河湖安全行蓄洪水，三峡等控制性水库调蓄洪水能力显著增强，部分蓄滞洪区具备了分洪运用条件，流域防洪能力有了较大的提高。但是近年来频繁发生的洪涝、干旱灾害等现象仍暴露出存在的问题：一是近年来中下游水沙关系的变化导致河势河床、江湖关系和蓄泄关系发生新的变化，且随着上游其他控制性水利水电工程的建设，这一变化的影响范围将进一步扩大，影响时间将进一步延长，防洪安全及河势稳定将面临新的问题。二是三峡蓄水运用以来，长江中下游河道冲刷范围不断扩大，冲刷向下游发展明显，进而将会影响到江湖生态系统的完整性和稳定性、江湖蓄泄能力、水生生物多样性、湿地功能以及水资源的开发与保护。三是社会经济的发展对洲滩、岸线及河道砂石资源的利用提出了越来越高的要求。目前岸线资源配置不合理，缺乏保护与高效利用，造成了岸线资源的严重浪费；洲滩开发利用与防洪保安的矛盾日益突出；采砂活动与防洪安全、河势稳定、通航安全的矛盾更加尖锐。四是随着长江经济带发展战略不断推进，中下游沿江城市化进程不断提高，防洪保护区内人口数量和社会财富显著增加，经济社会发展布局在不断优化和调整中，作为国家重大发展战略实施的保障之一，长江流域保护和治理需要与新的经济社会发展形势相协调。

综上所述，从长江中下游干流河道目前存在的问题来看，从长江经济带的建设和需求来看，从"安澜长江、绿色长江、和谐长江、美丽长江"的建设来看，总结现有长江下游干流河道发育机制与综合治理技术和方法，对新时期长江河道高标准、高要求、综合性治理，促进长江大保护、长江经济带及黄金水道等建设，具有很好的指导意义和参考价值。

1.2　研究历程

长期以来，长江河道的发育演变与人类的发展有十分密切的关系。在历史的长河中，人们依赖长江生存、繁衍和发展经济，然而又同时遭受长江洪水与河道变迁带来的灾害。随着生产力的发展和社会的进步，人们通过治理，在利用、开发长江水资源和防止或减轻其灾害方面的能力逐步增强，对长江变化规律的认识也逐渐深化。特别是长江水利委员会（简称长江委）成立以来，在长江下游堤防、水库、河道整治工程研究与治理方面取得了很大的进展，使防洪能力不断增强，河道的河势得到初步控制，更加有利于两岸国民经济各部门的建设，促进了两岸经济社会的发展。

在 20 世纪 50—80 年代，长江委在河道观测、科学研究、规划设计工作的整体部署方面与前主任林一山同志治江的指导思想密切联系。早在 50 年代初，林一山同志就提出长江河道整治是长江流域规划中的重要组成部分。同时，长江委开始进行长江干支流河道历史水文资料的整编，并对长江下游（如南京河段）进行崩岸和防汛抢险观测。为研究长江下游河道的历史变迁和现状特性与整治方案，相继成立了许多河道观测队。1956 年，为全面进行长江下游干流河床演变分析和观测，长江委建立了南京河床实验站。此时，长江委的长江下游河道观测工作已具备相当规模，观测范围基本覆盖了长江下游干流河道，观测项目包括河道地形、地质、水流结构、泥沙运动及河床演变相关因素的观测，并于1959 年第一次施测了长江下游干流长程水道地形图。60 年来的实践表明，长江河道观测与干流水文站的水文泥沙观测相结合构成的体系，奠定了长江河道演变与治理研究的基础。长江河道观测积累的丰富资料，使我们基本上能掌握长江河道时空变化的规律，为半个多世纪的长江河流泥沙、河床演变学科研究和河道整治工程实践的不断发展创造了条件。

长江的河道发育机制与综合治理研究工作，包括河流动力学基础理论及应用研究，长江河道水流泥沙运动特性研究，不同河段、河型的河床演变规律研究以及河道整治措施和工程技术研究，必须为维护长江河道稳定以及综合利用开发的目标服务，因此决定了其研究的途径和方法必须理论联系实际。因此，1989 年以前，长江下游的整治工程从经济和实用的角度出发，是以"守点顾线""重点治理"的河势控制理念来达到确保堤防的防洪安全和河势稳定为目的而进行的，在此期间，长江科学院在河道整治的基本理论与关键技术研究和具体河段的规划上取得了一系列研究成果，对指导该时期长江下游的河道整治规划、设计和施工发挥了关键性的作用（卢金友等，2020）。

1989 年后，沿江经济发展迅速，河道综合整治需求上升，国家和地方经济实力增强，长江下游河道治理从河势控制为主转变为河势控制、河道综合整治及一般崩岸整治三种类型并举的河道治理思路。1993 年第五次长江中下游护岸工程经验交流会改名为"长江中下游河道整治和管理经验交流会"，也正是体现了这一思路的转变。长江科学院在这一阶段提出了护岸工程的关键技术总结性成果——《长江中下游护岸工程技术要求（试行稿）》，以此指导沿江开展的大规模护岸工程设计，同时研究提出了《长江中下游河势控制应急工程规划报告》（长江科学院，1993）以及下游多个河段的综合整治方案研究成果。这些成果在指导后期的镇扬河段等综合整治工程方案的科学论证、科学设计和科学施工发挥了决定性作用。

为适应 1998 年大洪水后长江下游开展的大规模堤防及隐蔽工程建设，2001 年第六次长江护岸工程经验交流会议命名为"长江护岸及堤防防渗工程经验交流会"，会议全面总结了 20 世纪 90 年代特别是 1998 年大洪水后的护岸工程及堤防防渗工程的研究和实践成果。此外，自 2003 年三峡工程运用后，坝下游河道冲刷问题日渐突出，河道整治工程的新技术新材料开始推广应用，长江科学院等科研单位为解决新问题，运用多种手段深入研究了三峡工程运用后坝下游河道的冲淤规律，并对护岸工程的破坏机理和护岸工程的技术参数等开展了进一步深入的研究，对护岸的新材料、新工艺以及河道整治的一些关键技术问题等进行了新一轮深入研究，该研究为后期的河道整治和三峡工程建成后的荆江应急工程设计和实施提供了科学的依据。

为了高效有序开展长江中下游河道治理工作，长江委在不同的时期编制并动态修订长江中下游干流河道治理规划，纳入最新的研究成果。1959 年，长江委组织流域内水利、交通等有关部门，联合调查长江下游湖口至江阴的河道演变、地质地貌、堤防工程、港口码头以及沿江经济发展状况，于 1960 年提出《长江中下游河道整治规划要点报告》（长江流域规划办公室，1960）。

在 20 世纪 80 年代进行的《长江流域综合利用规划报告》修订阶段，长江委根据 1949 年新中国成立以来长江下游河道观测积累的资料、河道特性研究成果和工程实践经验，提出新形势下河道整治的任务、原则、目标和整治方向，将长江下游干流以防洪、航道与岸线利用为目标的河道整治规划纳入 1990 年修订的《长江流域综合利用规划报告》（长江水利委员会，1990）。为抓紧编制对应的专业规划，开展了《长江中下游干流河道治理规划报告（1997）》（长江水利委员会，1997）的河道整治规划的科学论证任务，通过河道演变、河工模型和数学模型等多种手段重点论证了长江中下游重点河段与一般河段的河道治理方案。1998 年长江中下游发生了新中国成立后仅次于 1954 年洪水的又一场全流域性大洪水，大水过后，在规划的指导下，沿江地区开展了大规模的水利建设，完成了保障荆江大堤、岳阳长江干堤、同马大堤、安庆江堤、无为大堤等堤防安全的防洪护岸工程，实施了下荆江、铜陵、芜裕等河段的河势控制工程，实施了马鞍山河段一期、南京河段二期、镇扬河段二期、扬中河段一期、澄通河段一期等综合整治工程。目前，规划拟定的近期规划目标基本实现。

进入 21 世纪，长江三角洲城市圈、皖江经济带、鄱阳湖生态经济区、武汉城市圈、洞庭湖生态经济区发展先后上升为国家战略，沿江地区社会经济的快速发展对河势稳定、航运发展、岸线与洲滩利用、江砂资源开发利用等提出了新的更高要求。随着上游三峡等干支流控制性水库的陆续兴建，长江中下游水沙条件将进一步发生变化，对防洪、河势、航运、供水等方面也将带来深远的影响。同时，沿江地区社会经济的快速发展对河势稳定、航运发展、岸线与洲滩利用、江砂资源开发利用等提出了新的要求。为保证长江中下游的防洪安全、河势稳定、航道通畅、供水安全，合理开发利用水土资源，促进经济社会可持续发展，长江委对《长江中下游干流河道治理规划报告（1997）》进行了修订，提出了《长江中下游干流河道治理规划（2016 年修订）》（长江水利委员会，2016）。报告分析了长江中下游干流河道存在的问题、沿江经济社会发展对河道治理的要求，提出了河道治理目标和任务，全面系统地研究了三峡工程运用初期长江中下游干流河道的河势控制规划方案，提出了各河段治理方案、近期实施意见和下一步工作建议。

1.3 主要研究内容

本书综合运用原型资料分析、数学模型计算和实体模型试验等多种手段，开展了长江下游干流河道发育过程与综合治理研究，系统阐述了长江下游干流河道基本情况，揭示了长江下游河道演变与发育特征，预测了"清水冲刷"下长江下游干流河道发育趋势；在此基础上，结合新时期河道综合治理需求，探讨了长江下游干流河道综合治理原则思路，并针对长江下游安庆、马鞍山、镇扬等重点河段综合治理进行了深入研究；成果可为新时期长江大保护及综合治理提供技术支撑与参考。本书主要成果如下：

（1）第 2 章基于统计与原型观测资料，介绍了长江下游河道概况、边界条件与地质构造、水文泥沙特征、水资源与水生态情况，以及相关规划和涉河工程设施等基本情况，为后续开展相关研究分析提供基础资料。

（2）第 3 章利用地质、历史及水文观测资料，基于河谷地貌的基本特征，探讨了长江下游区域地质构造及演化，干流河道历史变迁，深入分析了干流河道总体演变特征与典型河段演变过程，阐明了顺直、弯曲和分汊等不同河型河道发育特征。

（3）第 4 章利用一维数学模型，预测了冲刷条件下长江下游湖口至徐六泾干流河道总体发育趋势；在此基础上，运用实体模型试验和二维数学模型计算，进一步预测了三峡及上游控制性水库联合运用后安庆、马鞍山、镇扬和长江口四个典型河段发育趋势。

（4）第 5 章结合新形势下长江下游干流河道防洪、河势、航道、水资源及岸滩保护与利用、水生态环境等综合治理需求，研究了长江下游干流河道综合治理原则、目标，初步探讨了综合治理体系与总体布局等思路。

（5）第 6 章针对长江下游安庆、马鞍山和镇扬等重点河段，根据各河段特点和需求、河势最新变化特征及趋势预测成果，提出了多目标综合治理整治方案，并采用实体模型等手段研究了方案效果，为后续河段综合治理提供参考。

参 考 文 献

长江水利委员会，2016. 长江中下游干流河道治理规划（2016 年修订）[R]. 武汉：长江水利委员会.

长江水利委员会，2012. 长江流域综合规划（2012—2030 年）[R]. 武汉：长江水利委员会.

长江水利委员会，2008. 长江流域防洪规划 [R]. 武汉：长江水利委员会.

长江水利委员会，1997. 长江中下游干流河道治理规划报告 [R]. 武汉：长江水利委员会.

长江水利委员会，1990. 长江流域综合利用规划简要报告（1990 年修订）[R]. 武汉：长江水利委员会.

长江流域规划办公室，1960. 长江中下游河道治理规划要点报告 [R]. 武汉：长江流域规划办公室.

长江流域规划办公室，1959. 长江流域综合利用规划要点报告 [R]. 武汉：长江流域规划办公室.

长江科学院，1993. 长江中下游河势控制应急工程规划报告 [R]. 武汉：长江科学院.

长江科学院，1993. 长江中下游护岸工程技术要求（试行稿）[R]. 武汉：长江科学院.

余文畴，卢金友，2005. 长江河道演变与治理 [M]. 北京：中国水利水电出版社.

钱宁，1985. 关于河流分类及成因问题的讨论 [J]. 地理学报，40（1）：1-8.

卢金友，等，2020. 长江中下游河道整治理论与技术 [M]. 北京：科学出版社.

第2章

长江下游河道基本情况

长江下游河道在防洪、航运、水沙资源利用、岸线利用及生态环境承载等方面发挥重要功能，下游河道两岸区域承载着长江经济带主要的经济总量，对长江经济带乃至国家经济社会发展起着举足轻重的作用。本章简要介绍长江下游河段划分、河道地貌与地质构造、水文特性、水资源与水生态情况、相关规划及涉河工程设施情况。

2.1 河道概况

长江下游干流河道上起鄱阳湖口，下至长江口河段原50号灯标，长约938km，流域面积约12万km²，沿岸一般有堤防保护，汇入的主要支流有北岸的华阳河、皖河、巢湖水系、滁河、淮河入江水道等，南岸的鄱阳湖水系、青弋江、水阳江、太湖水系、黄浦江等。长江下游干流河道水深江阔，水位变幅较小，其中大通以下长约600km河段受潮汐影响。

2.1.1 总体情况

长江下游干流主要为宽窄相间、江心洲发育、汊道众多的藕节状分汊型河道，通常划分为九江、马垱、东流、安庆、太子矶、贵池、大通、铜陵、黑沙洲、芜裕、马鞍山、南京、镇扬、扬中、澄通和长江口等16个河段（见表2.1和图2.1）。

表 2.1 长江下游干流河道河段划分

序号	河段名称	起 讫 地 点	河段长/km	治理类别
1	九江河段	大树下—小孤山	90.7	重点
2	马垱河段	小孤山—华阳河口	31.4	一般
3	东流河段	华阳河口—吉阳矶	34.7	一般
4	安庆河段	吉阳矶—钱江咀	55.3	重点
5	太子矶河段	钱江咀—新开沟	25.9	一般
6	贵池河段	新开沟—下江口	23.3	一般
7	大通河段	下江口—羊山矶	21.8	一般
8	铜陵河段	羊山矶—荻港河口	59.9	重点
9	黑沙洲河段	荻港河口—三山河口	33.8	一般
10	芜裕河段	三山河口—东梁山	49.8	重点

续表

序号	河段名称	起讫地点	河段长/km	治理类别
11	马鞍山河段	东西梁山—猫子山	30.6	重点
12	南京河段	猫子山—三江口	92.3	重点
13	镇扬河段	三江口—五峰山	73.3	重点
14	扬中河段	五峰山—鹅鼻嘴	91.7	重点
15	澄通河段	鹅鼻嘴—徐六泾	96.8	重点
16	长江口河段	徐六泾—长江口 50 号灯标	181.8	重点

注 治理类别依据《长江中下游干流河道治理规划（2016 年修订）》（长江水利委员会，2016）。

长江下游干流河道流经广阔的冲积平原，沿程各河段水文泥沙条件和河床边界条件不同，形成的河型也不同。总体上看，该河段河型可分为顺直型、弯曲型、分汊型三大类，其中以分汊型为主。近年来，长江下游各汊道段分流分沙情况见表2.2。

表 2.2 长江下游主要汊道段分流分沙情况

河段	洲名	施测时间/（年-月）	流量/（m³/s）	分流比/%			分沙比/%		
				左汊	中汊	右汊	左汊	中汊	右汊
九江	张家洲	2016-11	10045	39.6	—	60.4			
马垱	棉船洲	2016-03	17677	4.6	—	95.4			
东流	玉带洲	2016-03	16000	60.3（含莲花洲港）	6.5	37.2			
安庆	潜洲、鹅眉洲	2016-09	26600	55.7	16.5	27.8	57.6	15.9	26.5
太子矶	铁铜洲	2016-09	26400	10.3	—	89.7	9.8	—	90.2
贵池	凤凰洲、长沙洲	2016-09	26100	50.5	47.2	2.3	50.4	47.7	1.9
大通	铁板洲、和悦洲	2016-09	25700	94.9	—	5.1	95.9	—	4.1
铜陵	成德洲	2016-09	24700	46.4	—	53.6	49.0	—	51.0
	汀家洲	2016-09	24700	92.9	—	7.1	93.8	—	6.2
黑沙洲	天然洲、黑沙洲	2016-09	24500	41.3	—	58.7	37.9	—	62.1
芜裕	潜洲	2016-09	24200	78.5	—	21.5	82.1	—	17.9
	陈家洲	2016-09	24200	16.0	—	84.0	18.4	—	81.6
马鞍山	江心洲	2016-09	24200	87.9	—	12.1	89.6	—	10.4
	小黄洲	2016-09	24200	31.4	—	68.6	33.6	—	66.4
南京	新济洲	2016-09	24400	37.3	—	62.7	38.9	—	61.1
	梅子洲	2016-09	24400	94.6	—	5.4	94.5	—	5.5
镇扬	世业洲	2015-09	16800	40.4	—	59.6	—	—	
扬中	太平洲	2016-07	65000（大通）	88.6	—	11.4	87.2	—	12.8
澄通	福姜沙	2016-02	162100	81.1	—	18.9	—	—	
长江口	崇明岛	2005-01	12350（大通）	99.3	—	0.7	99.7	—	0.3

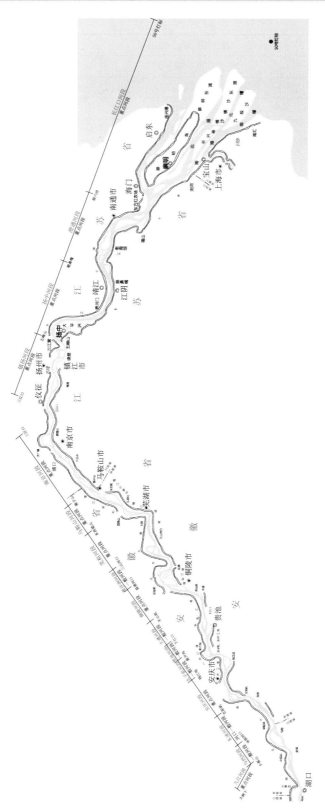

图 2.1　长江下游河道形势图

2.1.2 不同区域河段情况

2.1.2.1 湖口至大通段

长江下游湖口至大通段流经江西、安徽两省，包含九江、马垱、东流、安庆、太子矶、贵池、大通7个河段，自九江河段大树下至大通河段羊山矶，合计长283.1km，以九江河段最长，长度为90.7km，大通河段最短，长度为21.8km；其中九江河段和安庆河段是《长江中下游干流河道治理规划（2016年修订）》划分的重点治理河段。该段以分汊河型为主，主要汊道包括张家洲（九江河段）、棉船洲（马垱河段）、玉带洲（东流河段）、江心洲（安庆河段）、铁铜洲（太子矶河段）、凤凰洲与长沙洲（贵池河段）以及铁板洲与和悦洲（大通河段）。

2.1.2.2 大通至江阴段

长江下游大通至江阴段流经安徽、江苏两省，涉及1个副省级城市（南京），包含铜陵、黑沙洲、芜裕、马鞍山、南京、镇扬、扬中7个河段，自大通河段羊山矶至扬中河段鹅鼻嘴，合计长431.4km，以南京河段最长，长度为92.3km，马鞍山河段最短，长度为30.6km；其中除黑沙洲河段以外均是《长江中下游干流河道治理规划（2016年修订）》划分的重点治理河段。该段同样以分汊河型为主，含有弯曲分汊、鹅头分汊、顺直分汊等不同分汊河型，主要汊道包括成德洲与汀家洲（铜陵河段）、天然洲与黑沙洲（黑沙洲河段）、陈家洲（芜裕河段）、江心洲与小黄洲（马鞍山河段）、新济洲与八卦洲（南京河段）、世业洲与和畅洲（镇扬河段）以及太平洲（扬中河段）。

2.1.2.3 江阴以下段

长江下游江阴以下段流经江苏省与上海市，包含澄通和长江口2个河段，自扬中河段鹅鼻嘴至长江口河段原50号灯标，合计长278.6km，其中长江口河段长度为181.8km，均为《长江中下游干流河道治理规划（2016年修订）》划分的重点治理河段。该段受潮流影响，往复流特性明显，其中澄通河段包含福姜沙、如皋沙群及通州沙多个汊道；长江口为三级分汊、四口入海的河势格局：第一级由崇明岛分长江为南北两支，第二级由长兴岛、横沙岛在吴淞口以下分南支为南北港，第三级由九段沙分南港为南北槽，共有北支、北港、北槽和南槽四个入海通道。

2.2 河道边界与地质构造

长江下游河道右岸较多受到山体、阶地的控制，为不可冲边界条件，河漫滩一般较窄，河岸为黏性土和砂性土二元结构的可冲边界条件；左岸为广阔的冲积平原，河岸大部分为二元结构的可冲边界，也有局部岸段受到阶地和埋藏阶地的约束。

长江下游干流岸坡按物质组成可分为基岩（砾）质岸坡、砂质岸坡和土质岸坡。基岩（砾）质岸坡为数不多而以后二者为主。砂、土质岸坡多具二元结构，一般上部以细粒物质为主，下部为砂卵石或粉细砂等。

基岩（砾）质岸坡：包括基岩丘陵和基座阶地下部基岩、砾质岸坡，其抗冲能力较强，岸坡稳定。长江下游基岩（砾）质岸坡较少且多位于右岸，有的则在近岸形成节点。

节点是长江下游干流的一种河谷地貌，是河床的一种特殊边界条件，可分为天然节点和人工节点两大类，前者多为滨临江边的山丘和阶地基座的基岩（有时为阶地老黏土）构成；后者为人工修筑的矶头、某些沿江码头等构成。它们对河势稳定起着重要的控制作用。

砂质岸坡：长江下游河段以砂质岸坡为主，以粉土和细砂居多，岸坡不够稳定；洲滩岸段多以粉细砂为主。

土质岸坡：单一土质岸坡结构较少，一般具二元结构，上部黏土、亚黏土较厚，下部为粉土或细砂，河谷岸坡以上部土层为主。如安庆左岸岸坡，这种岸坡的稳定与黏土层厚度有极大的关系。长江下游九江至安庆左岸岸坡及扬中以下岸坡均为此类。

长江下游主要河段的地质地貌及河床边界条件如下：

（1）九江河段上下三号洲段左岸位于长江一级阶地，河岸为第四系冲积层，上部以粉质黏土、粉质壤土为主，黏土、壤土次之，部分含有机质。厚度一般为 2～10m，最厚可达 20m，下部为砂壤土、粉细砂或中粗砂。高程一般为 13～14m，地势低洼，湖泊密布，江心洲有较厚的全新统冲积亚黏土亚砂土层。右岸河漫滩呈带状分布，最大宽度约 2km，河漫滩内侧是沙粒组成的狭长阶地，最高可达 100m。紧靠阶地为狭长分布的山丘，由灰岩、砂岩组成，高程为 150～170m。基岩临江，形成矶头。

（2）马垱河段地貌上属长江河漫滩及河床地貌单元，局部分布有剥蚀丘陵。望江盆地自湖北黄梅向北东沿长江（主要在长江左岸）延伸出勘区外，盆地下伏基底岩系为扬子板块震旦系至中三叠世海相地层。两岸地面高程一般为 18～30m，河面宽度一般 1～2km，河谷宽缓，岸坡之外沿线均筑有长江干堤及民堤，干堤堤身高度一般为 20～40m，高出地面一般为 6～15m。

（3）东流河段左岸为望江凹陷，由抗冲性较差的冲积和湖积疏松物组成，该类河岸组成具二元结构，上部黏土、亚黏土较厚，下部为粉土或细砂，河谷岸坡以上部土层为主。这种岸坡的稳定与黏土层厚度有极大的关系。其厚度由南向北逐渐增厚，华阳镇附近沉积物厚度为 37m，在莲花洲、胡东一带厚度达 47m。右岸为二级阶地和山丘，土质好，沿江基岩出露，自上而下有凌家咀、牌石矶、老虎岗、乌石矶、稠林矶、祝矶、杨家矶、船形山、吉阳矶等矶头，岸线较为稳定。河床和洲滩一般由粉沙、细沙组成，河床质中值粒径约为 0.2mm，抗冲性较差，所以，洲滩变动频繁、河道宽浅，为长江下游典型的浅滩河段之一（长江科学院，2015）。

（4）安庆河段左岸整体呈北高南低的趋势，以头破断裂为分界线，以北为丘陵区、以南为平原区，长江侧为狭长的河漫滩，中部是较为平坦开阔的冲积平原；右岸整体呈北低南高的趋势，以铜山至杨家山断裂为分界线，以南为丘陵区、以北为平原区，长江侧为狭长的河漫滩，中部是较为平坦开阔的冲积平原，吉阳矶以上河道右岸已紧靠基岩丘陵。河道走向受地质构造的制约，大体上为自西南向东北。安庆河段岸坡二元结构居多，其稳定性较差。广成圩段堤基工程地质结构双层结构所占比例较大，大部分工程地质条件较差（长江科学院，2015）。

（5）太子矶河段右岸自上而下有拦江矶、乌龟矶、太子矶、黄家矶、麻石山等矶头控制河道走向，左岸为广阔的冲积平原，河床除小部分为基岩直接裸露外，其余大部分为疏松砂砾组成的现代河流冲积物。左岸七里矶系河段天然节点，河岸抗冲性能良好；枞阳闸至幕旗山为丘陵山地，河岩抗冲性能强；其余为冲积平原，河岸大多呈二元结构，抗冲性差。右岸麻石矶以上，多山矶节点，抗冲性强；麻石矶至石头埠为冲积平原，河岸呈二元结构，抗冲性能差（长江科学院等，2021）。

（6）贵池河段岸坡地质多为多层或者薄盖层双层结构类。多层结构上中部多为松散的砂壤土或粉细砂、淤泥质粉质黏土，下部为厚砂层。薄盖层双层结构，上部为粉质黏土或者粉质壤土，下部为粉质黏土夹粉细砂，局部含较多细砂，岸坡稳定性差。

（7）大通河段左岸系冲积平原，抗冲性能差，右岸多山矶节点，合作圩附近有礁板矶，低水出露，抗冲性能好。河段右岸下江口至梅埠为亚黏土夹亚砂土，梅埠至大通镇上厚层为亚砂土，下为粉细砂。

（8）铜陵河段进口受羊山矶节点控制，河床窄深；中部河床江心洲、滩密布，河道展宽分汊；下段河道弯曲单一，左岸边滩发育。全河段左岸地势平坦，为宽阔的河漫滩，其组成多为壤土和砂壤土，抗冲力较差；右岸新沟以上为丘陵或山地，沿江有岩石矶群断续分布，抗冲性较强；新沟以下地势平坦，河岸多由亚砂土和粉细砂组成，为长江古河道的变动区域。

（9）黑沙洲河段受地质构造的影响，河段平面形态呈弯曲三分汊河型，河段两端束窄，中间展宽，黑沙洲、天然洲并列江中，将水流分成三支：右汊微弯，中汊和左汊均较弯曲。黑沙洲水道右岸为山丘阶地，沿江自上而下分布有凤凰矶、板子矶、叶帽山、芭茅山、七星石、黄沙矶等天然矶头和山体，矶头和山体部分，堤防为以山代堤。

（10）芜裕河段进口右岸桂花桥以下有大片抗冲性较强的硬质泥边滩，青弋江出口以下山前基座阶地紧靠江边，河岸组成多为下蜀土，沿岸有弋矶山、广福矶临江而立，控制芜裕段河床变化。

（11）马鞍山河段地处长江下游丘陵平原区，地势较平缓，整体呈东高西低的趋势，东部为丘陵区，西部沿江为低丘，低丘与长江间是狭长的河漫滩，中部是较为平坦开阔的平原，低山丘陵区与平原区界线犬牙交错，呈不规则锯齿状，河道右岸紧靠基岩丘陵，左岸则为开阔的河漫滩。河道左岸，自高而低，依次有不同地质年代长江古河道遗留的三级阶地，阶地以下为宽达5~8km的河漫滩，右岸为东梁山、翠螺山、九华山、人头矶等出露山矶控制；和县地处长江左岸，区内地势起伏，西部高，为低山丘陵区，仓山最高达481m，东部为沿江平原区，地面高程一般为7.0~8.5m，低山丘陵区与平原区交界呈不规则的锯齿状。

（12）南京河段地处长江下游扬子准地台下扬子台褶带的苏浙皖险断褶束的北部边缘，紧邻滁巢陷断褶束范围内。左岸陈顶山以上有丘陵山冈分布，右岸则石质山矶分布较多，如下三山、燕子矶、幕府山、乌龙山。龙潭以西的河漫滩呈南岸狭窄、北岸宽广之势。龙潭以东则河漫滩宽广，基岩在北岸出露。南京河段两岸大多属第四纪沉积物，一般上层为黏土、亚黏土及粉沙亚黏土，抗冲能力较强，厚度约2~5m，七坝、三江口等处黏土分布较厚。第二层为粉细砂层，抗冲能力差，第三层为中粗沙层，第二、第三层总厚度约为40~50m，再往下则为粗沙砾石层及基岩，基岩顶板高程一般在-50m以下。

（13）镇扬河段地质构造属扬子准地台，河势走向与地质构造走向基本一致，呈西东向。镇扬河段的河谷地形上窄下宽，呈不对称喇叭形。两岸为冲积平原，向外是黄土阶地和低山丘陵。河床组成大多为细沙或粉沙,深槽部位也有中粗砂和砾石。河段南岸为宁镇山脉北麓的下蜀黄土阶地及部分冲积平原。下蜀黄土属一级阶地,其物质组成,在上部为黄棕色黏土,粉砂质含量高,柱状节理发育;中部为棕黄色微带红色粉砂亚黏土,含有较多的白云母碎屑和螺化石;下部为棕红褐黄色黏土、砂质黏土,具有铁锰质结核和铁锰质胶膜。下蜀土形成的年代约在十万年前,即第四纪晚更新世,是由河流堆积作用形成的。凡是由下蜀土组成的河床和岸壁都比较坚硬,抗冲性强。河段南岸的河床除征润洲及极少数岸壁外大多数是由抗冲性好的下蜀黄土组成。河段的北岸从地形上可分为两部分,仪征到扬州一线以北是维扬蜀岗,为黄土台地,分布范围广,绵延数十公里。蜀岗的组成物质、形成年代及形成原因均与下蜀黄土相同。蜀岗东南及东面是长江三角洲冲积平原,它与南岸存在的冲积平原属同一类型,是近一万年来才形成的,地质上属第四纪全新统时期。冲积平原的地层厚度为 50~80m,由西向东增厚,物质组成具二元结构:上部表层 1~3m 为河漫滩相的亚黏土和亚砂土,颗粒较细,中值粒径为 0.05~0.005mm;下部为河床相的细粉砂土、黏质粉砂及细砾石等物质,粒径较细,中值粒径为 0.25~0.005mm。在冲积平原全新世冲积层中可以见到石英砂、云母碎片粉砂及亚黏土互层,质地均匀,有水平层理。这些组成表明,这一带在历史上是河口浅海地区,由这些物质组成的河床及岸壁,抗冲性差,容易被水流冲刷。

(14)扬中河段位于扬子准台范围,大地构造属于长江下游挤压破碎带。长江河道走向与构造线方向基本吻合。新构造运动以来,长江下游南岸相对下沉,北岸相对上升,所以长江下游分汊河段一般向北发展。河段右岸分别有五峰山、鹅鼻嘴等基岩山体,濒临江边,自上而下有低山和孤山分布,低山和孤山周围分布着更新纪地层组成的阶地。江岸的河漫滩一般宽为 1~4km,河漫滩组成表层为厚 5~10m 的沙质黏土,相当于下蜀土,抗冲性能好,所以河漫滩演变比较缓慢。左岸及太平洲体为第四纪全新世的沉积物,厚达 40m。从北岸嘶马弯道、天星港附近的钻孔资料来看,嘶马弯道表层厚 3m,天星洲表层厚 12m 为壤土,50~60m 以下土层含有砾石、卵石,其余皆为细砂、粉砂、极细泥沙淤积层,土质组成松散抗冲性较差。据现场勘探表明:引江河以下至高港凸咀附近前沿有礁板沙平台,具有较强的抗冲性能。

(15)澄通河段南岸为宁镇山脉北麓的下蜀黄土阶地及部分冲积平原,形成于第四纪晚更新世,是由河流堆积作用形成的,河床和岸壁抗冲性相对较强。澄通河段北岸是长江三角洲冲积平原,与南岸的冲积平原属同一类型,是近一万年所形成的,属第四纪全新统时期。冲积平原的地层厚度为 50~80m,由西向东增厚。这一带在历史上是河口浅海地区,河床及岸壁抗冲性差。受江阴东南隆起构造的影响,江阴黄山鹅鼻嘴形成岩石矶头,沿岸有黄山、萧山、长山山体控制,加上对岸靖江炮台圩,构成本河段第一对天然节点,控制着下游河段河势。张家港至南通段总体向北凸出,九龙港附近略向南凹进,随着九龙港岸段护岸控制工程的加强,九龙港以下沿岸建有多座码头,加上对岸泓北沙圈围工程的束水控制作用,该段逐渐向人工节点的方向发展。龙爪岩基岩抗冲能力较强,对河势控制作用较强,是天然的单侧节点。徐六泾附近南岸由于历史上海塘桩石等护岸工程使之江岸形成抗冲性较强的黏土层,北岸 1958—1970 年由于通海沙圈围缩窄了河道宽度,近年来又建设了新通海沙圈围工程,河道宽度大幅度缩窄,形成了徐六泾人工节点。以上四个节点段具有较好的导流作用，对规顺流路、稳定河势起到了较好的控制作用。

（16）长江口河段为扬子准地台的下扬子台凹与江南古陆的交接部分，它的构造线方向在本河段范围内，呈北东—南西向的有无锡—启东大断裂和苏洲—宝山大断裂，呈东西向的有崇明—苏州断裂，挤压破碎带方向一致。北支左岸主要为滨海交互沉积地层，由于受涨、落潮流双向冲蚀，导致河床边界不断冲蚀，20 世纪 60—70 年代末，启东、海门人民先后修建了百余条丁坝护岸工程，为本河段中的人工节点。南支河段发育在第四纪沉积物之上，也就是第四纪疏松沉积物构成了现代南支河床的边界，这些疏松沉积物抗冲性差，易被水流冲刷，河床冲淤多变，两岸为冲积平原，地势平坦，近百年来，陆续在两岸修筑海塘和护岸，来水导流稳定了河势，七丫口一带具有节点的作用。

2.3 水文特性

2.3.1 水文站基本情况

长江下游河段水沙主要来源于九江以上长江干流及鄱阳湖，区间入汇支流左岸主要有华阳河、皖河、裕溪河、滁河等水系，右岸主要有青弋江、水阳江等水系。长江下游水沙特征的主要依据站从上至下依次为长江干流九江水文站、安庆水位站、大通水文站以及南京水位站、徐六泾水文站，以及鄱阳湖湖口水文站。长江下游主要测站位置见图 2.2。

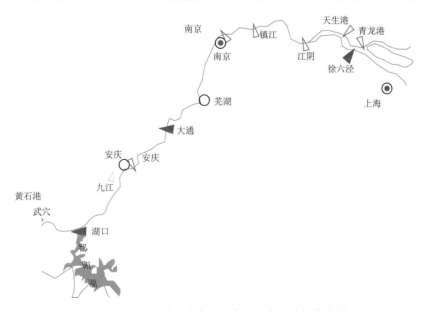

图 2.2 长江下游干流水系及水文（位）站网分布图

2.3.2 流量

2.3.2.1 湖口站

湖口水文站位于鄱阳湖湖口入江水道，是鄱阳湖的出口控制站。该站位于江西省湖口县双钟镇。据湖口站实测流量资料（1950—2019 年）统计分析，三峡水库蓄水前（1950—2002 年）多年平均径流量为 1520 亿 m³，多年平均流量为 4820m³/s；最大年径流量为 2646 亿 m³（1998 年），最小年径流量为 566 亿 m³（1963 年），极值比达 4.67；实测最大流量为 31900m³/s（1998 年 6 月 26 日），最小流量为 −13700m³/s（1991 年 7 月 11 日）。三峡水库蓄水后（2003—2018 年）多年平均径流量为 1507 亿 m³，多年平均流量为 4777m³/s；最大年径流量为 2271 亿 m³（2016 年），最小年径流量为 928 亿 m³（2004 年），极值比为 2.45；实测最大流量为 24000m³/s（2010 年 6 月 23 日），最小流量为 −6160m³/s（2003 年 9 月 8 日）。湖口站年际流量特征值统计见表 2.3。

表 2.3　　　　　　　　　　　　　湖口站年际流量特征值统计

时间段	项目		特征值	时间	统计年份
三峡水库蓄水前	径流量/亿 m³	多年平均径流量	1520	—	1950—2002
		最大年径流量	2646	1998 年	
		最小年径流量	566	1963 年	
	流量/(m³/s)	多年平均流量	4820	—	
		最大流量	31900	1998 年 6 月 26 日	
		最小流量	−13700	1991 年 7 月 1 日	
三峡水库蓄水后	径流量/亿 m³	多年平均径流量	1507	—	2003—2019
		最大年径流量	2271	2016 年	
		最小年径流量	928	2004 年	
	流量/(m³/s)	多年平均流量	4777	—	
		最大流量	24000	2010 年 6 月 23 日	
		最小流量	−6160	2003 年 9 月 8 日	

年内径流量主要集中在鄱阳湖水系主汛期 4—6 月，其中三峡水库蓄水前约占全年径流的 42.4%，三峡水库蓄水后约占全年径流的 40.87%，径流年内分配极不均匀。湖口站年内水位特征值统计见表 2.4。

表 2.4　　　　　　　　　　　　　湖口站年内水位特征值统计　　　　　　　　　　　　单位：m

时间段		1 月	2 月	3 月	4 月	5 月	6 月	7 月	8 月	9 月	10 月	11 月	12 月
三峡水库蓄水前	平均	7.91	8.14	9.63	11.70	14.37	15.83	17.82	16.93	16.19	14.82	12.32	9.28
	最高	13.83	13.18	17.03	17.16	19.59	21.77	22.59	22.58	21.63	19.36	17.98	15.10
	最低	5.98	5.90	6.09	7.03	9.65	10.72	12.35	11.31	10.34	8.97	7.41	6.48
三峡水库蓄水后	平均	8.60	10.30	11.52	13.81	15.92	17.10	16.05	14.65	12.09	10.44	9.01	8.42
	最高	13.15	13.86	17.07	17.77	19.90	21.30	20.01	18.98	16.28	15.39	13.27	11.54
	最低	6.63	7.09	8.64	8.42	9.90	13.72	10.29	9.26	7.99	7.86	7.16	7.03

注　表内最高、最低水位均为瞬时水位。

2.3.2.2　大通站

大通站是长江下游干流最后一个径流控制站。大通以下区间较大的入江支流有安徽的青弋江、水阳江、裕溪河，江苏的秦淮河、滁河、淮河入江水道、太湖流域等水系，入汇流量约占长江总流量的 $3\%\sim5\%$，来水量相对较小。大通站实测资料基本可以用来代表大通至徐六泾河段径流特征。根据大通水文站资料统计分析，其特征值见表 2.5 和图 2.3。

表 2.5   大通水文站流量特征值统计表

项目	统 计 年 份		特征值	发生时间
流量 /(m³/s)	1950—2002	历年最大	92600	1954 年 8 月 1 日
		历年最小	4620	1979 年 1 月 31 日
		多年平均	28700	—
	2003—2018	历年最大	70800	2016 年 7 月 9 日
		历年最小	8060	2004 年 2 月 8 日
		多年平均	27261	—
径流量 /亿 m³	1950—2002	历年最大	13590	1954 年
		历年最小	6760	1978 年
		多年平均	9051	—
	2003—2018	历年最大	10455	2016 年
		历年最小	6886	2006 年
		多年平均	8597	—

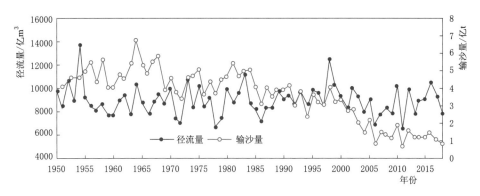

图 2.3   大通站年径流量、年输沙量历年变化过程

考虑到三峡工程蓄水运用的影响，水沙统计年份分为 1950—2002 年和 2003—2018 年两个时段。大通站各月平均流量见表 2.6 和图 2.4。

表 2.6（a）   大通站多年月平均流量、输沙率、含沙量统计表（三峡建库前）

月份	流 量		多年平均输沙率		多年平均含沙量 /(kg/m³)
	多年平均 /(m³/s)	年内分配 /%	多年平均 /(kg/s)	年内分配 /%	
1	10868	3.25	1130	0.71	0.098
2	11700	3.16	1170	0.67	0.094
3	16000	4.72	2440	1.54	0.142

月份	流量		多年平均输沙率		多年平均含沙量 /(kg/m³)
	多年平均 /(m³/s)	年内分配 /%	多年平均 /(kg/s)	年内分配 /%	
4	24100	6.91	6340	3.87	0.238
5	33900	10.02	12000	7.56	0.329
6	40300	11.54	17000	10.37	0.410
7	50500	14.95	37200	23.50	0.760
8	44300	13.11	30400	18.54	0.723
9	40300	11.55	27200	17.13	0.688
10	33400	9.89	16900	10.30	0.506
11	23300	6.68	6730	4.25	0.293
12	14300	4.23	2540	1.55	0.173
5—10 月	40500	71.06	23500	87.41	0.588
年平均	28700	—	—	—	0.479

注　流量根据 1950—2002 年资料统计，沙量根据 1951 年、1953—2002 年资料统计。

表 2.6 (b)　　大通站多年月平均流量、输沙率、含沙量统计表（三峡建库后）

月份	流量		多年平均输沙率		多年平均含沙量 /(kg/m³)
	多年平均 /(m³/s)	年内分配 /%	多年平均 /(kg/s)	年内分配 /%	
1	13635	4.14	1061	2.00	0.078
2	14290	4.34	1045	1.97	0.073
3	19644	5.97	2348	4.42	0.120
4	23782	7.22	3020	5.69	0.127
5	31563	9.59	4719	8.89	0.150
6	40290	12.24	6969	13.12	0.173
7	48472	14.72	10921	20.57	0.225
8	40656	12.35	8317	15.66	0.205
9	34680	10.53	7499	14.12	0.216
10	27211	8.27	3814	7.18	0.140
11	19795	6.01	2012	3.79	0.102
12	15171	4.61	1377	2.59	0.091
5—10 月	37145	67.70	7040	79.54	0.185
年平均	27432	100	4425	100	0.142

注　流量、沙量均根据 2003—2018 年资料统计。

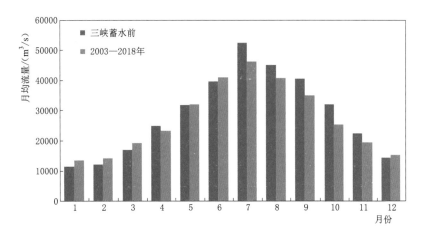

图 2.4 大通站月均流量变化

20 世纪 90 年代后期，长江连续几年出现大洪水，1995 年、1996 年洪峰流量为 75500m³/s、75100m³/s，1998 年、1999 年洪峰流量为 82300m³/s、83900m³/s。大通站年际间径流分布不均，以 1954 年 13600 亿 m³ 为最大，1928 年 6310 亿 m³ 为最小，年际间多年平均年径流量无明显的变化趋势，三峡工程蓄水后年径流量变化也不大，但受长江上游来沙量减少（1991—2002 年宜昌站输沙量较 1991 年前减少约 20%）、区间来沙变化、河床冲淤以及三峡蓄水等因素影响，近年来大通站输沙量和含沙量均有所减少。

据大通站实测资料统计分析，三峡工程蓄水运用前（1950—2002 年）大通站多年平均径流量为 9051 亿 m³，多年平均流量为 28700m³/s，实测历年最大流量为 92600m³/s（1954 年 8 月 1 日），历年最小流量为 4620m³/s（1979 年 1 月 31 日），年内水量主要集中在汛期（5—10 月），占全年的 70.8%。

三峡工程蓄水运用后（2003—2018 年）大通站年平均径流量为 8597 亿 m³，年平均流量为 27263m³/s，实测历年最大流量为 70800m³/s（2016 年 7 月 9 日），历年最小流量为 7900m³/s（2004 年 2 月 29 日），年内水量仍然主要集中在汛期（5—10 月），占全年的 62.32%。与蓄水前均值相比，来水略偏枯 5%。

2.3.2.3 徐六泾站

徐六泾站 2005—2016 年年涨潮量平均为 4140 亿 m³，年落潮量平均为 12830 亿 m³，年净泄潮量平均为 8687 亿 m³，年落潮潮量是涨潮潮量的 3.1 倍。历年汛期（5—10 月，下同）涨潮总量平均为 1714 亿 m³，落潮总量平均为 7581 亿 m³，净泄总潮量平均为 5867 亿 m³，落潮总潮量是涨潮总潮量的 4.4 倍。历年非汛期（11 月至次年 4 月，下同）涨潮总量平均为 2427 亿 m³，落潮总量平均为 5247 亿 m³，净泄总潮量平均为 2820 亿 m³，落潮总潮量是涨潮总潮量的 2.2 倍，见表 2.7。

徐六泾站断面历年平均潮流量为 27500m³/s，汛期历年平均潮流量为 36900m³/s，非汛期历年平均潮流量为 18000m³/s，见表 2.8。

表 2.7　　　　　　　　　　徐六泾站 2005—2016 年年潮量特征值统计　　　　　　　　单位：亿 m³

潮型	项目	1 月	7 月	汛期（5—10 月）	非汛期（11 月至次年 4 月）	全年
涨潮	平均	448.8	202.5	1714	2427	4140
	最大	470.7	267.8	2355	2763	5118（2011 年）
	最小	396.3	107.0	1258	2276	3673（2005 年）
落潮	平均	810.4	1441	7581	5247	12830
	最大	903.3	1713	8598	5597	14190（2012 年）
	最小	725.9	1260	6555	4722	11560（2006 年）
净泄量	平均	361.6	1239	5867	2820	8687
	最大	507.0	1579	7312	3279	10440（2010 年）
	最小	283.9	996	4531	2190	7149（2011 年）

表 2.8　　　　　　　　　　徐六泾站历年潮流量特征值统计表　　　　　　　　　　单位：m³/s

项目	1 月	7 月	汛期（5—10 月）	非汛期（11 月至次年 4 月）	全年
平均	13600	46400	36900	18000	27500
最大	18900	59900	45900	20900	33100（2010 年）
最小	10700	37200	28400	14100	22600（2011 年）

2.3.3　泥沙

2.3.3.1　湖口站

据湖口站实测沙量资料（1955—2018 年）统计分析，三峡水库蓄水前（1955—2002 年）湖口站多年平均输沙量为 950 万 t，最大年输沙量为 2160 万 t（1969 年），最小年输沙量为 −370 万 t（1963 年）；多年平均悬移质泥沙含沙量为 0.065kg/m³，实测最大含沙量为 2.74kg/m³（1982 年 7 月 23 日）；多年平均输沙模数为 58.6t/（km²·a）。三峡水库蓄水后（2003—2018 年）湖口站多年平均输沙量为 1120 万 t，最大年输沙量为 1760 万 t（2003 年），最小年输沙量为 570 万 t（2009 年）；多年平均悬移质泥沙含沙量为 0.118kg/m³，实测最大含沙量为 0.954kg/m³（2004 年 12 月 2 日）；多年平均输沙模数为 67.8t/（km²·a）。湖口站年际沙量特征值统计见表 2.9。

表 2.9　　　　　　　　　　　　湖口站年际沙量特征值统计

时间段	多年平均含沙量/（kg/m³）	历年最大含沙量		多年平均输沙量/亿 t	历年最大输沙量		历年最小输沙量		统计年份
		含沙量/（kg/m³）	发生时间		输沙量/亿 t	年份	输沙量/亿 t	年份	
三峡水库蓄水前	0.065	2.74	1982 年 7 月 23 日	0.095	0.216	1969	−0.037	1963	1955—2002
三峡水库蓄水后	0.118	0.954	2004 年 12 月 2 日	0.112	0.176	2003	0.057	2009	2003—2018

从年内分配来看，湖口站输沙量年内分配与径流相对应，三峡水库蓄水前主汛期 4—6 月输沙量约占全年沙量的 43.7%，三峡水库蓄水后约占全年径流的 30.6%，三峡水库蓄水前沙量年内分布不均匀程度超过径流。湖口站年内沙量特征值统计见表 2.10。

表 2.10   湖口站年内沙量特征值统计

时间段		1月	2月	3月	4月	5月	6月	7月	8月	9月	10月	11月	12月	年
三峡水库蓄水前	输沙量/万 t	69.0	134	257	226	112	77.7	−30.7	−15.8	−24.0	29.9	59.5	59.3	954
	%	7.23	14.0	27.0	23.7	11.8	8.15	−3.2	−1.7	−2.5	3.14	6.23	6.22	100
	含沙量/(kg/m³)	0.152	0.222	0.217	0.124	0.051	0.034	−0.02	−0.01	−0.02	0.029	0.075	0.117	0.065
三峡水库蓄水后	输沙量/万 t	82	92	212	152	101	97	36	38	36	83	105	111	1145
	%	7.2	8.0	18.5	13.3	8.8	8.5	3.1	3.4	3.1	7.3	9.2	9.7	100
	含沙量/(kg/m³)	0.167	0.138	0.176	0.114	0.065	0.045	0.044	0.054	0.075	0.114	0.206	0.218	0.118

2.3.3.2　大通站

长江下游干流河道的来沙主要来自中上游干流，以悬移质泥沙为主，推移质泥沙仅占极小比例，根据以往的观测成果，大通水文站推移质年输沙量仅占该站悬移质年输沙量的0.2%，长江下游河道变形起主导作用的是悬移质泥沙运动。

大通水文站泥沙特征值统计，见表2.11。三峡工程蓄水运用前（1951—2002年）大通站多年平均输沙量为4.27亿 t，多年平均含沙量为0.470kg/m³；历年最大含沙量为3.24kg/m³（1959年8月6日），最小含沙量为0.016kg/m³（1999年3月3日），历年最大输沙量为6.78亿 t（1964年），历年最小输沙量为2.39亿 t（1994年），其中大通站5—10月输沙量占全年输沙量的87.41%。

表 2.11   大通水文站泥沙特征值统计

项目	统计年份	特征值		发生时间
输沙率/(t/s)	1951—2002	历年最大	150	1975年8月18日
		历年最小	0.140	1999年2月28日
		多年平均	13.5	—
	2003—2018	历年最大	44.3	2005年8月28日
		历年最小	0.254	2007年2月20日
		多年平均	4.20	—
输沙量/亿 t	1951—2002	历年最大	6.78	1964年
		历年最小	2.39	1994年
		多年平均	4.27	—
	2003—2018	历年最大	2.16	2005年
		历年最小	0.718	2011年
		多年平均	1.34	—
含沙量/(kg/m³)	1951—2002	历年最大	3.24	1959年8月6日
		历年最小	0.016	1999年3月3日
		多年平均	0.470	—
	2003—2018	历年最大	1.02	2004年9月15日
		历年最小	0.020	2007年2月21日
		多年平均	0.154	—

　　三峡工程蓄水运用后（2003—2018 年）大通站年平均输沙量为 1.34 亿 t，年平均含沙量为 0.154kg/m³；历年最大含沙量为 1.02kg/m³（2004 年 9 月 16 日），最小含沙量为 0.02kg/m³（2007 年 2 月 21 日），历年最大输沙量为 2.16 亿 t（2005 年），历年最小输沙量为 0.718 亿 t（2011 年），其中大通站 5—10 月输沙量占全年输沙量的 80.3%。与蓄水前均值相比，来沙减少了 67%。近期 2010 年、2011 年、2012 年、2013 年平均输沙量为 1.65 亿 t、0.72 亿 t、1.61 亿 t、1.17 亿 t，分别占蓄水前多年平均输沙量（4.27 亿 t）的 38.6%、16.9%、37.7%、27.4%。

　　根据资料统计，三峡蓄水前，大通站悬沙中值粒径为 0.009mm，粒径大于 0.125mm（粗颗粒）的泥沙含量为 7.8%。三峡水库蓄水后，2003—2016 年大通站悬沙中值粒径为 0.010mm，与蓄水前的 0.009mm 相比，泥沙粒径略有变粗；粒径大于 0.125mm（粗颗粒）的泥沙含量增加为 8.0%，坝下游大通站悬沙级配和悬沙中值粒径变化见表 2.12，该站悬沙级配曲线见图 2.5（长江水利委员会，2019）。

表 2.12　　　　　　　　　　大通站不同粒径级沙重百分数对比表

范　　围/mm	时　　段	沙重百分数/%
$d \leqslant 0.031$	三峡蓄水前	73.0
	2003—2016 年	74.0
$0.031 < d \leqslant 0.125$	三峡蓄水前	19.3
	2003—2016 年	17.9
$d > 0.125$	三峡蓄水前	7.8
	2003—2016 年	8.0
中值粒径	三峡蓄水前	0.009
	2003—2016 年	0.010

注　大通站三峡蓄水前统计年份为 1987—2002 年；2010—2016 年悬移质泥沙颗粒分析采用激光粒度仪。

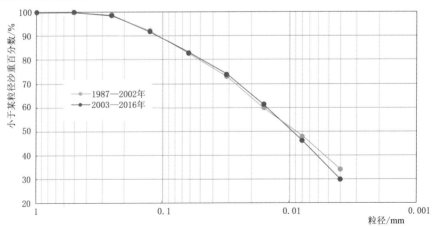

图 2.5　三峡水库蓄水前后大通站悬沙级配曲线对比图

2.3.4 水位

2.3.4.1 湖口站

据湖口站实测水位资料（1950—2016 年）统计分析，三峡水库蓄水前（1950—2002 年）多年平均水位为 11.11m，历年最高水位为 20.70m（1998 年 7 月 31 日），历年最低水位为 4.01m（1963 年 2 月 6 日）。三峡水库蓄水后（2003—2016 年）多年平均水位为 12.34m，历年最高水位为 19.41m（2016 年 7 月 12 日，黄海高程基准，下同），历年最低水位为 4.74m（2004 年 2 月 6 日）。湖口站年际水位特征值统计见表 2.13。此外，年内最高水位一般出现在鄱阳湖水系主汛期 4—6 月，湖口站年内水位特征值统计见表 2.14。

表 2.13　　　　　　　　　　湖口站年际水位特征值统计

时间段	多年平均水位/m	历年最高		历年最低		统计年份
		水位/m	发生时间	水位/m	发生时间	
三峡水库蓄水前	11.11	20.70	1998 年 7 月 31 日	4.01	1963 年 2 月 6 日	1950—2002
三峡水库蓄水后	12.34	19.41	2016 年 7 月 12 日	4.74	2004 年 2 月 6 日	2003—2016

注　表内水位（冻结基面以上米数）-1.89m=黄海基面以上米数。

表 2.14　　　　　　　　　　湖口站年内水位特征值统计　　　　　单位：m

时间段		1月	2月	3月	4月	5月	6月	7月	8月	9月	10月	11月	12月
三峡水库蓄水前	平均	7.91	8.14	9.63	11.70	14.37	15.83	17.82	16.93	16.19	14.82	12.32	9.28
	最高	13.83	13.18	17.03	17.16	19.59	21.77	22.59	22.58	21.63	19.36	17.98	15.10
	最低	5.98	5.90	6.09	7.03	9.65	10.72	12.35	11.31	10.34	8.97	7.41	6.48
三峡水库蓄水后	平均	8.60	10.30	11.52	13.81	15.92	17.10	16.05	14.65	12.09	10.44	9.01	8.42
	最高	13.15	13.86	17.07	17.77	19.90	21.30	20.01	18.98	16.28	15.39	13.27	11.54
	最低	6.63	7.09	8.64	8.42	9.90	13.72	10.29	9.26	7.99	7.86	7.16	7.03

注　表内最高、最低水位均为瞬时水位。

2.3.4.2 安庆站

三峡蓄水前，安庆水位站多年平均水位 10.22m，最高水位为 18.74m（1954 年），最低水位为 4.00m（1963 年）；三峡蓄水后，安庆水位站多年平均水位 9.77m，最高水位为 17.71m（2016 年），最低水位为 4.78m（2004 年），安庆水位站在三峡水库蓄水前后的水位特征值及月平均水位见表 2.15 和表 2.16。

表 2.15　　　　　　　　　　安庆站水位特征值

统计时段	多年平均水位/m	历年最高水位		历年最低水位	
		水位/m	年份	水位/m	年份
2002 年前	10.22	18.74	1954	4.00	1963
2003—2016 年	9.77	17.71	2016	4.78	2004

注　表内水位（冻结基面以上米数）-1.895m=85 基面以上米数。

表 2.16 安庆站多年月平均水位统计 单位：m，基面同上

统计时段	1月	2月	3月	4月	5月	6月	7月	8月	9月	10月	11月	12月
2002年前	5.86	6.04	7.33	9.40	11.57	12.83	14.54	13.67	13.03	11.73	9.50	7.05
2003—2016年	6.37	6.52	7.94	8.96	10.92	12.78	13.95	13.05	11.83	9.67	8.16	6.93

2.3.4.3 大通站

三峡蓄水期前，大通站多年平均水位 6.82m（冻结基面，下同）；三峡蓄水后，多年平均水位为 6.47m。历年以来，实测最高水位为 14.70m（1954 年 8 月 1 日），最低水位为 1.25m（1961 年 2 月 3 日），见表 2.17。

表 2.17 大通水文站水位特征统计表

项 目		特征值	发生时间	统计年份
水位/m	历年最高	14.70	1954 年 8 月 1 日	1950—2016
	历年最低	1.25	1961 年 2 月 3 日	1950—2016
	多年平均（三峡蓄水前）	6.82		1950—2002
	多年平均（三峡蓄水后）	6.47		2003—2016

注 表内水位（冻结基面以上米数）−1.857m=85 基面以上米数。

根据 2003—2016 年实测水位流量点绘低水水位流量关系见图 2.6。从图上看，各年水位流量关系较好，基本上为单一曲线，历年水位流量关系变幅不大。结果表明，点据带状分布与线的分布基本一致，无趋势性变化，没有系统偏移。三峡水库蓄水后对该站的水位流量关系变化现阶段暂无明显影响。

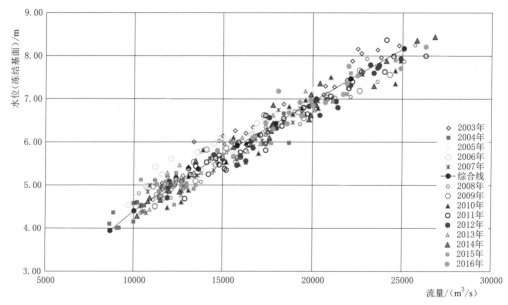

图 2.6 大通站 2003—2016 年低水水位流量关系图

2.3.4.4 南京站

南京站历年最高水位为 8.31m（1954 年），最低水位为－0.37m（1956 年），南京水位站水位特征值及高低潮水位统计见表 2.18 和表 2.19。

表 2.18   南京站水位特征值

项目	特征值/m	发生时间	项目	特征值/m	发生时间
历年最高水位	8.31	1954 年 8 月 17 日	历年最小变幅	4.55	2001 年
历年最低水位	－0.37	1956 年 1 月 9 日	汛期最大潮差	1.33	
历年最大变幅	7.81	1999 年	枯期最大潮差	1.56	

注　表内水位（冻结基面以上米数）－1.859m＝85 基面以上米数。

表 2.19   南京水位站高低潮水位统计   单位：m

项目		1 月	2 月	3 月	4 月	5 月	6 月	7 月	8 月	9 月	10 月	11 月	12 月
高潮	最高	4.03	3.92	5.27	5.59	6.58	7.98	8.23	8.31	8.25	7.16	5.78	4.09
	最低	1.77	1.62	2.09	2.93	3.26	3.96	4.88	4.03	3.49	3.01	2.76	2.13
	平均	2.41	2.55	3.15	4.00	4.85	5.71	6.41	6.08	5.66	4.98	4.03	2.93
低潮	最高	1.97	2.14	2.55	3.68	4.35	5.38	7.10	7.70	6.97	5.52	3.67	1.80
	最低	－0.37	－0.09	0.07	0.53	1.44	1.90	2.55	2.00	1.44	1.15	0.72	0.20
	平均	0.50	0.56	1.02	1.76	2.85	3.64	4.71	4.50	4.04	3.13	1.87	0.84

2.3.4.5 徐六泾

徐六泾站最高潮位为 4.83m，最低潮位为－1.56m，徐六泾站水位特征值及高低潮水位见表 2.20。

表 2.20   徐六泾站水位特征值

项目	特征值/m	发生时间	项目	特征值/m	发生时间
最高潮位	4.83	1997 年 8 月 19 日	平均低潮位	－0.37	—
最低潮位	－1.56	1956 年 2 月 29 日	平均潮差	2.01	—
平均高潮位	2.05	—	最大潮差	4.01	

注　表内水位（冻结基面以上米数）－1.919m＝85 基面以上米数。

2.3.5 潮流

一般认为长江下游自扬中河段与澄通河段交汇处的江阴水道以下受潮汐影响。其中长江下游长江口是中等强度的潮沙河口，口外属正规半日潮，口内属非正规半日浅海潮。一日内两涨两落，一涨一落平均历时 12h25min，一个太阳日 24h50min 有两涨两落，日潮不等现象明显。每年春分至秋分为夜大潮，秋分至次年春分为日大潮。年最高潮位、年最低潮位一般上游大于下游，最大潮差则反之。最高高潮位多出现在 8—9 月，最低低潮位一般出现在 4 月。最大潮差 4m 以上，最小潮差 0.02m。

(1) 年平均潮位。选用徐六泾、杨林、连兴港、六滧、崇头、共青圩站的特征值进行统计分析统计时段内 (1987—2013 年)，年平均潮位徐六泾站为 0.71～1.01m，崇头站为 0.66～0.89m，杨林站为 0.50～0.77m，六滧站为 0.37～0.58m，共青圩站为 0.29～0.65m，连兴港站为 0.12～0.37m，各站潮位的年平均值变化幅度为 0.21～0.36m，变化最大的是共青圩站 0.36m，变化最小的是六滧站 0.21m。随着潮位站离河口距离的增加，潮位平均值也越高。因洪水作用，1998 年和 1999 年平均水位较其他年份高。1988—2010 年大通站每年超过 50000m³/s 流量平均为 33d，而 1998 年和 1999 年大通站超过 50000m³/s 流量的天数分别达到 102d 和 93d，远超平均天数，年径流量 1998 年和 1999 年分别为 12440 亿 m³ 和 10370 亿 m³，分别超过多年平均值 38.8％ 和 15.7％。上游径流的增大引起长江口水位一定程度的抬升，相对来说，杨林以下径流影响逐渐减弱。

(2) 涨落潮历时。长江口外涨潮历时和落潮历时基本相等，当潮波进入长江口后，由于受到河床的阻力和径流的顶托而发生变形，愈向上游前坡愈陡，后坡愈缓，所以涨潮历时愈向上游愈短，而落潮历时愈长。北支由于地形的约束，涨潮历时比南支长，而落潮历时较南支短。

(3) 潮差。口外潮波传入长江口后逐渐发生变形，因河槽形态、径流大小以及河床边界的不同，潮波变形情况有很大差异，导致长江口潮位、潮差和潮时沿程发生变化。

南槽至南港至南支及北港至新桥水道为长江口潮波传播方向基本一致的两条主要途径。在河床阻力及径流阻力双重影响下，潮波类型属前进波，潮波变形反映为涨落潮历时不对称和潮差沿程减小。越接近口门，大潮和小潮间的潮差差值越大，越往上游各站大小潮之间的潮差越小，南支河段各测站大小潮之间的潮差明显大于澄通河段各站，且不同的潮型涨落潮潮差表现出不同的特点。大潮期，南支河段各站为落潮潮差大于涨潮潮差，而澄通河段各站则为涨潮潮差大于落潮潮差；小潮期则正好相反，交界处位于徐六泾附近。

(4) 潮波。长江口的潮波是由外海传播来的潮沙引起的谐振波。长江口外存在着东海的前进波和黄海的旋转潮波两个系统，东海的前进潮波对长江口的影响较大。长江口地区由于受反射和摩擦等因素的作用，潮波不是典型的驻波，而是两者兼而有之。长江口外绿华山站基本为前进波；北支三和港以上，潮波性质向驻波型转化；南支、南北港和南北槽的主槽属于前进波为主的变态潮波，而涨潮流作用为主的副槽具有驻波的特点。

口内潮波在口门附近的传播方向约 305°，多年来比较稳定。当潮波进入河口后，受到河槽约束，传播方向基本上与主河槽轴线一致。潮波传播的速度在口内外、波峰与波谷、大潮与小潮均不一样。潮波速度口外高潮为 10.6～11.9m/s，低潮为 6.9～8.1m/s；口内高潮为 6.3～16.0m/s，低潮为 3.5～14.3m/s。

长江口潮波传播速度南北两岸并不一致，与地形起伏度、河道弯曲半径、断面形状等参数有关，一般上游大于下游，深水大于浅水，顺直河段大于弯曲河段。

(5) 潮量。长江口地区潮流量大小随天文潮和上游径流大小而变化。在上游径流接近多年平均流量，口外潮差接近多年平均潮差的情况下，潮流量达 $266300m^3/s$，为多年平均径流量的 9.3 倍。洪季大潮全潮进潮量可达 53 亿 m^3，小潮可达 16 亿 m^3；枯季大潮可达 39 亿 m^3，小潮约为 13 亿 m^3。南支无论涨潮量还是落潮量均大于北支。

根据 2005—2013 年资料统计分析，徐六泾站的净泄潮量年内分配不均匀，汛期 5—10 月的净泄潮量平均占全年的 67.3%（其中 7—9 月占全年的 38.6%），枯季 11 月至翌年 4 月的净泄潮量占全年的 32.7%。7 月净泄潮量最大，多年平均为 1191 亿 m^3，占全年的 14.0%，2 月净泄潮量最小，为 369.9 亿 m^3，占全年的 4.35%。

2.4　水资源与水生态

2.4.1　水资源

长江流域多年平均年降水量为 1086.6mm，折合降水总量为 19370 亿 m^3，多年平均水资源总量为 9958 亿 m^3，湖口以下干流降水总量为 1188.52 亿 m^3，地表水资源量为 492.81 亿 m^3。

2.4.2　水生态环境

2.4.2.1　水生态

水生生物资源：长江流域记录鱼类共 400 余种，其中淡水鱼类约 348 种。在国务院批准颁布的《国家重点保护野生动物名录》中，在长江流域分布的有中华鲟、白鲟、达氏鲟、胭脂鱼、川陕哲罗鲑、滇池金线鲃、秦岭细鳞鲑、花鳗鲡和松江鲈鱼等 9 种，其中，中华鲟、白鲟、达氏鲟为国家一级保护动物。长江流域分布有特有鱼类 166 种，其中长江上游特有鱼类 117 种，长江中、下游特有 40 种，同时出现于上游和中、下游的有 9 种。其他涉水生物中，水生维管束植物 1000 余种，两栖动物 145 种（包括长江流域特有种 49 种），其中大鲵、贵州疣螈、细痣疣螈、大凉疣螈和虎纹蛙等 5 种是被列入《国家重点保护野生动物名录》的二级保护动物，69 种是被列入《中国物种红色名录》的受威胁物种名单。此外，还有国家一级保护动物白鱀豚、扬子鳄和国家二级保护动物江豚。

鱼类产卵场：在珍稀鱼类中，白鲟比较集中的产卵场在江安县附近的长江河段和宜宾柏树溪附近的金沙江河段；沿海大陆架地带是中华鲟主要生长水域，目前中华鲟仅在葛洲坝下不到 5km 的江段内形成新的自然繁殖场；达氏鲟产卵场主要分布在川江与金沙江下游江段；胭脂鱼产卵场主要分布在金沙江的屏山和宜宾市附近的长江以下江段；青、草、鲢、鳙四大家鱼通常在湖泊和季节性洪泛区索饵肥育，发育成熟的个体则进入干流江段繁殖。

鱼类索饵场与越冬场：长江中下游洪泛平原复杂的水网系统及通江湖泊是江湖洄游型鱼类幼鱼的重要索饵场所。

国家级水产种质资源保护区：按照农业农村部相关公告，目前长江流域内共建立国家级水产种质资源保护区 72 处，其中长江下游干流 5 处，详见表 2.21。

表 2.21　　　　　　　　　　长江干流下游国家级水产种质资源保护区名录

序号	名　称	所在省份	涉　及　河　段
1	长江安庆段四大家鱼国家级水产种质资源保护区	安徽	宿松县小孤山渡口至望江县雷池闸，总面积 3800hm²
2	长江安庆江段长吻鮠大口鲶鳜鱼国家级水产种质资源保护区	安徽	皖河口江段和皖河七里湖段，总面积 8000hm²
3	长江大胜关长吻鮠铜鱼国家级水产种质资源保护区	江苏	南京市江宁区、雨花区、浦口区、建邺区和下关区长江江段，总面积 7421hm²
4	长江扬州段四大家鱼国家级水产种质资源保护区	江苏	扬州市太平闸东、万福闸西，三江营夹江口，小虹桥大坝，西夹江间，总面积 2000hm²
5	长江靖江段中华绒螯蟹鳜鱼国家级水产种质资源保护区	江苏	靖江市江心洲西边水域，总面积 2400hm²

2.4.2.2　湿地

长江流域湿地总面积约为 17.4 万 km²，约占长江流域面积的 10%，是我国重要的湿地分布区域之一。湿地类型可分为自然湿地与人工湿地，其中自然湿地占 41.5%，包括沼泽湿地、湖泊湿地、河流湿地、河口湿地，其中河流湿地所占比重最大。

长江流域干流下游列入国际重要湿地名录的有 3 处，分别为江西鄱阳湖、上海长江口中华鲟湿地和崇明东滩。在 173 处国家重要湿地名录中长江流域有依然错、泸沽湖、草海、丹江口库区、石臼湖、巢湖、崇明岛湿地等 29 处。流域内已建立的国家级、省级以湿地为主要保护对象的自然保护区 40 处。

2.4.2.3　自然保护区

长江流域共建立省级以上各种类型自然保护区 310 个，其中国家级自然保护区 92 个，面积 19.9 万 km²；省级自然保护区 218 个，面积 6.2 万 km²。从流域内各级自然保护区的数量组成看，国家级保护区占 29.7%、省级占 70.3%。在长江流域 310 个省级及以上各类自然保护区中，涉水自然保护区包括水生生物资源、湿地资源、河流等三种类型。其中为保护水生生物资源而建立的有长江上游珍稀特有鱼类、湖北长江新螺段白鱀豚、安徽铜陵淡水豚等国家级自然保护区，以及湖北长江宜昌中华鲟、镇江长江豚类、上海市长江口中华鲟、鄱阳湖河蚌、四川天全河珍稀鱼类等省级自然保护区；为保护湿地资源而设立的有安徽扬子鳄、上海九段沙湿地、湖南东洞庭湖、湖南张家界大鲵、江西鄱阳湖等一批国家级自然保护区，以及安徽安庆沿江水禽、湖北万江河大鲵、湖北洪湖湿地等省级自然保护区；涉及河流的有三江源、白马雪山、玉龙雪山等。

2.5　相关规划及涉河工程设施

2.5.1　相关规划

2.5.1.1　流域综合规划

新中国成立以来，为治理水旱灾害，开发利用水资源，保护水生态环境，长江委（曾名长江流域规划办公室）在党中央、国务院领导下，编制了流域综合利用规划以及大量专业、区域规划。1959年，长江委首次提出了《长江流域综合利用规划要点报告》；20世纪80年代，为适应当时经济社会发展要求，对报告进行了第一次修订，于1990年提出了《长江流域综合利用规划简要报告（1990年修订）》（以下简称《90长流规》），并经国务院批复。在长江流域综合利用规划的指导下，经过几十年的治理开发与保护，长江流域防洪能力显著提高，水资源综合利用与保护取得较大成绩，涉水事务管理明显增强，为支撑经济社会发展发挥了重要作用。长江流域治理开发与保护实践证明，历次长江流域综合利用规划的方针和指导思想基本正确，治理开发与保护的总体布局基本合理，《90长流规》拟定的2000年规划目标基本实现。

进入20世纪，随着长江流域和全国经济社会的发展，对长江水资源开发利用与保护提出了新的要求，长江的治理开发，使流域水情工情、河流生态系统发生了新的变化，必须对原流域综合规划进行修订。依据《中华人民共和国水法》，为科学制订长江流域治理开发与保护的总体部署，长江委组织流域内的各省（直辖市、自治区）共同开展了长江流域综合规划的编制工作，在深入开展现状评价、总体规划、专业规划、专题研究的基础上，编制完成了《长江流域综合规划（2012—2030年）》（以下简称《2012长流规》）（长江水利委员会，2012）。

2012年12月26日，《2012长流规》在全国七大流域规划中率先获得了国务院批复，该规划是长江流域开发、利用、节约、保护水资源和防治水害的重要依据。根据规划，长江下游总体防洪标准为防御新中国成立以来发生的最大洪水，即1954年洪水，在发生类似1954年洪水时，保证重点保护地区的防洪安全。长江下游干流河道治理的目的是控制和改善河势，稳定岸线，保障堤防安全，扩大泄洪能力，改善航运条件，为沿江地区经济社会发展创造有利条件。

2.5.1.2 防洪规划

根据《长江流域防洪规划》（以下简称《防洪规划》）（长江水利委员会，2008），长江下游总体防洪标准为防御新中国成立以来发生的最大洪水，即1954年洪水。在发生1954年洪水时，保证重点保护地区的防洪安全。

长江中下游防洪总体布局为：合理地加高加固堤防，整治河道，安排与建设平原蓄滞洪区，结合兴利修建干支流水库，逐步建成以堤防为基础、三峡水库为骨干，其他干支流水库、蓄滞洪区、河道整治相配合，平垸行洪、退田还湖、水土保持等工程措施与防洪非工程措施相结合的综合防洪体系。

下游主要控制站防洪控制水位是防洪安全控制指标，即为堤防的设计洪水位，在需运用蓄滞洪区蓄纳超额洪水的长江下游地区，控制站防洪控制水位一般也是蓄滞洪区的分洪运用水位。

2.5.1.3 河道治理规划

新中国成立前，长江中下游干流河道基本处于自然演变状态，中下游干流两岸约4000km长的岸线中崩岸长度达1500km。新中国成立后，在党中央的关心和领导下，长江委组织力量，会同地方水利部门，开展中下游干流河道治理的规划设计工作。1959年编制的《长江流域综合利用规划要点报告》（长江流域规划办公室，1959）提出了"以航运为主的干流航道整治与南北运河规划"。1960年编制完成了《长江中下游河道治理规划要点报告》(长江流域规划办公室, 1960), 以该规划为指导, 完成了下荆江中洲子、上车湾裁弯工程, 南京、镇扬等河段整治工程和下游及长江口大量的护岸工程, 取得了良好的社会、经济、环境效益。20 世纪 80 年代, 随着国民经济建设形势发展的需要和人们对河道治理系统性、综合性要求认识的提高, 长江委进一步开展了长江下游干流河道综合治理的规划研究工作。在 1990 年长江委编制完成的《90 长流规》中, 提出了 "以防洪、航运与岸线利用为主要目标的长江中下游干流河道治理规划", 并得到国务院批准。1997 年, 为适应沿江经济发展, 长江委编制了《长江中下游干流河道治理规划报告》(以下简称《97 治理规划》)(长江水利委员会, 1997), 1998 年 6 月得到水利部批复。

1998 年长江下游发生了新中国成立后仅次于 1954 年洪水的又一场全流域性大洪水, 大水过后, 在《97 治理规划》的指导下, 沿江地区开展了大规模的水利建设, 长江下游完成了保障无为大堤、同马大堤、九江长江干堤、安庆江堤、枞阳江堤等堤防安全的防洪护岸工程, 实施了铜陵、芜裕等河段的河势控制工程, 实施了马鞍山河段一期、南京河段二期、镇扬河段二期、扬中河段一期、澄通河段一期等综合整治工程。《97 治理规划》拟定的近期规划目标基本实现。

《2012 长流规》对长江下游干流河道治理提出了方向性、轮廓性的规划意见, 以此为框架, 长江水利委员会对长江中下游干流河道治理规划进行了修订, 并于 2016 年获得水利部批复。根据《长江中下游干流河道治理规划 (2016 年修订)》(长江水利委员会, 2016), 长江下游河段中重点河段有九江、安庆、铜陵、芜裕、马鞍山、南京、镇扬、扬中、澄通、长江口 10 个河段, 一般河段有马垱、东流、太子矶、贵池、大通、黑沙洲 6 个河段。

根据下游干流河道存在的主要问题, 以及经济社会发展对河道治理的要求, 河道治理规划的主要任务是: 控制和改善河势、保障防洪安全、维系优良生态、促进航运发展。

2.5.1.4　岸线保护与利用规划

岸线是一定水位下水域与陆域的交线, 通常指水陆边界一定范围内的带状区域。2016 年, 水利部和国土资源部联合印发了《长江岸线保护和开发利用总体规划》(以下简称《岸线规划》)(水利部和国土资源部, 2016)。为便于岸线长度统计和岸线功能分区, 规划以一定水位下水域与陆域的交线为代表, 以 2013 年为现状水平年, 2020 年为近期规划水平年, 2030 年为远期规划水平年, 以近期规划水平年为重点。规划长江下游干流范围为湖口至长江河口。

规划在充分调查收集沿江省市岸线开发利用现状的基础上, 全面分析了长江岸线保护和开发利用存在的主要问题及经济社会发展对岸线开发利用的要求; 按照岸线保护和开发利用需求, 划分了岸线保护区、保留区、控制利用区及开发利用区等四类功能区, 并对各功能区提出了相应的管理要求; 开展了岸线资源有偿使用专题研究; 提出了保障措施。

2.5.1.5　航道规划

长江干线航道自云南水富至长江口, 全长 2838km, 是国家综合交通运输体系中贯穿东中西部地区重要的水上运输通道, 承担着沿江大型企业生产所需 80% 的铁矿石和 83% 的电煤运输, 2006 年完成货运量 9.9 亿 t、货物周转量 4891 亿 t, 自 2000 年以来货运量、货物周转量年均分别递增 17%、22%。长江水运处于历史上较快和较好的发展时期, 有力促进和支持了沿江产业带的形成与发展。

长江下游干流，多为分汊河型，河道宽窄相间，水流平缓，航行条件优越，有多处碍航浅滩，是长江防洪和航道建设的重点。江西湖口至南京可通航 5000～10000 吨级海船，南京至长江口可通航 3 万～5 万吨级海船，海船进江运输需求旺盛，部分水道如白茆沙、通州沙和福姜沙水道河势较为复杂，存在水深或航宽不足问题，是长江口深水航道进一步向上延伸的主要制约航段。

2009 年 3 月，《长江干线航道总体规划纲要》（交通运输部等，2009）正式获得国务院批复。根据纲要，到 2020 年，安庆至南京河段为Ⅰ级航道标准，通航 2 万～4 万吨级船队和 5000 吨级海船，利用航道自然水深通航 1 万吨级海船；南京至苏州太仓河段为可通航 3 万～5 万吨级海船；太仓至长江口河段为可通航 5 万吨级集装箱船，10 万吨级散货船可满载乘潮通航。

根据《水运"十三五"发展规划》（交通运输部，2016），水运发展目标为：到 2020年，长江黄金水道等内河高等级航道功能显著提升，主要港口战略支点地位进一步强化，国际航运中心建设取得重点突破，从海运大国向海运强国迈进，基本形成保障充分、服务高效、平安绿色、国际影响力强的现代化水运体系，适应经济社会发展和全方位对外开放需要。"十三五"长江下游干线建设重点为：实施下游东北水道、安庆水道二期、土桥水道二期、黑沙洲水道二期、江心洲水道、芜裕河段等航道整治工程和南京以下 12.5m 深水航道建设工程，长江口深水航道减淤工程，研究长江口北港、南槽等航道综合整治开发。

此外，《长江干线"十三五"航道治理规划》（长江航道局，2017）确定"十三五"期长江干线航道建设的总体目标为：进一步推进长江航道系统治理，浚深上延下游深水航道，整治畅通中游航道，提高上游航道等级，使长江干线的航道尺度和技术标准进一步提升，通航瓶颈全面缓解，通过能力大幅提高，到 2020 年全面实现《长江干线航道总体规划纲要》及《长江经济带发展规划纲要》确定的长江干线航道规划建设目标。安庆至南京航段建设目标为：安庆至芜湖段，航道尺度维持 6.0m×200m×1050m，通航 5000 吨级江海船。芜湖至南京段，航道水深由 9.0m 提高至 10.5m，航宽 200m，实现通航 1 万～3万吨级海船；南京至浏河口段，保障南京以下 12.5m 深水航道安全、稳定运行，全面实现全天候双向通航 5 万吨级海船；长江口段，逐步建设以深水航道为主，北港航道、南槽航道为辅，北支航道为支的"一主两辅一支"长江口航道体系，详见表 2.22。

表 2.22　　　　　　　　　　长江干线航道 2020 年建设标准表

河段	里程/km	2015 年最小维护尺度（水深×航宽×弯曲半径）/m	建 设 标 准		通航代表船舶（队）
			航道尺度		
			水深×航宽×弯曲半径/m	保证率/%	
安庆—芜湖	205	6.0×200×1050	6.0×200×1050	98	通航 5000 吨级江海船
芜湖—南京	101	9.0×500×1050	10.5×200×1050		通航 1 万～3 万吨级海船

续表

河段	里程/km	2015年最小维护尺度（水深×航宽×弯曲半径）/m	建 设 标 准		
			航道尺度		通航代表船舶（队）
			水深×航宽×弯曲半径/m	保证率/%	
南京—浏河口	312	南京—南通 10.5×500×1050（条件受限河段航宽不小于200m） 南通—浏河口 12.5×500×1050	12.5×500×1050（福姜沙北水道、中水道航道宽度260m，口岸直鳗鱼沙左汊航道宽度230m，畅洲左汊、右汊航宽250m）	—	全天候双向通航5万吨级海船
长江口	120	主航道12.5，南槽航道5.5	主航道12.5；南槽航道7.0	—	—

2.5.2 堤防工程

随着人类活动和经济发展，自东晋以来，长江下游陆续在两岸建有堤防。堤防是长江干流防洪的基础设施，目前长江下游干堤已基本完成达标建设。

（1）左右岸堤。长江下游左岸堤防有安徽省的同马大堤、安庆江堤、广济江堤、枞阳江堤、无为大堤、和县江堤，江苏省的南京长江干堤、扬州长江干堤、泰州长江干堤、南通长江干堤；右岸有江西省的九江长江大堤，安徽省的池州江堤、铜陵江堤、芜湖江堤、马鞍山江堤，江苏省的南京长江干堤、镇江长江干堤、常州长江干堤、无锡长江干堤、苏州长江干堤；河道内江心洲一般建有洲堤防护。这些堤防对长江下游河道两岸及洲滩防洪起到了重要的屏障作用。

（2）堤防等级。江西省长江干堤九江长江大堤，安徽省长江干堤无为大堤、安庆江堤、芜湖江堤中的芜湖市堤，江苏省长江干堤南京市江堤中的南京市城区为1级堤防；广济江堤、枞阳江堤、和县江堤、池州江堤中的池州市城市防洪堤、铜陵江堤、芜当江堤、马鞍山江堤中的马鞍山市江堤为2级堤防；其他为3级或其以下堤防。

长江下游干流主要堤防基本情况见表2.23，根据《长江流域片堤防基本资料汇编》（长江防汛抗旱总指挥部办公室，2013），主要堤防基本情况如下：

表2.23 长江下游干流主要堤防工程基本情况

序号	堤防名称	保护范围			所 在 地		堤长/km	堤防等级	堤顶超高/m
		面积/km²	耕地/万亩	人口/万人					
1	九江长江大堤	739.3	80.74	83.84	江西九江市、九江县、瑞昌市、湖口县、彭泽县		122.89	1级、2级、4级、5级	1~2.0
					其中	瑞昌码头镇—九江赛湖闸（梁公堤、赤心堤、永安堤）	32.7	2级	1.5
						九江城防堤段	20.28	1级	2.0
						其他堤段	69.91	4~5级	1.0~1.5

续表

序号	堤防名称	保护范围			所 在 地		堤长/km	堤防等级	堤顶超高/m
		面积/km²	耕地/万亩	人口/万人					
2	同马大堤	2310	142	124	安徽宿松、望江、怀宁		173.4	2级	1.5
3	安庆江堤	65.6	30.2	24.39	安徽安庆市		18.84	1级	2.0
4	广济江堤	167.5	14.8	13.6	安徽安庆、桐城、枞阳		24.85	2级	1.5
5	枞阳江堤	748	82.5	110	安徽枞阳		83.95	2级	1.5
6	池州江堤	811.9	72.12	71.84	安徽东至、贵池		109.23	2～4级	1.0～1.5
					其中	秋江圩、香口圩、有庆圩、丰秋圩、七里湖圩、护城圩、阜康圩、广惠圩、广丰圩、万兴圩、大同圩、同义圩	106.36	3～4级	1.0～1.5
						东南圩	2.87	2级	1.5
7	铜陵江堤	235.6	17.85	30.92	安徽铜陵市、铜陵县		36.46	2～3级	1.5
					其中	铜陵市城区江堤	12.3	2级	1.5
						东联圩、西联圩	24.16	3级	1.5
8	无为大堤	4520	427	600	安徽无为、和县		124.48	1级	2.0
9	芜湖江堤	683.8	50.37	99.65	安徽芜湖市、繁昌县		69.36	1～3级	1.5～2.0
					其中	芜湖市堤（芜当江堤中芜湖市堤段）	21.74	1级	2.0
						麻风圩堤	14.05	2级	1.5
						繁昌江堤	33.57	3级	1.5
10	和县江堤	1204	110.25	63	安徽和县		53.42	2级	1.5
11	马鞍山江堤	76.4	7.3	60.7	安徽马鞍山、当涂县		44.23	2～3级	1.5
					其中	芜当江堤中当涂境内段、马鞍山市堤、孔家圩	33.16	2级	1.5
						陈焦圩	11.07	3级	1.5
12	南京长江干堤	427.7	30.35	131.4	江苏南京市、江浦、江宁、六合		191.22	1～2级	1.5～2.0
					其中：南京市城区长江干堤		60	1级	2.0
13	镇江长江干堤	1060	93	188	江苏丹徒、镇江、扬中、丹阳		217.7	2级	2.0
14	扬州长江干堤	1195.6	89	126	江苏仪征、扬州、江都		74.15	2级	2.0
15	常州长江干堤	860	42.51	39.11	江苏常州、武进		20.25	2级	2.0
16	无锡长江干堤	983	336	114	江苏无锡、江阴、锡山		39.12	2级	2.0～2.5
17	苏州长江干堤	4259	332	319	江苏张家港、常熟、太仓		142.81	2级	2.0～2.5
18	泰州长江干堤	2772	357	291.1	江苏泰州、泰兴、靖江		104	2级	2.0～2.5
19	南通长江干堤	5573	347.6	592.5	江苏南通、如皋、通洲、海门、启东		172.1	2级	2.0～2.5

续表

序号	堤防名称	保护范围			所　在　地		堤长/km	堤防等级	堤顶超高/m
		面积/km²	耕地/万亩	人口/万人					
20	上海市海塘		161.9	377.3	上海宝山、浦东、南汇、崇明、横沙、长兴		455.39	1～2级	3.0
					其中	宝山、浦东	82.79	1级	3.0
						南汇	51.19	2级	3.0
						崇明岛、横沙岛、长兴岛	321.41	2级	3.0

注　本表汇总引用自相关工程报告。

江西省长江干堤：1级堤防，全长122.89km，其中九江市城区堤段长20.28km，堤顶超高2.0m，土堤堤顶面宽8～12m；九江市码头镇至赛湖闸32.7km堤段为2级堤防，堤顶超高1.5m，堤顶面宽8m；其余堤段为3～4级堤防，堤顶超高1.5m，堤顶面宽6.0m。穿堤建筑物与所在堤段级别一致。保护区内辖九江市、九江县、瑞昌市、湖口县、彭泽县共2市3县，保护面积739.31km²。九江市区三面环水，地势低洼，地面一般高程为19.5m（吴淞，本章下同），主要城区位于长江和内湖洪水位以下。1966年前，九江市没有堤防，20世纪60—70年代逐年建成标准较低的堤防，20世纪80年代对局部堤段进行了加固，但仍不完善。1998年大水，九江城防堤全线险象环生，4～5号闸口间堤段溃口，危及城区防汛安全，造成了极大的损失。1998年洪水过后，江西省长江干堤列入长江主要堤防进行了加高加固，目前堤身断面已达标，堤身隐患也进行了处理。

同马大堤：2级堤防，上起湖北省黄广大堤末端段窑，下抵怀宁县官坝头，全长173.4km。设计水位按相应湖口22.50m、大通17.10m确定。新中国成立后同马大堤经过历次堤防加高加固，其防洪能力有了一定的提高，至1997年年底，堤身断面已基本达标，堤顶超高1.5m，堤顶面宽8m。同马大堤与黄广大堤共同保护华阳河流域平原圩区的防洪安全，堤防保护面积为2310km²，跨安庆市宿松、望江、怀宁、太湖四县。同马大堤外有广成圩外滩圩，其建于1924年，位于皖河干流出口段右岸，圩区三面临水，东跨皖河大桥与安庆市区相接，南隔长江与池州市东至县相望，西以同马大堤为界接海口镇同马大堤保护区，北抵皖口干流与大观区山口乡相邻。圩区总面积为28.7km²。广成圩堤全长23.5km，分南埂堤防和北埂堤防。南埂堤防长12.5km，属长江堤防，堤顶高程为19.20～19.80m（吴淞），宽度为6.00～7.00m；北埂堤防长11.00km，属皖河堤防，堤顶高程为19.20～19.50m，宽度为6.00～7.00m，外坡坡比大部分为1∶3。

安庆江堤、广济江堤：安庆江堤为1级堤防，起于狮子山脚，止于马窝，全长为18.84km。安庆站设计水位19.34m，堤顶超高为2.0m，堤顶面宽为8～12m，堤顶高程为21.32～21.44m。广济江堤为2级堤防，起于马窝，止于羊叉脑，全长为24.85km，堤顶超高为1.5m，堤顶面宽为8m。广济圩江堤外有夹厢圩外滩圩。1998年大水后在长江重要堤防隐蔽工程中，对安庆江堤、广济江堤等堤段的堤身、地基、护岸工程及各类病险涵闸进行了加固，安庆城市防洪工程的防洪能力进一步得以加强和完善。《安庆市城市防洪规划》于1993年编制完成，2000年进行了修编。城市防洪工程于1998年11月开工。安庆江堤、广济江堤堤防加固工程前期已完成，现皖河口附近地区江堤防洪墙与堤顶高程分别达到 19.63m 与 17.74m。

枞阳江堤： 2 级堤防，上起枞阳县幕旗山脚，下至无为县红土庙，与无为大堤相连，全长为 83.95km，堤顶超高为 1.5m，堤顶面宽为 8m。

池州江堤： 上起与江西省接壤的牛矶山，下迄与安徽省铜陵市交界的青通河口，由于境内沿岸岗峦起伏，从上至下有香隅河、尧渡河、黄溢河、秋浦河、白沙河、九华河、青通河七条河流自该区汇入长江，将湖、圩地区分割成面积不等的 11 个堤圈，依次为香口圩、有庆圩、丰收圩、七里湖圩、护城圩、广埠圩、广丰万兴圩、秋江圩、东南湖圩、同义圩、大同圩。江、河堤防总长为 181.03km，其中江堤长为 109.23km。保护贵池、东至两个县级城市，保护面积为 811.9km²，以及 206 国道、318 国道和贵铜沿江公路的防洪安全。池州江堤中东南圩堤段长 2.87km 为 2 级堤防，堤顶超高为 1.5m，堤顶面宽为 8m；其余堤段为 3～4 级堤防，堤顶超高为 1.0～1.5m，堤顶面宽为 6～8m。

铜陵江堤： 上起铜陵长江大桥南桥头羊山矶，下止荻港镇，与繁昌县相邻。江堤全长为 36.46km，其中铜陵市城区长 12.3km 堤防为 2 级堤防，堤顶超高为 1.5m，土堤堤顶面宽为 8m；西联圩江堤（13.75km）、东联圩江堤（10.41km）为 3 级堤防，堤顶超高为 1.5m，堤顶面宽为 6～8m。保护区总面积为 235.6km²，涉及铜陵市辖区、铜陵县的城关镇、顺安镇、西湖镇、钟鸣镇和新桥镇等五个城镇以及沪铜铁路、芜铜公路的防洪安全。

无为大堤： 1 级堤防，上起无为县果合兴，下至鸠江区方庄，全长为 124.48km，是巢湖流域平原圩区重要的防洪屏障，保护面积为 4520km²，保护安徽省省会合肥市及无为、和县、庐江、含山、肥东、肥西、舒城、巢湖等 7 县 2 市的人口、耕地及交通、电力、军工等重要设施的防洪安全。1998 年大水后，无为大堤已按防御 1954 年型洪水标准进行加固，堤顶超设计洪水位 2.5m。

芜湖江堤： 芜湖江堤全长为 69.36km，其中市区堤防长为 21.74km，麻风圩堤长为 14.05km，繁昌江堤长为 33.57km。设计洪水位按大通 17.10m、芜湖（弋江站）13.40m 确定。芜湖市市区堤防为 1 级堤防，堤顶超高为 2.0m，土堤堤顶面宽为 8～12m；麻风圩堤为 2 级堤防，堤顶超高为 1.5m，堤顶面宽为 8m；繁昌江堤为 3 级堤防，堤顶超高为 1.5m，堤顶面宽为 6～8m。穿堤建筑物与所在堤段级别一致。

和县江堤： 2 级堤防，上起西梁山，下至驷马山船闸，全长 53.42km。保护和县、含山县 26 个乡镇，保护面积为 1204km²。1998 年长江大水后，和县江堤已按 2 级堤防标准进行了达标加固。

马鞍山江堤： 包括芜当江堤当涂段 14.44km、陈焦圩堤 11.07km、马鞍山市区江堤 18.72km，全长为 44.23km。马鞍山市区堤防、芜当江堤当涂段堤为 2 级堤防，堤顶超高为 1.5m，土堤堤顶面宽为 8m；陈焦圩堤为 3 级堤防，堤顶超高为 1.5m，堤顶面宽为 6～8m。穿堤建筑物与所在堤段级别一致。马鞍山江堤保护面积为 76.4km²，保护马鞍山钢铁基地、电厂、沪铜铁路等设施。

南京长江干堤： 南京市是江苏省政治、经济、文化中心，也是全国石油化工、电子仪表、汽车制造等重要工业基地，为全国重点防洪城市之一。保护区内有南京市区及浦口、大厂、雨花、栖霞等四区，有江浦、江宁、六合等三县，保护面积为 866.35km²。南京市长江干堤总长为 191.22km,其中北岸为 93.42km,南岸为 97.8km。其中南京市城区堤防（长 60km）为 1 级堤防,堤顶超高为 2.0m,土堤堤顶面宽为 8m。其他堤段为 2 级堤防,属感潮河段,堤顶超高为 2.0m,土堤堤顶面宽为 6m。

镇江长江干堤: 镇江市长江干堤总长为 217.7km,其中主江堤长为 127.96km,扬中太平洲江堤长为 89.7km,穿堤建筑物 500 余座。长江干堤保护面积为 606.8km²。镇江市长江干堤为 2 级堤防,属感潮河段,堤顶超高为 2.0m,土堤堤顶面宽为 6m。

扬州长江干堤: 扬州市长江江堤西起仪征小河口,东至江都市立新涵,干流长江长 80km,主江堤长 74.15km。长江堤防保护面积为 1284.83km²。扬州市长江干堤为 2 级堤防,属感潮河段,堤顶超高为 2.0m,土堤堤顶面宽为 6m。

常州长江干堤: 常州长江干堤西与镇江的丹阳接壤,东与无锡的江阴相连,主江堤长为 20.25km,是保护常州市沿江与圩区的主要防洪屏障,保护区分属武进市和常州市新区,面积约为 860km²。常州市长江干堤为 2 级堤防,属感潮河段,堤顶超高为 2.0m,土堤堤顶面宽为 6～8m。

无锡长江干堤: 无锡市长江干堤均位于江阴市境内,是无锡市北面重要的防洪屏障。主江堤长 39.12km,保护着包括无锡市区、江阴市、锡山市大部分地区的防洪安全,保护面积为 930.82km²。无锡市长江干堤为 2 级堤防,属感潮河段,堤顶超高为 2.0～2.5m,土堤堤顶面宽为 6～8m。

苏州长江干堤: 苏州市长江干堤长为 142.81km,保护区内有张家港、常熟、太仓市的全部地区以及昆山、吴县市的部分区域,保护面积为 2486km²。苏州市长江干堤为 2 级堤防,属感潮河段,堤顶超高为 2.0～2.5m,土堤堤顶面宽为 6m。

泰州长江干堤: 泰州市位于长江下游扬中河段和澄通河段左岸,现有长江堤防 182km,其中主江堤长 104km。境内通江河网密布,沿江建有各类穿堤建筑物 307 座。保护区面积为 1060km²。泰州市长江干堤为 2 级堤防,属感潮河段,堤顶超高为 2.0～2.5m,土堤堤顶面宽为 6m。

南通长江干堤: 南通市地处长江口左岸,主江堤长为 172.1km,保护区面积为 5573km²。南通市长江干堤为 2 级堤防,属感潮河段,堤顶超高为 2.0～2.5m,土堤堤顶面宽为 6m。

2.5.3　河航道整治工程

长江下游干流河道在一定的水沙条件与河道边界的相互作用下,岸线常发生坍塌,岸线崩退改变了河道的平面形态,引起上下游河势发生调整,给防洪安全和两岸经济发展带来严重影响。新中国成立前,下游河道仅在江阴以下零星分布有护岸工程,河道基本处于自然状态,主流摆动频繁,江岸崩塌十分剧烈。新中国成立后,为了保障河势稳定及防洪安全,国家及各级政府不间断地开展了长江下游河道治理工作,20 世纪 50—60 年代对重点堤防和重要城市江段的岸坡实施了防护;60—70 年代对部分趋于萎缩的支汊如铜陵河段的太阳洲、太白洲水域,南京的兴隆洲左汊进行了封堵;80—90 年代中期,开展了马鞍山、南京、镇扬等河段的系统治理。1998 年大水后,在水利部 1998 年批复的《97 治理规划》的指导下,对直接危及重要堤防安全的崩岸段和少数河势变化剧烈的河段进行了治理。2003 年三峡水库蓄水运用后，下游干流河道崩岸强度与频度明显大于三峡水库蓄水运用前，为保障防洪安全，维护河势稳定，长江委及地方水利部门组织实施了部分河段河势控制应急工程。

另外，为充分发挥长江下游"黄金水道"的航运功能，交通运输部对长江下游干流河道的碍航河段也开展了不间断的治理，2000 年以来，安庆至南京实施了安庆、太子矶、土桥、黑沙洲、乌江等水道的治理；南京至太仓实施了落成洲、口岸直、福姜沙、通州沙、白茆沙等水道的治理；已实施深水航道上延工程，12.5m 深水航道上延至南京。目前，南京至南通天生港段航道维护水深为 10.5m（理论最低潮面以下），可通航 1 万吨级海船；天生港至太仓枯季航道维护水深为 12.5m（理论最低潮面以下），可通航 5 万吨级海船。

据统计，《97 治理规划》中安排的近期河势控制工程已基本完成，长江下游河势得到一定程度的控制，岸线已基本稳定，防洪能力得到增强，航道条件得到了改善，基本满足了沿岸社会经济发展的需求，其确定的近期治理目标基本实现。

（1）九江河段。20 世纪 50—70 年代，本河段实施了张家洲洲头守护、南汊矶头守护、永安堤护岸和汇口矶头守护等整治工程；1998 年大水后，黄广大堤汪家洲段、刘费段，同马大堤汇口段、王家洲段以及江西省长江干堤、张家洲右缘的崩岸段累计实施护岸工程为 85.37km；2002 年长江航道局组织实施了张南下浅区航道整治工程，2011 年实施了张南上浅区航道整治工程；2011 年实施了新洲至九江河段航道整治工程；2018 年实施了长江干线武汉至安庆段 6m 水深航道整治工程。

（2）马垱河段。1998 年大水后的长江重要堤防隐蔽工程中，本河段左岸王营段、关帝庙段、江调圩段累计实施护岸工程为 10.85km；1998—2002 年，江西省对本河段右岸岸线及棉船洲右缘累计长 13.73km 的岸线进行了守护；2000—2016 年，长江航道局在本河段实施了沉船打捞工程、马南水道航道整治工程。

（3）东流河段。1970—1998 年，本河段娘娘庙至湖东村段实施了长约 10km 的护岸工程。1998 年大水后，又对该段长 9.8km 的岸线进行了全面加固，并在本河段有庆段实施了 4km 护岸工程；2004 年，长江航道局实施了东流河段航道整治工程，工程措施包括玉带洲洲头鱼骨坝及守护工程、左岸丁坝工程、老虎滩守护工程。

（4）安庆河段。自 20 世纪 50 年代至 2010 年，安庆河段左岸六合圩至三益圩、官洲跃进圩、广成圩、安庆西门、回龙庵至马窝，右岸杨家套至小闸口、老河口至黄溢闸，以及江心洲头及右缘等险工段实施了护岸工程，至此累计守护 51.87km。

（5）太子矶河段。自 20 世纪 50 年代至 2010 年，太子矶河段左岸大王庙至将军庙、大河沟段、岳王庙段、长河口段、唐家河段，右岸乌沙镇段、石头埂段，以及铁铜洲头及左右缘实施了护岸工程，至此累计守护 14.15km。

（6）贵池河段。20 世纪 50—80 年代，本河段先后对王家缺、三百丈至殷家沟、天成圩、乌江矶、池州港区等崩岸险工段进行了治理；1998 年大水后至 2010 年，本河段在永登圩长河口段、唐家段、大砥含、殷家沟累计实施了 19.45km 护岸工程。

（7）大通河段。20 世纪 60 年代前后，本河段先后在上下八甲、林圩拐、老洲头、五步沟、油坊沟等处实施了护岸工程；1998 年大水后至 2010 年，本河段对和悦洲头及左缘、九华河口、合作圩等局部段进行了应急治理，至此累计守护 13.94km。

（8）铜陵河段。铜陵河段河道弯曲，洲汊较多，曾是长江下游演变较剧烈的河段之一，历史上进行过多次治理。太阳洲弯顶段为铜陵河段崩岸最严重的地段，也是本河段崩岸治理工程的重点。

在 20 世纪 50 年代，为确保无为大堤安全，在安定街实施了大规模的沉排工程，并于 60 年代进行了抛石加固；从 1978 年开始，太阳洲头及右缘出现了大幅度的崩退，80 年代，为控制鹅头弯道段河势，实施了太阳洲抛石护岸工程，并于 1992 年实施了太阳洲和太白洲之间的堵汊工程。

从 1958 年开始直至 1998 年底，对金牛渡至皇公庙一带崩岸段进行了多次守护与加固，守护段主要位于北埂王、坝埂头、皇公庙等处。1998 年大水后，本河段开始实施隐蔽工程，包括无为大堤、铜陵江堤、铜陵河段崩岸治理工程，自 1999 年底开始实施，到 2002 年底，完成了铜陵江堤与无为大堤的加固工程建设，到 2011 年，基本完成了铜陵河段崩岸治理工程的建设，累计加固堤防总长 36.31km。另外，铜陵市地方还组织实施了长江铜陵河段新民、太平段长约 1.58km 的护岸工程。

（9）黑沙洲河段。为控制黑沙洲河段的河势，20 世纪 70 年代以来，水利部门先后在黑沙洲水道的天然洲头左、右缘进行长 3.5km 的抛石护岸工程，黑沙洲头左汊援洲段进行长 3.0km 的抛石护岸，小江坝弯顶进行长 5km 的抛石护岸工程。

1998 年大水后，本河段援洲、小江坝、天然州右缘累计实施护岸工程 11.04km；2002 年冬季，为了遏制天然洲的崩退，实施的堤防隐蔽工程，对天然洲洲头和天然洲右缘的崩岸实施守护工程，护岸总长为 3.5km。

2007—2010 年，交通运输部在长江天然洲水域实施了航道整治工程，主要通过四道潜坝封堵天然洲右汊左槽，同时在右汊内的心滩中下部滩脊布置了水下护滩带，在天然洲头布置了鱼嘴水下护滩工程。

（10）芜裕河段。为确保无为大堤惠生联圩的安全，控制河势，本河段自 20 世纪 70 年代实施了大拐抛石护岸工程，累计守护总长度 12.3km，抛石 114.48 万 m³，基本维持了大拐拐头以上岸线的稳定。

此外，20 世纪 60—80 年代对保定圩骆桥至汪家套段位于芜裕河段进口段河道右岸，累计守护总长度 5.64km，抛石 35.0 万 m³。

在 1998 年大水后至 2010 年，本河段大拐、黄山寺、新大圩、石油码头、江东船厂以及陈家洲右缘实施了护岸工程，至此累计守护 15.2km。

（11）马鞍山河段。从马鞍山河段的整治过程来看大体分三个阶段：一是 1956—1998 年，对河段崩岸部位的重点守护阶段，20 世纪 50—60 年代，本河段实施了丁坝护岸和沉排护岸工程，70 年代以后实施了以保护小黄洲头为重点及守护和县江岸的河势控制工程；二是 1998 年大洪水后长江重要堤防隐蔽工程阶段，本河段在和县江堤、马鞍山市堤以及小黄洲头及左右缘累计实施了 37km 护岸工程；三是 2002 年长江重要堤防隐蔽工程后至 2012 年，在江心洲段彭兴洲头至江心洲头及左缘实施护岸工程 15.37km。

60 多年来，马鞍山河段共实施护岸工程长约 70km，包括左岸和县江堤西梁山护岸长 2.41km，郑蒲圩护岸长 7.45km，郑蒲圩至新河口护岸长 8km，新河口护岸长 5.6km，大荣圩护岸长 2.65km，大黄洲护岸长 4.3km；右岸芜当江堤东梁山下护岸 0.9km，腰坦池、长沟头护岸 7.39km，马鞍山江堤陈焦圩护岸 1.12km，恒兴洲护岸 3.6km，人工矶头至电厂护岸 1.5km；江心洲头及左缘护岸 10.86km；小黄洲头及左右缘护岸 13.06km。

此外，2009 年交通运输部实施了江心洲至乌江水道航道一期整治工程，整治工程主要包括牛屯河边滩自上而下 3 条护滩带工程、江心洲头及彭兴洲头护岸工程 4.552km，护滩带直线段长约 1260m、1152m、1265m，宽度均为 100m。

（12）南京河段。南京河段大致分为六个阶段进行了治理，先后对下关、浦口、八卦洲头及其左右缘、七坝、梅子洲头、大胜关、燕子矶、天河口、新生圩、西坝头、栖霞龙潭弯道、兴隆洲头实施了护岸工程。2003—2005 年，南京河段实施了长江下游南京河段二期整治工程，工程内容见表 2.24。2013 年年底，南京河段实施了梅子洲安全区建设工程，主要建设内容包括梅子洲洲头及左右缘护岸工程、加固工程。长江下游南京新济洲河段河道整治工程 2013 年 11 月由江苏省发展改革委批复实施，主要建设内容见表 2.25，包括新生洲右汊进口控制工程、中汊封堵工程及相关护岸工程等。近期，江苏省各市已相继开工实施崩岸应急治理工程，南京河段八卦洲汊道拟实施河道整治工程。

表 2.24　　　　　　　　　长江下游南京河段二期整治工程表

工 程 名 称	实 施 时 间
铜井河口段沉排护岸工程	2003 年 10 月—2004 年 4 月
新济洲右缘中下段护岸工程	2005 年 12 月—2006 年 5 月
西江横埂上下段护岸工程	2005 年 12 月—2006 年 5 月、2007 年 10 月—2007 年 12 月
七坝段抛石加固护岸工程	2005 年 2 月—2005 年 6 月
大胜关抛石加固护岸工程	2004 年 12 月—2005 年 5 月
梅子洲左缘抛石加固及尾端下延沉排护岸工程	2003 年 11 月—2005 年 5 月
八卦洲左右缘抛石加固护岸及洲头鱼嘴抛石加固工程	2004 年 12 月—2005 年 5 月
燕子矶段抛石加固护岸工程	2004 年 12 月—2005 年 5 月
天河口抛石加固护岸工程	2004 年 12 月—2005 年 5 月
西坝抛石加固护岸工程	2004 年 12 月—2005 年 5 月
栖霞龙潭抛石护岸加固工程	2004 年 12 月—2005 年 5 月
八卦洲头围堤工程	2004 年 12 月—2005 年 5 月
下关浦口沉排及抛石护岸加固工程	2003 年 12 月—2004 年 5 月

表 2.25　　　　　　　　长江下游南京新济洲河段河道整治工程

序号	工 程 名 称		实施情况
1	中汊封堵工程		已实施
2	新生洲右汊进口控制工程	新生洲头部导流坝工程	未实施
		新生洲右汊进口护底工程	已实施
		铜井河口上游段护岸上延工程	已实施

序号	工 程 名 称	实施情况
3	新生洲右缘沉排护岸工程	已实施
4	新济洲右缘中下段抛石加固工程	已实施
5	七坝—陈顶山段抛石护岸工程	已实施
6	七坝段水下抛石护岸加固工程	已实施
7	新潜洲头部及左右缘抛石护岸工程	未实施
8	新潜洲右汊右岸抛石护岸工程	未实施
9	西江横埂段护岸加固工程	已实施

(13) 镇扬河段。镇扬河段自 20 世纪 50 年代以来相继实施了以局部护岸为主的整治工程，20 世纪 60—70 年代，本河段在六圩弯道运河口以西兴建了丁坝护岸工程；1983—1993 年实施了镇扬河段一期整治工程，在和畅洲头、六圩弯道、孟家港及龙门口等处实施了河势控制工程；1994—1997 年实施了长江应急治理工程；为进一步巩固一期整治的效果，江苏省于 1998—2003 年组织实施了镇扬河段二期整治工程，对河势起控制作用的岸段进行了新护与加固，在和畅洲左汊口门实施了潜坝限流工程，完成护岸工程26.86km；2004—2013 年实施急守护工程。

经过一期、二期及近期应急整治工程的实施，镇扬河段整治效果较为显著。目前，镇扬河段仍存在滩岸崩塌，世业洲汊道左汊分流比快速增加，局部河段岸坡不稳，六圩弯道主流贴岸，河床冲刷，已建丁坝坍塌和原有护岸工程损坏等问题，对防洪安全、河势稳定、沿江岸线利用构成威胁。2016—2019 年实施了长江镇扬河段三期整治工程。

(14) 扬中河段。扬中河段河道整治自 20 世纪 70 年代开始，相继实施了嘶马弯道强崩段丁坝群护岸，后又在相邻丁坝间续以抛石和软体排护岸连接，小决港、兴隆弯道、炮台圩护岸等段护岸单一目的或局部护岸整治工程（1970—1990 年），对嘶马弯道、永安洲、小决港、录安洲及姚桥弯道、兴隆弯道等岸段的节点控制应急工程（1991—1997年），对嘶马弯道、杨湾、永安洲（过船港）、靖江下三圩、下四圩、扬中丰乐桥、小决港、炮子洲、录安洲、大路弯道、兴隆弯道、姚桥弯道、九曲河弯道等岸段施新建或加固抛石护岸工程即扬中河段一期整治工程（1998—2004 年），护岸长度约 26.79km。

(15) 澄通河段。澄通河段自 20 世纪 70 年代至 2010 年，在张家港老海坝实施了丁坝群护岸工程；1998 年大水后，本河段实施了澄通河段一期整治工程，对靖江炮台圩节点、灯杆港至和尚港、靖江长江农场、如皋中汊又来沙南侧、民主沙北侧和长青沙西南侧、张家港老海坝至十一圩、十一圩至十二圩、南通农场 4 号坝上游、南通东方红农场的岸线进行了新护与加固。

(16) 长江口河段。20 世纪 50 年代，江苏海门县在青龙港实施了沉排护岸工程，60—70 年代，上海市实施了长兴岛诸沙圈围成岛工程和横沙岛筑堤护沙工程，同时海门、启东两县兴建了大量的丁坝护岸工程；1998 年，长江口深水航道一期整治工程动工，2002 年实施了长江口深水航道二期整治工程，2010 年完成了长江口深水航道三期整治工程；2008 年 3 月，国务院批准了《长江口综合整治开发规划》后，上海市、江苏省先后实施了中夹沙、青草沙、太仓边滩、常熟边滩、新通海沙部分圈围工程。交通运输部实施了新浏河沙守护、南沙头通道限流等工程。启东、海门市组织实施了新村沙水域综合整治工程，并对北支北岸灵甸港至红阳港岸段进行了防护，以上工程的实施稳定了南北港分流口位置，限制了南北港分流口的变化，适当缩窄了徐六泾节点段整治河宽，将北支中段改造为涨落潮流路归一的单一河道，对河势稳定起到了积极作用。由于多方面的原因，长江口规划安排的白茆小沙圈围工程、新通海沙苏通大桥保护区岸线综合整治工程、扁担沙潜堤工程、北支中下段缩窄工程以及护岸工程尚未实施。

参 考 文 献

长江防汛抗旱总指挥部办公室，2013. 长江流域片堤防基本资料汇编［R］. 武汉：长江防汛抗旱总指挥部办公室.

长江航道局，2017. 长江干线"十三五"航道治理规划［R］. 武汉：长江航道局.

长江科学院，2015. 长江宜昌至安庆段提高航道标准治理工程：东流河段物理模型试验研究报告［R］. 武汉：长江科学院.

长江科学院，2015. 长江安庆河段治理工程可行性研究报告［R］. 武汉：长江科学院.

长江科学院，荆州市长江勘察设计院，2021. 2021年岳王庙崩岸应急治理工程初步设计报告［R］. 武汉：长江科学院.

长江流域规划办公室，1959. 长江流域综合利用规划要点报告［R］. 武汉：长江流域规划办公室.

长江流域规划办公室，1960. 长江中下游河道治理规划要点报告［R］. 武汉：长江流域规划办公室.

长江水利委员会，1990. 长江流域综合利用规划简要报告（1990年修订）［R］. 武汉：长江水利委员会.

长江水利委员会，1997. 长江中下游干流河道治理规划报告［R］. 武汉：长江水利委员会.

长江水利委员会，2008. 长江流域防洪规划［R］. 武汉：长江水利委员会.

长江水利委员会，2012. 长江流域综合规划（2012—2030年）［R］. 武汉：长江水利委员会.

长江水利委员会，2016. 长江中下游干流河道治理规划（2016年修订）［R］. 武汉：长江水利委员会.

长江水利委员会，2018. 长江流域及西南诸河水资源公报［R］. 武汉：长江水利委员会.

长江水利委员会，2019. 长江流域及西南诸河水资源公报（简版）［R］. 武汉：长江水利委员会.

长江水利委员会，2019. 长江干流安庆至南京段黄金水道建设对河势控制与防洪影响分析及对策措施报告［R］. 武汉：长江水利委员会.

交通运输部，2016. 水运"十三五"发展规划［R］. 北京：交通运输部.

钱宁，1985. 关于河流分类及成因问题的讨论［J］. 地理学报，40（1）：1-8.

谢鉴衡，1981. 河流泥沙工程学（上册）［M］. 北京：水利出版社.

余文畴，卢金友，2005. 长江河道演变与治理［M］. 北京：中国水利水电出版社.

第3章

长江下游河道演变与发育特征

本章阐述了长江下游河道演变与发育特征，基于历史资料和原型观测资料，分析了长江下游地质演变过程、河道历史变迁特征、河道总体演变特征和典型河段演变过程；阐述了长江下游顺直分汊型河道、弯曲分汊型河道和鹅头分汊型河道的发育特征。

3.1 长江下游地区地质演化

早期已有研究认为，长江下游形成的年代比较古老，在中生代末期已贯通我国东西两部并东流入海的大江（沈玉昌，1965）。后随着相关研究深入，进一步表明长江下游主要形成于第四纪期间，在新构造运动和气候变化的共同作用下，由互不相通的内陆型、外流型河湖体系逐步连接贯通发育而成（余文畴等，2005）。同时，前期亦有相关针对长江下游所处下扬子盆地的研究。

长江下游地区在地质发育进程中历经了多次构造旋回，经受多期构造作用的叠加和改造（翁世劼等，1981）。下扬子盆地即长江下游，被郯城至庐江及江山至绍兴两大断裂所分割组成的大型沉积盆地，面积达 226810km^2（郭念发，1996）。盆地的基本属性在于印支构造运动之前为古生代海相沉积盆地，据其沉积建造和构造特征上的差异，内部分割为苏北斜坡、南京坳陷、江南隆起和钱塘坳陷四个不同的构造单元（图 3.1）。通常认为下扬子盆地存在古生代海相沉积成盆期、中生代的陆相堆积成盆期两期成盆作用，前者沉积物分布广泛、具有广泛的区域性，后者沉积物出露狭小、仅限于苏北地区。因此，长江下游所处下扬子盆地的地质构造发育演化在各阶段具有鲜明特点。

（1）前寒武纪。现有研究表明长江下游地区最古老基底为上元古界，可分为上、下两段，其中下段以板岩、变砂岩为主，上段主要为变砂岩、变中酸性火山岩，总厚达 5000～8000m。所见岩层褶皱形态较简单，倾角较缓，仅个别地方存在侵入体。在扬子旋回时期，区域首次

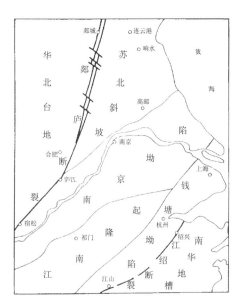

图 3.1 长江下游海相盆地构造区
划分示意图（郭念发，1996）

受到褶皱。由于克拉通化过程中基底固结程度较低，在后期地台阶段，其相对活动幅度偏大。

（2）古生代。在古生代加里东旋回期间，长江下游属于扬子地台的一部分。自下寒武世开始，长江下游外海域由分散、不规则的坳陷向开阔海盆演化；自晚奥陶世起，海域范围逐步缩小；至晚志留世，仅限于东部。下古生界总厚达 5000～7000m。长江下游等地以类复理石为主，与扬子地台具有相同的基底，但因处大陆边缘，沉降幅度大。

在古生代华力西旋回期间，长江下游沉积从晚泥盆世开始，至早石炭世出现海盆，在早二叠世达到高潮，以后又再次收缩。此时期内，长江下游部分地区已部分出露水面。

根据长江下游地区地质等厚图（图3.2），加里东旋回内有几个轴向北东的隆起与坳陷；华力西旋回隆起与坳陷轴向为北东东。长江下游地表剖面可见两者假整合。

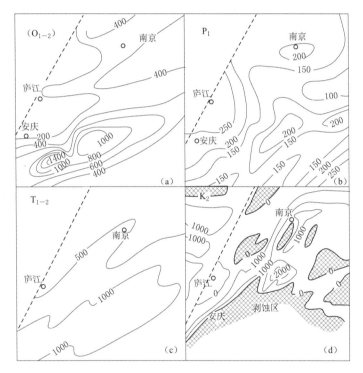

图 3.2　长江下游地区地质等厚图

根据长江下游岩性分布，古生代时期的岩性分界线与现今郯城至庐江断裂（图3.3中①）位置呈大角度相交。而在断裂附近无边缘相沉积，厚度没有沿断裂向减薄，局部甚至增厚。

（3）中生代。中生代印支运动从根本上改变了古生代盆地的发展趋向，使早期长江下游盆地原型彻底改造。原海相盆地的建造抬升、剥蚀、逆掩和冲断，最终成为中新生代陆相沉积盆地的基底。

其中，在印支旋回早中三叠世，长江海盆范围有所缩小，坳陷与隆起轴向为北北东，至中三叠世末期海盆终止，而后变为陆相沉积为主。在燕山旋回内，早中侏罗世时，分割而不连续的地堑内有碎屑堆积；晚侏罗至早白垩世发生了广泛而强烈的陆上火山喷发，可

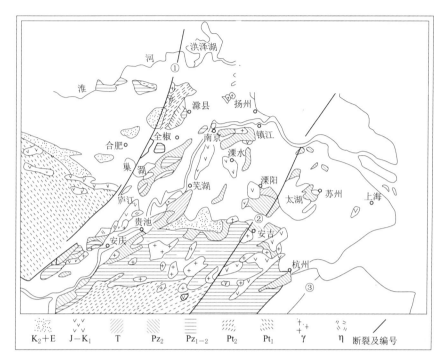

图 3.3　长江下游河谷地质示意图（翁世劼等，1981）

见中—中酸性火山岩呈北东向带状分布；晚白垩世起由于坳陷的扩张，在长江下游地区东
北部苏北南黄海菱形坳陷内，以陆相泥砂质沉积为主。

　　（4）陆相湖盆阶段。下扬子盆地在早第三纪出现以分割性较强的半地堑为基本构造单
元的断陷沉积，主要集中在苏北地区，而苏南地区晚白垩世后处于抬升状态；早第三纪
初，泰州组粗碎屑岩堆积在苏北盆地江都泰州断陷北侧的不同断陷中，后期盆地湖水扩大
堆积一套巨厚的阜宁组砂岩泥岩，其间经过多次海侵作用形成稳定的生物碎屑灰岩；阜宁
组沉积后期，一些地区发育巨厚的岩盐沉积；渐新世戴南组—三垛组的充填—超覆沉积表
明断陷不完善发展，沉积建造以沼泽沉积为主，向东增厚；晚第三纪苏北断陷盆地为全盆
地的坳陷所统一。坳陷在盆地内部细粒沉积发育，形成粗细交替层，代表了冲积扇—河流
平源的沉积环境。

3.2　长江下游河道历史变迁

　　历史时期长江下游自鄱阳湖口至镇江段，跨江西、安徽、江苏三省。目前，湖口至
镇江段发育于长江下游扬子准地台的挤压断裂破碎带。安庆以东的长江流路几乎和断裂带
完全一致。由于破碎带由一系列断裂组成，宽度可达十几公里至 40km，第四纪疏松沉积
物广泛发育，极有利于河床横向摆动和分汊河道的形成。

　　该河段第四纪新构造运动，左岸受淮阳地盾较强烈掀斜影响，远离长江地区表现为掀
斜上升；靠近长江的地区绝大部分则表现为掀斜下降。近期以来，下降尤为普遍和强烈。

右岸受江南古陆影响，主要表现为间歇性升降运动，近期以来，除大渡口至马当和芜湖至马鞍山段略有上升外，大部地区也表现为下沉，但下沉量远小于左岸。因此，该河段新构造运动具有向左岸掀斜下降的性质，河道发育受其影响，绝大多数分汊河段的弯曲方向均指向左岸，下游河段因河谷均较开阔，没有长距离的严重束狭现象。

3.2.1 湖口至镇江段

春秋战国前后，长江分流河道很多，主河道中仅有少数江心洲。晋至南北朝江心洲的分布有所增多，至隋唐江心洲进一步增多。元明清江心洲急增，还伴有很多并洲现象。历史上大部分江心洲是并向左岸的，并岸伴随着江岸的大幅度迁移。至清末时，长江左岸已无分流口。长江主河道江心洲数量的增多，使得长江河道演变变得更为复杂。长江下游多为分汊河道，下面主要论述长江下游典型的分汊河段因江心洲、汊道的消长所引起的河道变迁。

3.2.1.1 湖口至吉阳段

该段右岸丘陵山地濒临江边，矶头密布，如柘矶、彭郎矶、烽火矶、马当矶、牛矶、白石矶、吉阳矶等，这些矶头见于两宋以来史书记载，均为濒江矶头，说明历史时期右侧江岸稳定；左岸河漫滩冲积平原开阔，是全新世以来江道演变的产物，结构疏松，易冲刷。历史时期江心沙洲形成，引起分汊河道的发展，其弯曲方向也均指向左岸。

（1）三号洲分汊河段。从湖口至彭郎矶为三号洲顺直分汊段，由于鄱阳湖清流直接影响，江中沙洲较小，顺直江岸变形不甚显著。本河段下口彭郎矶与小孤山夹江对峙，"江流经此，湍急如沸"。在其上游雍水河段内的彭泽县西，早在元代已有沙洲形成，称得胜洲。成化间洪水涌沙又成新洲，自得胜洲尾相接绕于彭泽县前。顺直分汊河道早已存在。新洲下尾贴近彭泽县治，并属彭泽县管辖，分汊河道当以北支为主流。正德、嘉靖时期，主流河道上沉积张家洲、韩家洲，南支汊道得到发展，得胜洲、新洲即在此时被冲没。其后，南汊扩展为主流，北汊逐渐淤塞，张、韩二洲在清代前期靠向北岸，分汊河道演变成顺直单一道。当时南岸丘陵濒江，边滩尚未形成；北岸较今偏南，复兴镇一带以南尚有五里洲滩。清咸丰以前，江中又沉积了叶家洲、泰字洲、张家洲三个沿流分布的长形沙洲，汊道再次形成。由于左岸抗冲强度弱，左汊迅速拓宽成主流，并在光绪初沉积了上、下两个三号洲，主流再被分为两汊，左岸复兴镇边滩遭受强烈冲刷，原先的右汊则逐渐淤塞为夹江，叶家洲、泰字洲、张家洲逐渐靠向南岸。20世纪前半期，三号洲扩大三分之二，叶家等三洲完全靠岸。目前，上、下三号洲之间的东北横水道为主泓。

（2）搁排洲分汊河段。该段位于彭郎矶与白石矶之间，江中的搁排洲是长江最大的江心洲之一。它的形成与小孤山、彭郎矶这一对矶头，特别是彭郎矶的单向挑流密切相关。唐、宋以来，彭郎矶始终临江，小孤山则有明显变化。旧时小孤山峙江北岸，明成化二十年（1484年），江水忽分流于山北，流日益广，自是屹立中流，大江澎湃环于四面。清代，小孤山依然孤峙江中，民国年间，汊道淤塞，小孤山再次登陆濒江。长江过彭郎矶、小孤山这对矶头后，流速骤缓，泥沙沉积成洲，历史相当悠久。两宋时代，该河段江中激背洲、鹅眉洲已见于记载。前者在马当矶西，后者在马当矶东。其后，在鹅眉洲南有磨盘洲、激背洲北有毛湖洲形成。明正德至嘉靖年间，洪水涌沙又形成许多沙洲，如蒋家洲、叶家洲、余家洲、白沙洲等。因此从毛湖洲至华阳镇一带；洲渚纵横，夹江纷杂。当时北汉河道受彭郎矶挑流，从小孤山东经扬湾、吉水至华阳与南汉相会，弯曲分汉的河道形态已经形成。明成化二十年（1484 年），小孤山北侧汉流形成，其后流量不断增强，小孤山以东南汉中的激背洲在嘉靖年间即被冲没消失，使南汉发展成主流，北汉则处于逐渐淤塞的过程中。明末清初，鹅眉洲、磨盘洲、余家洲、毛湖洲等均有靠岸趋势。至清道光以前，北汉完全淤死，鹅眉、磨盘等洲靠向北岸成为边滩。弯曲河型因此向微弯河型转化。与此同时，从烽火矶至马当矶的河床中搁排洲出水，河道依然属分汉河型。但由于小孤山北汉已经处于淤塞过程中，彭郎矶挑流再次增强的结果，搁排洲北汉迅速扩展，余家洲受挑流顶冲，首先"坍入江心"。清同治年间，搁排洲在向下游延伸越过马当矶的同时，沙洲北缘边滩也得到迅速发展，北汉河道已成分汉主流。清光绪以后至民国年间，小孤山北汉完全淤死，彭郎矶单向挑流更加显著，该河段北汉继续向北扩展成河弯，江中沉积的年字洲、庄兴洲、德复洲和双新洲与搁排渊合并，搁排洲弯曲河段的形态这时已经基本形成。

3.2.1.2　吉阳至大通段

该河段受纵横交错的断裂构造线影响，河道曲折多变，连续出现四个直角拐弯，在拐弯顶部基岩破碎，第四纪疏松沉积物发育，有利于河流横向摆动，形成江心洲和分汉河道，历史时期河道演变也较为复杂。

（1）官洲分汉段。该段左岸有较宽的冲积平原，易遭冲刷变形；右岸丘陵、矶头濒江，控制着河势的发展，特别是吉阳矶，其挑流方向的改变，对该河段沙洲、江岸的变迁影响重大。元、明以前，吉阳矶、黄石矶已成滨江戍守要地。当时吉阳矶以南的东岸有搁排洲存在，吉阳矶挑流作用不甚明显，大江过吉阳矶后即向北直趋皖口，折向东流经今安庆市南。皖口从三国至元末的一千多年里均为滨江战略要地，可见该河段江岸有过长久稳定时期；目前皖口距江 6km，显然是明初以来江岸演变的结果。明中叶以前，该河段以皖口为顶点形成一个大河弯，在弯道凸岸已有磨盘洲、新洲形成。此后，吉阳矶挑流增强，江流直射西北折向东北直趋安庆，弯顶皖口附近处于缓流地段，形成沙帽洲、光洲于皖口江边。明末沙帽洲、光洲靠岸，皖水入江口为沙渚壅塞，排水不畅。清康熙中于沙帽洲内瀹新河以泄之。其后新河遂成皖口以下皖水的延续部分，皖口从此失去滨江冲要地位，"十五里始入江"。清代乾嘉时期，该河段弯顶南移至江家店一带，江岸、沙洲的演变进入又一个旋回。当时，光洲以南至老湖滩的主泓左侧、沉积有宝定洲、育婴洲、铁定洲、姚家洲；主泓右侧则有小团洲、白沙洲形成。道光年间白沙洲靠岸，宝定洲坍入江心，育婴、铁定、姚家诸洲合并成长条形沙洲，河床演变成微弯分汉河型，主泓道在育婴洲东侧。咸丰、同治之际，原主泓道上清节洲出水，江流阻塞，主泓道改走保婴洲（又称官洲，即合并后的育婴洲）西侧，老湖滩东侧遭受江流强烈冲刷，保婴洲在洲头严重坍江的情况下后退，与此同时，保婴洲北培文洲出水，该河段官洲鹅头型分汉河道这时已经形成。清末以来，吉阳矶单向挑流增强，主流直射马家店、老湖滩即折向东北，官洲东汉演变成主汉，原来西汉则逐渐淤狭为支汉，培文洲和官洲在此时合并。与此同时、官洲南缘遭受主流强烈冲刷北退；反之，清节洲则向西北逐渐扩展增大。

（2）江心洲（安庆河段）分汉段。该段从安庆至拦江矶，以黄溢为顶点形成直角拐弯形态。唐五代时期，拦江矶一带江面相当狭窄，在唐代以前即有沙洲形成与弯曲河道凸岸，这就是历史上有名的长风沙。宋代始风沙分汊河道南支为主流，北支逐渐淤狭称长风夹，长风沙已有靠向凸岸成为边滩的趋势。明代以后，弯道顶部进入又一个沉积旋回。明中叶以前，在弯顶右侧黄溢至牛头矶之间沉积了新洲，河道再次分汊。清中叶以前，新洲上游又有官洲、鲫鱼洲出水，当时分汊主泓在这些沙洲之北，因此，已靠岸的长风沙南缘遭受强烈冲刷后退。咸丰、同治年间，北岸西起安庆，东经任家店、马家窝、前江口至鸭儿沟，岸线大体与今相同，唯岸线外侧尚有较宽的低河漫滩存在；南岸黄溢一带较今平直。清末以来，在鲫鱼洲坍江的同时，新洲不断扩大并向下游方向延伸。由于江心洲的扩展，北岸外侧低河漫滩遭强烈冲刷殆尽，南岸也急剧后退，目前黄溢距江已不足 2km，长江横断面显著拓宽。铁板洲分汊河段从拦江矶至龙窝，江水受拦江矶一带丘陵挑流直趋西北至枫阳东折，又为下枫阳姆山挑流南转，鹅颈式汊道早已形成，弯顶枫阳成为历代濒江要地。明中叶以前，鹅头部分江中有罗塘、铁板二洲，罗塘洲较大，从新河口延伸至龙窝，铁板洲在罗塘东南，大江因此被分为三汊，至龙窝汇合。清乾隆年间，南江已成主流，罗塘、铁板二洲的西南部分遭受冲刷后退，铁板洲的下尾则又有铜板洲出水。同治年间，罗塘洲靠岸，原来罗塘、铁板二洲之间的中江则演变成鹅头弯道。铜板洲也在这时与铁板洲合并。民国年间，铜板洲东南心滩出水成为玉板洲，目前河床形态最终形成。

（3）凤凰洲分汊河段。该段自龙窝至大通，历史时期江岸、沙洲演变频繁，故道残迹密布。在航空遥感图上，左岸自龙湾至老洲头存在三期长江汊道演变残迹。晚期汊道自白沙包经源子港、老洲湾至老洲头；中期汊道由龙湾经汤沟镇至源子港，早期汊道从左大圩经鲍家圩至老洲湾。后期汊道均切穿前期汊道，而且逐次南移。北宋时期，池州城距江岸十余里。明中叶以前，大江过三江口后，在该河段内已有估价（又称古夹）、乌落、新洲和武梁四洲形成并见于记载，受顺直河床控制，沙洲均呈长条状形态。估价洲西起黄家矶，东过江家铺，其南侧汊道已成夹江，称为乌沙夹。乌落洲在估价洲之北，东西长约15km。因此，长江过三江口后，又被分为三汊至池口复合。池口以下，大江南侧有新洲，北侧有武梁洲，大江再次分为三江至老洲头复合。当时江面较今开阔，从池口至汤家沟的最宽部分达 15km。北岸自七里矶、新开沟经马船沟、汤家沟、源子港至老洲头；南岸从乌沙镇经汪家村、池口、流波矶至梅埃。明末清初，乌落洲北汊主流继续发展，乌落洲在洲头被冲坍的同时，逐渐向南岸池口方向靠拢，并和估价洲、新洲（此时已分裂成裕生洲、泥洲两部分）成一字形顺流排列，池口以西的三汊河道演变成二汊河型。这时在马船沟与源子港之间的微弯河段内又沉积了新洲。清道光时期，江流形势又有重大改变。陈洲靠向左岸，上述中期汊道成为残迹，自龙湾至源子港的岸线显著地向外推移。陈洲与池口之间的江面上又形成三个条形沙洲，自北向南为崇文洲、凤凰洲，池口河段演变为多汊河型。主汊河道逼临陈洲南侧，陈洲遭受强烈冲刷坍塌。清代后期至民国年间的百年内，估价洲、乌落洲等靠岸，其南侧的乌沙夹淤塞。北岸武梁洲靠岸。与此同时，崇文洲和合并了的凤凰、涂水洲仍在扩大；凤凰洲南并有碗船洲出水，致使池口北侧靠岸的乌落洲等遭受强烈冲坍，池口再次濒江，形成目前的河床形态。

3.2.1.3 大通至芜湖段

该河段受断裂构造控制，形成几个直角拐弯，弯顶基岩破碎，复式鹅头型多汊河道充分发育，历史时期江岸、沙洲演变十分频繁、复杂。

张家洲复式鹅头型分汊河段（铜陵河段）上起大通下至荻港，是长江下游河势最复杂的河段。右岸羊山矶、十里长山，荻港宣陵等很早以来即已滨江；左岸有较开阔的冲积平原，历史时期江道演变主要表现在这一侧。

宋代以前，从鹊头山至荻港附近的江中已有大型沙洲形成，称为鹊洲。该河段早在一千多年前即属分汊河型。它的形成与羊山矶、土桥矶的挑流有密切关系。早期长江过大通受羊山矶挑流，主流折射西北至王家咀，又东北受土桥矶挑流折向正东与来自鹊头山的南北向汊流交汇，在交汇处的上方形成曹韩洲，交汇处的下方就形成鹊洲。两宋时代，可能随着大通和悦洲的形成，羊山矶和土桥矶的挑流减弱，汀家洲有明显靠岸趋势，它与右岸之间的汊道已成夹江，称为汀家夹。

明代中叶以前，汀家夹淤死，汀家洲已经完全靠岸成凸岸洲滩，因此南岸岸线以汀家洲老观咀为顶点向西北略微突出。这时，羊山矶至铜陵县的江面很开阔、东西可达15km，说明羊山矶挑流作用再次增强。这股挑流从王家咀东北行，在土桥一带经胥坝南又东至荻港，可见北岸岸线尚稳定在土桥、胥坝、泥汊一线之南。在老鹊咀东西两侧江中又有小福洲（即小湖洲）和荷叶洲（和悦洲）出水，当时河道尚较平直，属微弯分汊河型。

明中叶至清中叶的 200 多年间，是该河段江流形势的重大演变时期，鹅头型分汊河道即形成于这一阶段。其根本原因在于大通口除荷叶洲之外又有新洲、雁落洲出水，羊山矶挑流作用大为减弱，从羊山矶至铜陵县大江西岸的沙洲（得胜洲）靠岸，边滩迅速向外扩展，长江过大通后，从南向正北直冲土桥以下江岸，使土桥至胥坝间的岸线急速向北坍退。自正德至万历的 100 多年内，岸线后退约 4km，即从胥坝后退至安定街以东一带。这期间三次退建的堤坝均被冲坍入江。万历以后岸线继续北退，退缩中所建的五、六、七、八坝，至清中叶也均被冲坍，幅度可达 5km 之多。咸丰、同治年间，土桥以下的北岸已退至今刘家渡—凤凰颈—姚家沟一线。200 多年时间北岸后退幅度总计达 10km 之多，微弯河道演变成曲率达 1.80 的弯曲河道。与此相反，南岸老鹊咀凸岸一带缓流区，江中沙洲大量涌现，如明末清初涌现的有张家洲、抚宁洲、紫沙洲、神登洲、成德洲、万兴洲、新生洲、下鸡心洲等，其中前四个沙洲在乾隆年间已合并成大洲；清代中叶在其北部又有卫生洲、太阳洲和大兴洲出水。复式鹅头型多汊型河道至此已经发育形成。

明末清初在鹊头山西侧江中也有一些小洲涌现，如铜陵洲、鸡心洲、白沙洲、杨林洲等。铜陵洲在乾隆年间和早期形成的曹韩洲、信府洲合并。至清代中叶，鹊头山西侧江中绝大部分沙洲合并成一个大型的长条形沙洲：上起铜陵河口，下至土桥矶，长约 11km。

清咸丰同治年间，大江过铜陵河口被曹韩长洲分为东西两直汊，西汊为主流至土桥与东汊相会。土桥以下，大江汊道纷杂，主要有三汊：北汊为鹅头顶部的主流，自土桥经刘家渡、凤凰颈至姚家沟折向东南；其次为南汊，位于张家洲、紫家洲与汀家洲之间，称为胭脂夹，受老鹊咀制约，河道显著地向西北突出成次一级的鹅头弯道；中汊最小称为黄柏夹，位于太阳洲（此时由卫生、大兴、太阳三洲并成）和张家、紫家二洲之间，略具弯曲形态。

清末至民国年间，安定街一带挑流增强。中汊黄柏夹迅速冲开发展成主泓道；太阳洲逐渐北移；20 世纪 30 年代初期，从刘家渡至凤凰颈一带又有太白洲形成，原有北汉主流因此束狭为小夹江，形成目前该河段的河床形态。

3.2.1.4　芜湖至南京段

该河段右岸紧靠丘陵山地，沿江分布看许多矶头，著名的有四褐山、东梁山、采石矶、马鞍山、烈山和下三山等；左岸除西梁山、石跋山和骚狗山外，大多为较开阔的冲积平原，岸线相当平直。整个河段属顺直分汊河型。当涂江心洲、南京梅子洲是长江中较大的江心洲之一，其弯曲方向指向右岸，与中下游其他大型沙洲指向左岸不同。

（1）江心洲（马鞍山河段）分汊河段。江心洲顺直分汊河段从东西梁山至慈姆山的江心洲顺直分汊河段，演变较为复杂。采石至慈姆山，濒江矶头密布，岸线较为稳定。左岸开阔平原上的和县，秦汉为历阳县治，至今城内尚存汉至六朝时代的古城遗址；和裕公路以西的姆桥镇等地，分布有新石器及商周遗址；公路以东至江堤一带的河漫滩上，则有汉唐至明清的遗址遗物。这就说明今左岸以西地区早经开发，滩地历史悠久。元代以前，左岸显著向东突出成大凸岸，采石江面极为狭窄，估计采石江面最大宽度不超过 1km；是南北往来的重要渡口、战略要地。今日的江心洲当时已经形成；西汉主泓道当时也为主流。河势古今大体相同。

元、明以来，随着江心沙洲的大量涌现与合并，江面不断拓宽。至明代初期，今日江心洲的形态已经出现，称为成洲。其后在其周围又有大量沙洲涌现，如连生洲、接生洲、南生洲、青草洲、尚宝洲、鲫鱼洲、沟金洲等，其合并后称为鲫角洲，清末光绪年间已有江心洲之名。由于江心洲的扩大，分汊河道向两岸发展，江岸不断后退。右岸明万历间在距江较远的金村修建的金柱塔至清乾隆年间，因江潮冲岸，坍塌严重，塔基甚危几不可保；左岸突出部分至清末已被分汊左支冲洗殆尽，弯曲河岸演变成顺直河岸。民国以来左岸坍江量最大的地段在姆下河至杜姬庙一带，可达 2～3km。

采石至慈姆山之间，明末清初江中也有神龙、慈姆等沙洲，至清代中叶，因大黄洲出水而靠向东岸，致使原来濒江的人头矶、马鞍山、慈姆山等均有约 1km 的洲滩形成。清末民国年间，大黄洲在洲头不断坍塌、靠岸的同时，其上游又有小黄洲出水，形成目前河床形态。

（2）梅子洲分汊河段。梅子洲顺直分汊河段仙人矶至下关，先秦时代江面辽阔：右岸过三山后沿凤凰山麓转而北流，经石头城至卢龙山下；左岸也沿江浦县一带山麓北上，直至今浦口东门镇的平山。左右两岸相距可达 10～15km。

先秦以后，江中沙洲不断涌现、靠岸，江面逐渐缩狭。其缩狭的总趋势是自西南向东北发展。大胜关一带在唐宋以前即已成陆，而在其东北的石头城及宣化镇（浦口镇），在唐宋时代仍为濒江要地。

唐宋时代，南京西南江中沙洲棋布，著名的有白鹭洲、蔡洲、张公洲、加子洲、长命洲、迷子洲等，其中有的历史相当悠久，如蔡洲早在魏晋时代即已见于记载站。

元明时期，白鹭洲靠岸成陆。清代，大江主泓以东的迷子洲和一些小沙洲合并成风林洲；蔡洲等合并成绶带洲；张公洲等合成永定洲。道光、同治年间，西岸于明代形成的梅子洲东移与风林、绶带、永定三洲合并成江心洲（又名梅子洲），东岸线基本形成。西岸也在沙洲不断涨坍中向外扩展。至同治年间自南向北尚有响水洲、大胜洲、庄家洲、九濮洲等，其后也靠向左岸成陆，使左岸向东伸延、原有夹江消失，如唐宋时期濒江的浦口镇，至光绪年间因沙洲靠岸、边滩外涨距江已达十余里，致使长江过水断面显著缩小。

3.2.1.5　南京至镇江段

南京至镇江河段，历史时期演变的特点是：随着时间的推移，长江河口不断向东延伸，江中沙洲大量涌现、合并与靠岸，辽阔的江面逐渐束狭。

（1）八卦洲分汊河段。八卦洲鹅头型分汊河段右岸自下关至龙潭，历史上江岸紧靠丘陵山地，形势与今略同，变化很小；左岸自有史记载至明代后期，岸线始终稳定在浦子口—瓜埠山—青山一线。因此江面极其开阔，如瓜埠至青山这段江道，江面阔极，两岸相距四十里。

在此开阔的河段内，江中早有沙洲形成。唐宋时期，著名的有马昂洲、上新洲、下新洲、阖庐洲、长芦洲等。至明代前期，七里洲、八卦洲的雏形已在今长江大桥一带出水。它们和右岸的夹江已有草鞋夹之名；瓜埠山以西的凹岸附近有长条形的新洲存在；在黄天荡的江中，有由许多沙洲组合成的太子洲，其洲尾延伸至青山、龙潭一线。明代后期，在老的沙洲不断下移的同时，又有许多新的沙洲涌现，如瓜埠东南的拦江洲、上部洲、官洲、柳州、赵家洲、扁担洲等。清代前期，燕子矶北面江中又有护国洲、道士洲、草鞋洲等形成；黄天荡的太子洲逐渐缩小并向南岸龙潭一带靠拢。

清代后期，七里洲、八卦洲和草鞋洲等在下移过程中逐渐合并，称为八卦洲；浦口一带有边滩外涨；瓜埠西南边滩坍江。八卦洲河床发育成鹅头型分汊河道，主泓在洲的左侧通过。这时，瓜埠镇东南的众沙洲则合并为玉带洲和龙袍洲并逐渐靠向左岸，太子洲则完全与右岸相连成边滩。目前的河床形态基本上形成，1949 年前后，八卦洲右汊草鞋夹发展扩大，致使主泓改走右汊，左汊不断束狭。近年来左右汊分流比稳定在 1：4；鹅颈左汊变化不大。

（2）世业洲分汊河段。世业洲顺直分汊河段隋以前，该河段右岸紧靠宁镇山腮北麓，即自今龙潭经下蜀、高资至镇江，岸线相当平直；左岸自青山东北行至今仪征东北 5km 的欧阳戍，折向东南至今扬州西南 20 余 km 的古江都县南侧，然后又转向东北经扬子桥向东，岸线凹凸不平。仪征以南江面非常辽阔；高资以北江面相对束狭；镇扬之间则为喇叭形的海湾。当时江中已有不少沙洲见于记载，如白沙洲、贵洲、新洲、嘉子洲、中洲和瓜洲等。白沙洲在今仪征县治一带，瓜洲在今镇江市北靠近南岸，其余沙洲则在此二者之间。

隋、唐时期，江流形势改变，白沙洲靠向北岸；江都故城一带的凸岸边滩遭受强烈冲刷后退，江都城坍江；瓜洲则在逐渐扩大中向北岸移动并于唐后期与北岸相连，使原来宽达 20km 的镇扬江面束狭仅余不足 15km。这一阶段，右岸仍较稳定，金山尚耸立在江中。

两宋时代，在靠岸的白沙洲上设立的真州距江岸仅有 0.5km；这时镇扬之间由于北岸瓜洲继续向南发展，江面再次束狭。五代北宋时代江面尚有 9km 宽，但至南宋陆游时代，镇江江面已相当狭窄，估计金山江面最大宽度不超过 3km。

由于金山江面束狭，造成上游河段壅水，沙洲大量形成。明代中后期，金山上游有北新洲、礼祀洲、世业洲、定业洲、蒲业洲、黄泥洲等，在仪征一带则因珠金沙靠岸，使江岸向南推移 4km 之多。

清代，北新洲下移与礼祀洲、世业洲合并，形成世业洲分汊河型。这时北岸仪征、瓜洲一带遭受强烈冲刷，左岸北退，南宋修建的瓜洲城完全坍入江中；右岸则因沙洲靠岸而向北延伸，金山在清末光绪年间登陆。

3.2.2 镇江至口门段

长江口河段历史演变过程经历了一个由海到陆的变迁，主要表现为河口湾充填、三角洲进积、河口束窄延伸等特征。

大约 7500 年前，当全新世冰后期海侵达到最高点，长江的入海口后退至镇江、扬州一带，此后海平面趋于相对稳定，当时长江口为一喇叭形海湾，由于湾内海潮顶托作用显著，河口淤积强烈，形成不同时期的拦门沙，逐渐堆积了江北的古沙嘴和江南的古沙堤。之后至距今 3500 年的 4000 年间，由于当时流域垦殖能力低，流域内水土流失程度轻，河流来沙量少，河口地区泥沙淤积较少，河口岸线推进缓慢，较长时间内保持相对稳定。近两千年是长江河口分汊河型的孕育期，该时期内流域人口迅速增长，传统农耕方式使流域内土地开垦强烈，输入河口的泥沙通量增大，三角洲淤积加剧，长江河口加速向海淤涨，北岸形成的潮滩塑造了现在的南通、如东、启东一带，南岸边滩迅速向海推展，现代三角洲的绝大部分面积是这段时间内生成的，河口口门宽度由 2000 年前的 180km 缩窄至 90km 左右。据估算，距今 3000~4000 年前，长江口岸线推展速度缓慢，每百年仅 100~300m；公元 300—400 年以后，由于长江流域开垦致使水土流失加剧，长江口岸线向外推展的速度逐渐加快，至现代甚至高达 1km/40a（陈吉余等，1988；Hori 等，2001）。长江口三角洲在海进过程中有不断向南偏的趋势，这可能与科氏力的长期作用有关（黄胜，1986）。基于长江口历史演变过程和规律，陈吉余等（1988）将长河口两千年来的发育模式总结为"南岸边滩推展，北岸沙岛并岸，河口束狭，河道成形，河槽加深（图 3.4）"，这一系统性、宏观性的认识对长江河口演变研究和实践具有重要的指导意义。

最大海侵以来，长江三角洲经历了红桥期、黄桥期、金沙期、海门期、崇明期和长兴期等六个主要发育时期，形成了一系列砂体，最终到达长江河口现在的位置（李从先等，1979；高进，1998）。长江口在向东南延伸的同时，通过上述沉积体的并洲和并岸过程，使河道不断地缩窄。近 1000 年来，长江河口出现 7 次重要的沙岛并岸：公元 7 世纪东布洲并岸，8 世纪瓜洲并岸，16 世纪马驮沙并岸，18 世纪海门诸沙并岸，19 世纪末至 20 世纪初启东诸沙并岸，20 世纪 20 年代常阴沙并岸，20 世纪 50—70 年代江心沙、通海沙并岸。伴随这些沙洲的并岸，长江口北岸岸线不断向南伸展，河口不断缩窄，并向东南外海方向延伸（王永忠，2009）。马驮沙的并岸和南通地区 4 次大沙洲并岸，造就了长江口河段的北岸边界并形成长江口河段的第一个节点，即鹅鼻嘴节点，老、新海坝堵汊使浏海沙等诸沙并岸并形成南岸边界，崇明岛的形成自始至终贯穿着江心洲的并洲过程。

自 1842 年有海图以来至 1915 年是长江口两级分汊形成期，期间的 1860 年和 1870 年两次洪水过程对南北支和南北港河槽成形起到关键性的作用。1841—1860 年，南港吴淞口以外口门地区出现规模较大的铜沙浅滩，北支呈喇叭形海湾形态；1860—1890 年，长江径流输沙在口门地区堆积加速，在南港口门长兴、横沙诸岛加速成陆的同时，北支启东地区出现众多沙洲群；至 1915 年时，启东沙洲群并岸成陆，北支河道成形，崇明岛除扁

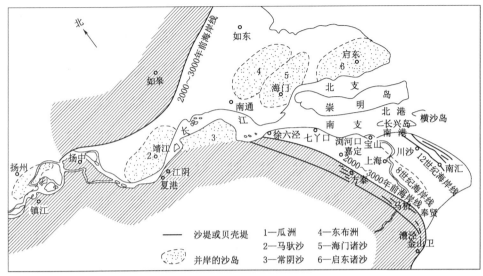

图 3.4　长江河口岸线的历史变迁（陈吉余等，1988）

担沙残留于江中外，原有诸岛已连成一片形成崇明岛（图 3.5）。1954 年大洪水切割铜沙浅滩生成北槽，切割体生成九段沙，分南港为南、北槽。自此，长江口形成"三级分汊、四口入海"的地貌格局并维持至今。

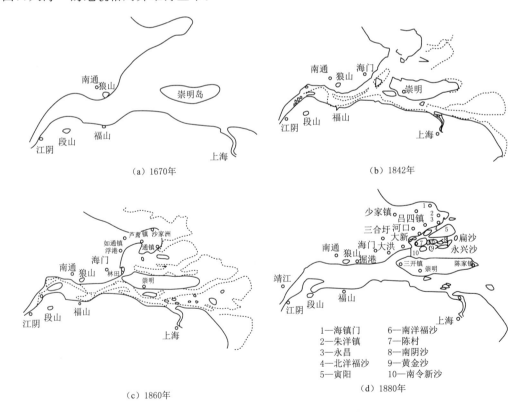

图 3.5（一）　长江口分汊格局历史变迁图（恽才兴，2004）

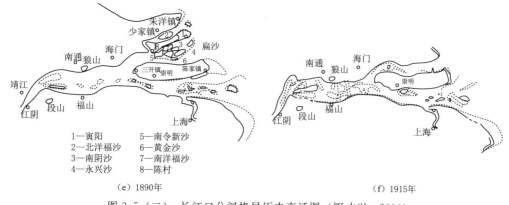

1—寅阳　　　5—南令新沙
2—北洋福沙　6—黄金沙
3—南阴沙　　7—南洋福沙
4—永兴沙　　8—陈村

(e) 1890年　　　　　　　　(f) 1915年

图 3.5（二）　长江口分汊格局历史变迁图（恽才兴，2004）

3.3　长江下游河道发育特征

3.3.1　长江下游干流河道总体演变特征

3.3.1.1　总体河势变化

1. 湖口至大通段

湖口至大通段全长约 228km，由九江中下段、马垱、东流、安庆、太子矶、贵池和大通等河段组成，河道平面形态呈藕节状，全部为分汊型河道。本段南岸分布有龙潭山、包公山、马垱矶、老虎岗、稠林矶、塔基山、吉阳矶、黄石矶、拦江矶、太子矶、泥洲、乌江矶、羊山矶。南岸地质条件总体好于北岸，该段河道大多向左弯曲。

湖口至大通河段近期河势总体情况：①受多处节点以及历年护岸工程的制约，河段总体河道形态稳定。②河道内江心洲十分发育，处在主汊或较大支汊内江心洲构成的二级分汊不易稳定，分流格局可能发生较大的变化和产生较大的影响。如马垱河段棉船洲右汊顺子号洲头冲刷和左槽的发展对航道带来不利的影响；贵池河段左汊内兴隆洲切割后内槽发展可能形成新的二级分汊，是该汊道一个不稳定的因素。③新发生崩岸多位于左岸迎流顶冲段及江心洲，如官洲河段西门至振风塔段出现新的崩岸险情；棉船洲右缘中下段、老虎滩左右侧、玉带洲洲头、清节洲右侧上部、鹅眉洲汊道内潜洲左侧及鹅眉洲左缘、铜铁洲洲头及右侧、长沙洲左侧等近期发生不同程度冲刷崩退，影响河势稳定。此外，河段深槽普遍刷深展宽下移，威胁岸坡稳定。

其中，九江河段中段即张家洲汊道段（锁江楼至八里江口）长约 34.4km，右汊为主汊，2015 年 3 月（流量 15900m³/s）实测分流比约为 62%，右汊中段分布官洲，右汊尾段左侧发育有江心滩新洲，鄱阳湖在张家洲右汊末端汇入长江；九江河段下段即上下三号洲段（八里江口至小孤山）长约 35.6km，河道内自上而下有新洲、上三号洲、下三号洲，上三号洲已并于北岸，江湖汇流后主流居中，其后沿左岸下行至包公山，由新洲右汊过渡到下三号洲左汊进入彭泽弯道，2015 年 3 月（流量 21500m³/s）实测下三号洲左汊分流比约为 91%。

马垱河段（小孤山至华阳河口）长约 31.4km，棉船洲将河道分为左右两汊，左汊弯顶水域分布有铁沙洲，右汊上、下段有顺字号、瓜子号潜洲立于江中，主流位于右汊，2015 年 3 月（流量 21700m³/s）实测右汊分流比约为 94%，马垱矶以上主槽位于顺字号左侧，马垱矶以下主槽位于瓜子号右侧。

东流河段（华阳河口至吉阳矶）长约 34.7km，为顺直分汊型河道，河道内自上而下分布老虎滩、玉带洲、棉花洲等洲滩。东流河段主流摆动较大，主支汊易位频繁，航槽不稳，是长江下游著名浅滩之一。通过一期、二期航道整治工程的实施，目前主流稳定在老虎滩左汊至棉花洲右汊一带，2015 年 3 月（流量 20900m³/s）实测老虎滩左汊分流比约为 63%。

安庆河段（上起吉阳矶至钱江咀）长约 55.3km，以皖河口为界分上下两段。上段官洲河段（吉阳矶至皖河口），为典型的鹅头多分汊型河道，河道内有复生洲、清节洲、官洲、培文洲、新长洲、余棚洲等洲滩，复生洲由于南小江淤塞已并于右岸，官洲、培文洲与北岸之间西江于 1979 年封堵。官洲汊道东江分流比 2015 年 3 月（流量 20900m³/s）实测约为 83%，南夹江分流比近 17%，新长洲与清节洲之间新中汊基本断流；下段为鹅眉洲河段（皖河口至钱江咀）为微弯多分汊河道，鹅眉洲与江心洲斜向排列，中枯水两洲连为一体，江心洲左汊顺直，长约 11km，内有一潜洲，潜洲与鹅眉洲间有新中汊分流。2016 年 9 月（流量 26600m³/s）实测江心洲左汊分流约 72%，其中潜洲左汊分流比约 56%，新中汊分流比约 16%，江心洲右汊弯曲，分流比约 28%。

太子矶河段（钱江咀至新开沟）长约 25.9km，为鹅头多分汊型河道。钱江咀至拦江矶为微弯单一段，主流贴右岸下行；拦江矶以下江中铁铜洲将水流分成左右两汊，右汊为主汊，右汊内分布稻床洲、新玉板潜洲，多年左右汊分流格局相对稳定，2016 年 9 月（流量 26600m³/s）实测左汊分流比约为 10%，右汊分流比约为 90%。

贵池河段（新开沟至下江口）长约 23.3km，属多分汊河型。河段内有碗船洲、凤凰洲、长沙洲、兴隆洲，枯水位时碗船洲和凤凰洲、长沙洲与兴隆洲连为一体，分河道为左、中、右三汊，中汊微弯，水深条件较好，航道相对稳定，是常年主航道。根据 2016 年 9 月实测资料（流量 26100m³/s），左、中、右汊分流比分别约为 51%、47%、2%，其中左汊内兴隆洲与长沙洲之间深槽近期有扩大趋势。

大通河段（下江口至羊山矶）长约 21.8km，为微弯分汊型河道，河道内自上而下分布铁板洲、和悦洲，左汊分流比长期保持在 89%～94%，主流紧靠两汊左缘下行，2016 年 9 月（流量 25700m³/s）实测分流比左汊约为 95%，右汊约为 5%；大通河段右岸多山矶，主流走向相对稳定，是长江下游较为稳定的河段之一。

2. 大通至江阴段

大通至江阴段属感潮河段，河道长约 415km，包括铜陵、黑沙洲、芜裕、马鞍山、南京、镇扬、扬中共 7 个分汊型河段。本段南岸分布多个天然山矶节点，两岸入汇主要有巢湖水系、淮河入江通道等，南、北京杭大运河在镇扬河段中部穿越长江，淮河在扬中河段左岸三江营处入汇。该河段历史上沙洲众多，汊道纵横，变迁频繁，经过多年自然演变及人类活动的影响，江中沙洲并洲并岸，河宽缩窄，径流作用加强，完成了河道由河口段向近河口段的转变。

大通至江阴河段近期河势总体情况：①河段内宽窄相间的汊道平面形态相对稳定，汊道分流态势变化趋小，大部分主槽受到边界的控制相对稳定或呈缓慢平移状态，总体河势趋于稳定。②洲滩变化主要表现在洲滩冲淤消长、纵向或横向迁移、切割或合并，体现了原分汊河段演变特性，遵循了江心洲并洲（岸），如太阳洲、太白洲涨连；江心洲年际间纵向平移周期性变化，如陈家洲汊道前沿曹姑洲及新洲演变；双汊道单向冲淤兴衰变化，如黑沙洲汊道、八卦洲汊道；边滩切割形成心滩或小江心洲，如马鞍山河段江心洲左缘下段边滩已发育成为上、下何家洲，镇扬河段六圩弯道征润洲边滩切割小心滩。③洲头前沿心滩或小江心洲不稳致使少数汊道分流格局有较大调整，如陈家洲汊道中曹姑洲完整与切割状态直接影响其汊道分流比变化，小黄洲汊道前端三个江心洲（滩）冲淤变化对其右汊分流产生重要作用。④河势变化剧烈或近岸贴流冲刷下切岸段发生崩岸尺度大。历史上多处水域如南京河段西坝、镇扬河段六圩弯道、扬中河段嘶马弯道发生过长度、进深均达到百米的大型崩岸；近期 2017 年 11 月 8 日扬中市江岸发生较大尺度崩岸，崩岸造成岸线崩塌 540m，坍失主江堤 440m，崩岸最大进深 190m。

马鞍山河段（东西梁山至猫子山）长约 30.6km，呈两端窄、中间宽顺直分汊形态，自上而下分布江心洲和小黄洲两个汊道。江心洲左汊顺直，口门以下有低水时与江心洲连为一体的彭兴洲，洲尾左缘分布上、下何家洲，左右汊分流比多年稳定在 9∶1 左右；小黄洲汊道经过治理，左汊发展速率一度有所减缓，分流比稳定在 23% 左右，近年来又呈小幅发展态势，2016 年 9 月（流量 24200m³/s）实测分流比为 31%。目前河段主流经东、西梁山节点控制后沿彭兴洲洲头、江心洲洲头及其左缘下行，至太阳河口附近分两股水流，其中一股水流走何家洲左槽贴左岸下行，在王丰沟附近右拐，经过小黄洲上端过渡段进入小黄洲右汊，另一股经过何家洲与江心洲之间的夹槽下行，两股水流在人头矶附近汇合后贴右岸恒兴州下行，至神龙洲附近逐渐左偏进入南京河段新济洲汊道。

南京河段（猫子山至三江口）长约 92.3km，河段内洲滩发育，为宽窄相间的藕节状分汊河型河道，由新济洲河段、梅子洲汊道段、八卦洲汊道段及栖霞龙潭弯道段组成。新济洲汊道（猫子山至下三山）位于南京河段进口，河道内分布有新生洲、新济洲、新潜洲等江心洲，为多分汊型河道，新生洲与新济洲左汊为支汊，右汊为主汊，2016 年 9 月（流量 24400m³/s）实测右汊分流比为 63%，新济洲汊道汇流后走新潜洲左汊，经左岸七坝节点导流向右岸过渡；梅子洲汊道段（下三山下关）分布有梅子洲和潜洲，梅子洲左汊为主汊，分流比长期维持在 95% 左右；八卦洲汊道段（下关至西坝）为鹅头分汊河型，左汊为支汊，分流比一直维持在 12%～18%，右汊为长顺直河道，主流经过 5 次过渡由左岸下关下行至右岸西坝；栖霞龙潭弯道段（西坝至三江口）为向右微弯的单一弯道，主流常年紧靠右岸。本河段左岸有驷马山引江水道，滁河入汇，右岸有江宁河、板桥河及秦淮河入汇。

镇扬河段（三江口至五峰山）长约 73.3km，自上而下分为仪征水道、世业洲汊道、六圩弯道、和畅洲汊道及大港水道。仪征水道一直维持微弯单一的河道形态，主流偏靠右岸。世业洲汊道为左支右主的双分汊型河道，20 世纪 70 年代前分流格局相对稳定，左汊分流比不到 20%，20 世纪 70 年代后左汊进入缓慢发展阶段，2011 年以后左汊分流比基本维持在 40% 左右。六圩弯道两端窄中间宽的微弯单一型河道，历史上平面变形较大，镇扬河段一期、二期河道整治工程实施后，河势趋于稳定，弯道主流基本稳定左岸六圩河口上下游一定区域，右岸征润洲边滩近期冲刷明显，弯道中段河宽展宽，江中已发育成型淤积体。和畅洲汊道河势变化最为剧烈，左汊分流比1986年超过50%，成为主汊；镇扬河段二期工程实施后，左汊的快速发展态势基本得到了遏制，2009年前分流比基本稳定在73%左右，2010年后有小幅回升；大港水道为向南弯曲的微弯单一型河道，多年来河势较稳定。

扬中河段（五峰山至鹅鼻嘴）长约91.7km，以界河口为界，分为上下两段。上段太平口汊道段分布有太平洲、落成洲、禄安洲、砲子洲和天兴洲等洲滩，其中太平洲为澄河口崇明岛外最大的江心洲，面积约215km²。太平洲左汊为主汊，右汊为支汊，左右汊分流比多年稳定在9：1左右，汊道内左汊主流走嘶马弯道落成洲左槽、鳗鱼沙心滩右槽、天兴洲右槽。下段为江阴水道，为微弯单一河道，主流紧靠右岸。本河段上段左岸嘶马弯道三江营处有淮河入汇。

3. 江阴以下

长江干流江阴以下河道全长约278.6km，以徐六泾为界，以上为澄通河段，以下为长江口河段。

澄通河段（鹅鼻嘴至徐六泾）长约96.8km，河道江面宽阔，洲滩及水下暗沙众多，为弯曲多分汊型河道，由福姜沙汊道、如皋沙群汊道、通州沙汊道组成。12.5m航深位于福姜沙左汊福北水道、如皋沙群右汊浏海沙水道及通州沙左汊通州沙东水道和狼山沙东水道。

福姜沙汊道进口由鹅鼻嘴和炮台圩对峙节点控制，为稳定性较好的双分汊河道。河道上段顺直单一，下段为向南弯曲的福姜沙汊道，主流一直位于福姜沙左汊，左汊又被双涧沙分为福北与福中两条水道。福姜沙汊道近40年分流比稳定在20%左右。

如皋沙群汊道段沙洲罗列，水流分散，目前分布有双涧沙、民主沙、长青沙、泓北沙及横港沙，双涧沙及民主沙将河道分为如皋中汊及浏海沙水道上段，两股水流回合后进入浏海沙水道下段，如皋中汊近年分流比稳定在30%左右。浏海沙水道下段左侧为水下已连为一体的长青沙、泓北沙及横港沙，三沙与北岸之间为天生港水道，其上口已严重淤积，靠涨潮流维持，2011年其分流比不超过2%。

通州沙汊道为多滩分汊型河道，江中分布有通州沙、狼山沙、新开沙、铁黄沙。其中营船港以上为通州沙东水道上段、通州沙西水道上段两汊分流的格局，营船港以下为新开沙夹槽、东水道下段、西水道下段及福山水道四汊分流格局，四股水流汇入后，偏靠南岸进入长江口河段。福山水道位于铁黄沙与南岸之间，上口淤塞，靠涨潮流维持，太湖流域重要的口门之一的望虞河目前通过该水道引排水。2011年通州沙东水道全潮分流比为90%～95%，福山水道落潮分流比约2%。

河口段（徐六泾至长江口50号灯标）长约181.8km，平面呈扇形，为三级分汊、四口入海的河势格局：第一级由崇明岛分长江为南北两支，第二级由长兴岛、横沙岛在吴淞口以下分南支为南北港，第三级有九段沙分南港为南北槽，共有北支、北港、北槽和南槽四个入海通道。长江口是中等强度的海陆双相潮汐河口，属非正规半日潮。南支河段落潮流占主导到位，北支河段涨潮流则占优。目前12.5m航道走南支白茆沙右汊白茆沙南水道、南港宝钢新水道、南港水道及南港北槽水道。

南支河段（徐六泾至新川沙河）以七丫口为界分为上下两段，上段由徐六泾节点控制段和白茆沙汊道段组成。徐六泾节点控制段（徐六泾至白茆河）主流多年居中偏南，在白茆沙头分两股水流进入白茆沙水道，汊道分流及汇流点位置年际间纵向变幅较大，横向变化幅度较小，白茆沙南水道为主汊，分流比约占70%。南支河段下段自上而下逐渐展宽，由南支主槽、扁担沙及新桥水道组成，南支主槽近十几年来总体呈冲刷状态，扁担沙为南支主槽右边界和新桥水道左边界，年际间冲淤交替。

南港河段上承南支主槽段，下接南、北槽水道，为一长顺直段，河道进口分布新浏河沙，偏靠长兴岛右侧上端有瑞丰沙，南侧为主槽，北侧为南小泓，河势相对稳定。南港上口分流通道历史上多次变迁，现为新宝山水道、新宝山北水道和南沙头水道。北港河段上起中央沙头，下至拦门沙外，河道平面形态微弯。20世纪90年代以来北港两岸实施大量的圈围工程，随着中央沙、青草沙及长兴岛东北侧滩地的圈围，北港右侧中上段岸线大幅度左移，目前主槽位于河道北侧。

北支河段（崇明岛头至连兴港）河道平面形态弯曲，弯顶上下河道均较顺直，弯顶以上平均河宽约2.3km，弯顶以下约为6.2km，出口连兴港处江面宽约12km。北支河段自1958年以来已演变为涨潮流占优的河段，落潮分流不足5%。

江阴以下河道近期河势总体情况：①经过多年演变及保滩护岸整治等人工控制，主要汊道分流格局基本稳定，但部分洲滩仍然处于不稳定状态，暗沙切割、合并、下移频繁，影响局部河势稳定，如南支河段下段附近新浏河沙、扁担沙及瑞丰沙冲淤多变，导致南、北港分流口呈周期性上提下移变迁之中，影响到南北港、南北槽的河势稳定。②上下游河势变化具有较强的关联性，有受落潮流作用体现为上游河势对下游河势的影响，如白茆沙汊道主流走向将影响南北港进流条件；也有受涨潮流作用表现出自下而上河势变化的关联性。③北支河段总体以淤积萎缩为主，北支水沙倒灌南支现象较为突出。

3.3.1.2 总体冲淤变化

1. 湖口至江阴段

湖口至江阴河段三峡水库蓄水前河床冲淤可分两个阶段（表3.1，图3.6）：1975—1998年河床累计淤积2.07亿m³，年均淤积量为0.090亿m³；1998—2001年河床则以冲刷为主，冲刷量0.550亿m³，年均冲刷量为0.183亿m³。三峡水库蓄水运用后，湖口至江阴河段河床以冲刷为主，2001年10月至2016年10月，平滩河槽冲刷泥沙11.75亿m³，年均冲刷量达0.78亿m³，且主要集中在枯水河槽，其冲刷量占81%。

表3.1　　　　　　　　不同时期湖口至江阴河段冲淤量对比

项目	时　　段	湖口—大通	大通—江阴	湖口—江阴
河段长度/km		228.0	431.4	659.4
总冲淤量 /万 m³	1975—1981 年	−2270	21400	19130
	1981—1998 年	16600	−15000	1600
	1998—2001 年	13700	−19200	−5500
	2001 年 10 月—2006 年 10 月	−7986	−15087	−23073
	2006 年 10 月—2011 年 10 月	−7611	−38150	−45761
	2011 年 10 月—2016 年 10 月	−21569	−27109	−48678
	2001 年 10 月—2016 年 10 月	−37166	−80346	−117512

项目	时　段	湖口—大通	大通—江阴	湖口—江阴
年均冲淤强度 /[万 m³/(km·a)]	1975—1981 年	−1.7	8.3	4.8
	1981—1998 年	4	−1.9	0.1
	1998—2001 年	20	−14.8	−2.8
	2001 年 10 月—2006 年 10 月	−7.0	−7.0	−7.0
	2006 年 10 月—2011 年 10 月	−6.7	−17.7	−13.9
	2011 年 10 月—2016 年 10 月	−18.9	−12.6	−14.8
	2001 年 10 月—2016 年 10 月	−10.9	−12.4	−11.9

注　1. 湖口至大通河段计算水位为 15.47（湖口）～10.06m（大通），对应大通站流量 45000m³/s；
　　2. 大通至江阴河段计算水位为 10.06（大通）～2.66m（江阴）。

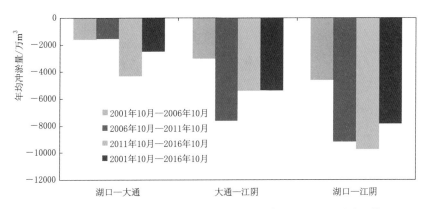

图 3.6　三峡蓄水后湖口至江阴河段年均泥沙冲淤量对比（平滩河槽）

2. 江阴以下

澄通河段三峡水库蓄水前总体表现为淤积（表 3.2），1983—2001 年 0m 以下河槽淤积泥沙 2190 万 m³，−5m 以下深槽冲刷泥沙 1390 万 m³。三峡蓄水运用以后，澄通河段转为冲刷，2001—2016 年，澄通河段 0 米高程以下河槽冲刷量为 4.74 亿 m³，年均冲刷量为 3162 万 m³。

表 3.2　三峡水库蓄水运用后不同时期江阴以下河段冲淤量对比（0m 以下河槽）

项目	时　段	澄通河段	河口河段
总冲淤量 /万 m³	2001 年 10 月—2006 年 10 月	−8651	−4406
	2006 年 10 月—2011 年 10 月	−24066	−43164
	2011 年 10 月—2016 年 10 月	−14706	−15760
	2001 年 10 月—2016 年 10 月	−47423	−63330
年均冲淤强度 /[万 m³/(km·a)]	2001 年 10 月—2006 年 10 月	−1730	−882
	2006 年 10 月—2011 年 10 月	−4813	−8632
	2011 年 10 月—2016 年 10 月	−2941	−3151
	2001 年 10 月—2016 年 10 月	−3162	−4221

长江口河段三峡水库蓄水前整体表现为冲刷（表 3.2），1984—2001 年 0m 以下河槽冲刷泥沙 2.60 亿 m³，其中：南支河段冲刷 4.42 亿 m³，北支河段则淤积 1.82 亿 m³。三峡水库蓄水运用后，2001—2016 年，长江口河段 0m 以下河槽冲刷泥沙 6.33 亿 m³，年均冲刷量 4421 万 m³。

3.3.2　长江下游干流典型河段演变过程

3.3.2.1　安庆河段河道演变

1. 河段概况

安庆河段（图 3.7）上起吉阳矶，下至钱江咀，全长约 55.3km，以皖河口为界分为上、下两段。上段官洲汊道从吉阳矶至皖河口，为鹅头多分汊型河道，自上而下分布有复生洲、清节洲、官洲、培文洲、新长洲等沙洲。复生洲由于南小江淤塞已并入右岸，官洲、培文洲与北岸之间的西江于 1979 年封堵。因此，目前官洲汊道呈现东江、新中汊（新长洲与清节洲之间）与南夹江三汊分流的格局，东江分流比近 72%，南夹江分流比近 25%，清节洲与新长洲间的新中汊仅中、高水时过流，分流比约 4%；安庆河段下段鹅眉洲汊道为微弯多分汊型河道，江中分布有潜洲、鹅眉洲及江心洲，鹅眉洲及江心洲中枯水时两洲连为一体。江心洲左汊顺直，长约 11km，左汊分流比近年约 73%，其中潜洲左汊分流比约 42%~49%，潜洲右汊分流比约 24%~31%。江心洲右汊弯曲，分流比约 27%。河段左岸为望江县、安庆市，右岸为东至县、池州市。

2. 历史演变

长江安庆河段官洲安庆河段的河道走向至今没有明显变化，进口段主流经吉阳矶、中部靠近安庆市、下经牛头山到拦江矶的形势基本不变。在这三处节点之间，河道经历了主流左右摆动、岸线冲淤、洲滩分合的演变过程。

航空遥感图片显示，今官洲鹅头地区与皖河口之间，有长江古河道。杨家套一带的内侧有古河道，河道冲淤摆动频繁。江心洲左汊的左岸有数条古河道，在长江岸线自左向右的演变过程中表明左汊的摆动幅度较大。据有关的史志典籍记载，约在 1870 年前后，官洲河段尚未形成鹅头状，顺直微弯，江中有大小四洲，纵横排列最大者名罗汉洲，南汊靠黄石矶，北汊为主汊，罗汉洲尾伸至杨家套以下，安庆市仍为单一河段，安庆以下分汊形态与今相似，江心洲名为新洲，南汊靠牛头山为主泓。1880 年以前，官洲段进口处主流距吉阳矶岸边较远，吉阳矶挑流作用较弱，吉阳矶以下主流走向平顺，位于官洲与学文洲之间，南夹江水深较大，官洲以北支汊尚未形成鹅头，汊内已有小洲，官洲以下主流居中，经皖河口沿安庆一侧下行，安庆以下江心洲分为左右两汊，1871 年前后主泓已逐渐向左汊过渡。

在图 3.8（b）中，吉阳矶处主流贴岸，挑流作用增强，矶下游主流曲率加大，官洲冲刷左移，官洲左侧的小洲扩大为培文洲，逐渐向鹅头型发展。自左至右为培文洲、保婴洲、学文洲、三女沙，形成四洲五泓格局。安庆以下江心洲左汊内出现沙洲，主泓仍在左汊。

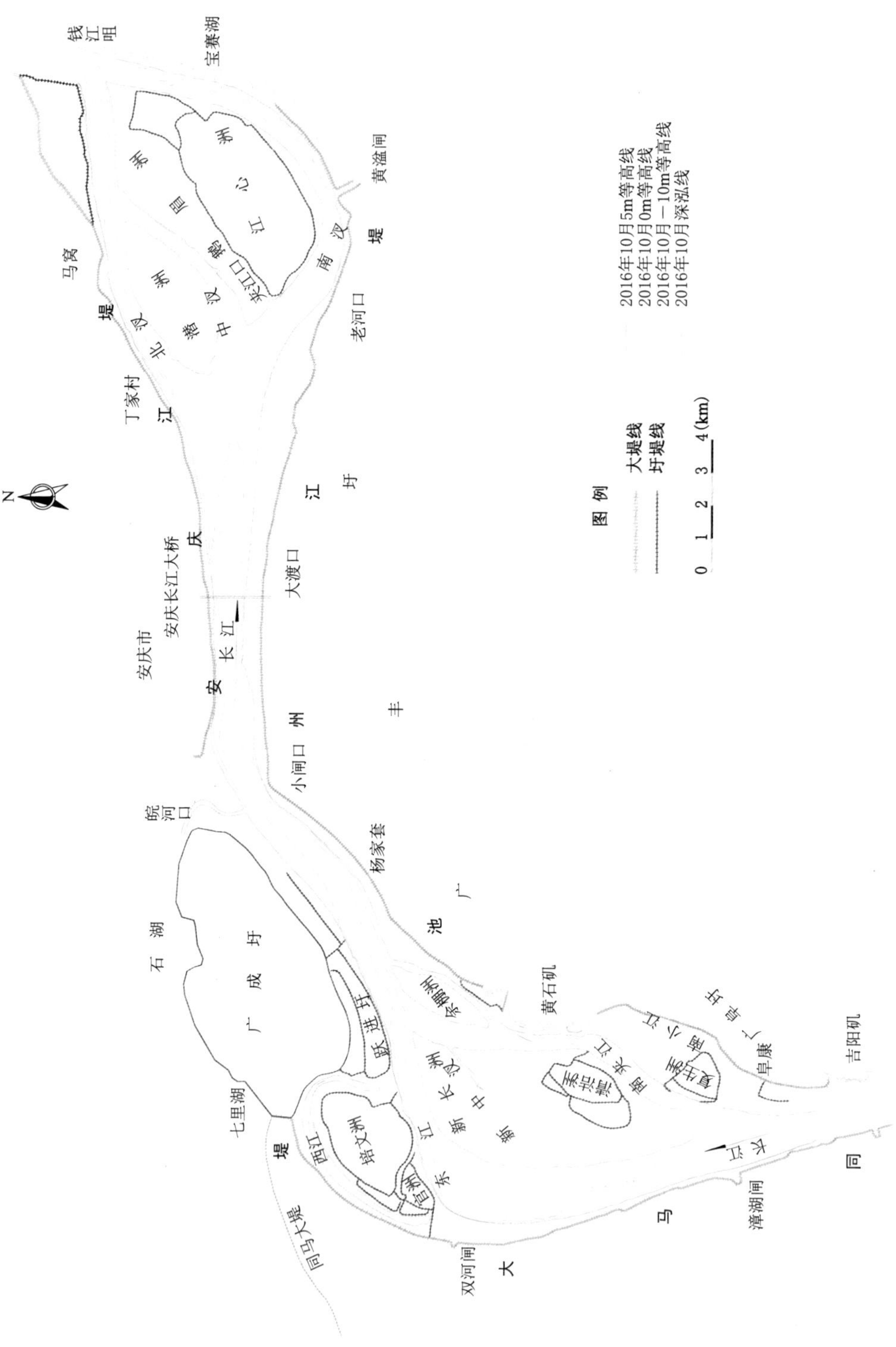

图 3.7　安庆河段河势

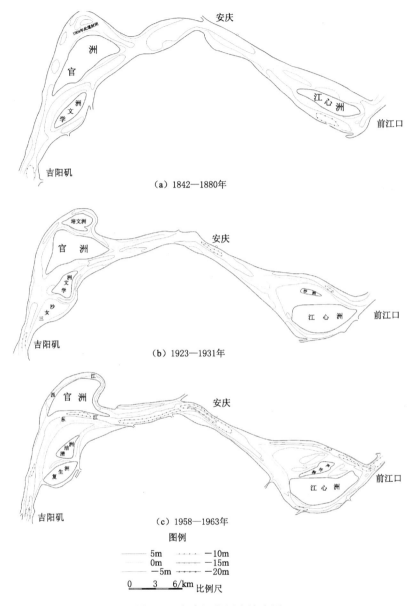

图 3.8　安庆河段历史演变图

在图 3.8 (c) 中，官洲段主流更加弯曲，官洲左移到原培文洲的位置，西江成为鹅头。学文洲更名为清洁洲，向左侧大幅度淤涨，南小江较前萎缩，复生洲即原来的三女沙，此时维持三洲四汊的格局。安庆以下江心洲汊道主泓由左汊转至右汊。

历史演变资料表明，安庆河段除中部安庆市区一带因边界条件控制较强，主流偏靠左岸而能长期保持稳定的单一河道外，上下两头的主流均有大幅度的摆动，形成众多洲汊。官洲段是长江下游典型的鹅头型汊道，主流向左摆动过程中，官洲不断崩退左移，左侧支汊形成鹅头状。当东江主流过度弯曲时，水流取直，发生撇弯切滩，右侧的清洁洲被冲开成为新中汊。安庆以下的江心洲分汊段，左右两汊也呈现主、支互相交替转化的演变过程，19世纪中叶右汊又成为主汊，1871年后变为支汊，左汊成为主汊，20世纪中叶右汊曾为主汊。其间右汊形态基本稳定，左汊冲淤变化较频繁，洲头冲淤交替，进口段潜洲形成并靠江心洲后，又被冲刷，再次出现新的潜洲，呈现周期性的演变过程。

3. 近期演变

(1) 冲淤量及分布。2001年10月—2016年10月，安庆河段整体表现为"槽冲滩淤"，平滩河槽累计冲刷0.0038亿m^3，枯水河槽则累积冲刷了0.17亿m^3。

从时段分布看，1998—2001年安庆河段平滩河槽年均冲刷量为967万m^3/a，三峡工程蓄水运用后，2001—2011年安庆河段表现为"槽滩均冲"，平滩河槽、枯水河槽年均冲刷量分别为287万m^3/a、71万m^3/a，2011—2016年安庆河段表现为"槽冲滩淤"，平滩河槽年均淤积量为566万m^3/a，枯水河槽则年均冲刷195万m^3/a，见表3.3。

表3.3　　　　　　　　　　不同时期安庆河段冲淤量对比

项目	时　　段	枯水河槽	基本河槽	平滩河槽	洪水河槽
总冲淤量 /万m^3	1998年10月—2001年10月	−4044	−3329	−2901	−853
	2001年10月—2006年10月	−363	−1009	−1561	−3243
	2006年10月—2011年10月	−344	−793	−1306	−2441
	2011年10月—2016年10月	−974	1039	2829	5507
	2001年10月—2016年10月	−1681	−763	−38	−177
年均冲淤量 /(万m^3/a)	1998年10月—2001年10月	−1348	−1110	−967	−284
	2001年10月—2006年10月	−73	−202	−312	−649
	2006年10月—2011年10月	−69	−159	−261	−488
	2011年10月—2016年10月	−195	208	566	1101
	2001年10月—2016年10月	−112	−51	−3	−12

(2) 河床断面形态变化。安庆河段河道断面形态为V形或U形，局部为W形，河床断面形态总体未发生明显变化，河床冲淤以主河槽为主，部分河段因局部岸线崩退、洲滩冲淤较大，断面冲淤调整幅度较大。为了分析安庆河段典型断面的演变，选取了8个代表断面进行演变分析。

官2号断面位于漳湖闸下游王家墩，右岸为复生洲，在1966年以前，该处河槽为单槽，深槽居中，随着清节洲头的淤涨，该断面逐渐演变为双槽，1981年以来，该断面冲淤相间，但形态变化不大，1998—2006年河道左、右槽冲刷，左槽冲刷最大幅度约6m，右槽冲刷右移约50m，其最大冲深幅度约2m，2006—2011年右槽继续冲刷右移约60m，其冲深幅度约1m。2011—2016年，河床中部有所淤积抬升，右槽变化不大。

官4号断面位于双江村的官洲头部，1966—1981年河床断面大幅度向左平移，受上游河势及西江堵汊影响，1981—1998年左岸大幅度淤积，中部河床有所冲刷，1998—

2006 年左侧近岸河床大幅度冲刷下切，冲刷下切幅度达 10 余 m，2006—2011 年断面形态变化不大，但左侧岸坡坡脚冲刷，岸坡变陡，2011—2016 年，左侧深槽最深点向左摆动，但最深点高程变化不大。

官 8 号断面位于广成圩南埝村，右岸为中套，深泓居右侧，1966 年以来，右侧近岸深槽逐年冲深，断面形态变化不大，2006—2011 年左侧＋2m 以下岸坡略有冲刷降低，冲刷幅度约 1～5m，＋5m 岸线变化不大，2011—2016 年，左侧河床冲刷下切，最大约 5m。

主 3 号断面（图 3.9）位于五里庙上，断面形态较稳定，深槽居中偏左，1966—1998 年，河床深槽冲淤交替，以冲为主，右岸近岸河床淤积左移；2006 年较 1998 年河床深槽普遍冲深 2～4m；2006—2011 年河床深槽又回淤 1～2m；2011—2016 年，左侧主槽有所淤积。

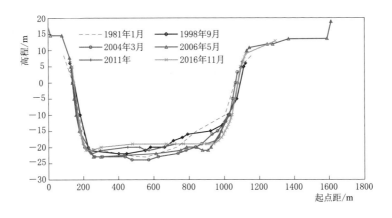

图 3.9　安庆河段典型断面（主 3 号）历年变化图

主 6 号断面位于左、右汊汇流点以上，河道深槽及右侧河床多年来冲淤变化较小，左岸从 1966 年至 1998 年是持续崩退，幅度近 200m，深槽向左扩展，1998 年左侧河岸冲刷，－20m 深槽向左扩展近 200m，左岸河岸崩退，1998—2006 年左侧－5m 以下河床则产生了淤积，2006—2011 年断面左冲右淤，断面向左移动。

左 1 号断面（图 3.10）位于丁家村以上，处于潜洲的中上部，在 1970 年以前，该处河槽为单槽，深槽靠左。从 1970 年以后，右侧鹅眉洲左缘开始崩退。1987 年之前，河道左侧深槽（潜洲左汊）有一定的冲刷，1987—1992 年，深槽及右岸河床开始淤积，深槽淤高 3m，河槽萎缩，而鹅眉洲左缘大幅崩退，河床中间部位淤高，形成了双槽的河床形态，遂逐渐出现潜洲。从 1992 年至 1997 年，潜洲左汊变化不大，而中间潜洲淤高右移。从 1998 年至 2001 年，潜洲左汊的河床深槽明显冲刷扩大，潜洲继续淤高，而中汊的河床深槽则进一步向右移动，2001—2004 年继续冲深，2004—2006 年左汊深槽有所冲深，河床中间部位淤高，而潜洲右缘变化不大；2006—2011 年左汊深槽宽度增加，但是最深点高程回淤至 2004 年附近。左 1 号断面自 1966—2016 年总的来说河床是冲深的，断面呈窄深形。河槽有冲有淤，冲淤幅度为 8m，近几年来，潜洲向右扩大，潜洲左汊深槽有向右扩宽扩大之势。

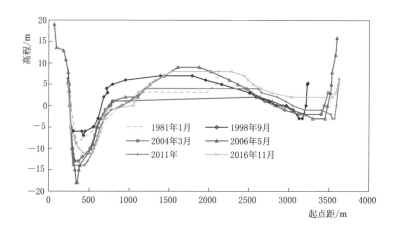

图 3.10　安庆河段典型断面（左 1 号）历年变化图

左 6 号断面（图 3.11）处于左汊的出口段，从 1966 年至 1992 年，左岸逐年崩退，深槽左移贴岸，1966—1987 年深槽及右侧河床淤积，1987—1992 年，左侧河床冲深，右侧河床淤积，从 1992 年至 1998 年，左侧河岸微淤，深槽及右侧河床冲刷明显；1998—2004 年变化不大，2004—2006 年深槽冲深达 3～7m，左侧近岸深槽冲深约 5m，右侧河床略有淤积约 1～2m，2006—2011 年左岸冲刷左移约 10～20m，深槽左淤右冲，深槽右侧河床冲深约 1～2m。2011—2016 年，左侧河床冲刷下切最大约 5m。

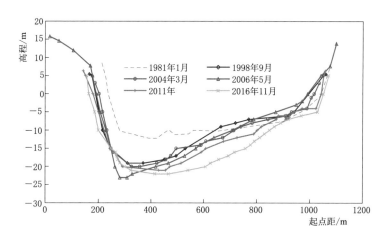

图 3.11　安庆河段典型断面（左 6 号）历年变化图

右 2 号断面位于右汊中部，多年来断面形态基本不变，深槽居中偏右，但总体呈淤积趋势。1981 年后左侧淤积，2004 年较 1998 年河底略有淤积，2011 年断面两侧的地形变化较小，但最深点高程由 −11m 降至 −14m。2011—2016 年，断面变化不大。

（3）近期河势变化。

1）分流格局基本稳定，分流比仍处于变化调整之中。20 世纪 50—60 年代，官洲段河道多呈现西江、东江、南夹江三汊分流格局，复生洲右侧的南小江仅个别年份高水过流，东江为主汊，分流比多在80%以上，西江、南夹江分流比多不足10%。1959年后，官洲汊道分流比东江分流比略有下降，南夹江分流比略有增加，1966年后清节洲左侧淤涨的边滩受水流切割并冲刷发展，形成新中汊，1972年5月新中汊分流比已有3.6%，河道呈现西江、东江、新中汊、南夹江四汊分流且东江为主汊的格局。1972年后新中汊冲刷发展分流比增大，西江分流比日益减小，河道萎缩并于1979年口门封堵，南小江亦逐渐淤塞，1980年后官洲段河道呈现东江、新中汊、南夹江三汊分流格局。1998年后主汊东江分流比略有回升，南夹江略有增加，新中汊呈现较大的淤积萎缩，中低水时已基本断流（表3.4）。

表3.4　　　　　　　　　　官洲汊道分流、分沙比变化统计

实测时间	分流比/%			分沙比/%				
	左汊（西江）	中汊（东江）	新中汊	右汊（南夹江）	左汊（西江）	中汊（东江）	新中汊	右汊（南夹江）
1959年11月	4.0	92.6		3.4	2.9	97.1		
1960年8月	8.6	82.8		8.6	6.6	87.9		5.5
1972年5月	2.5	85.2	3.6	8.7	2.3	87.4	2.2	8.1
1973年8月	5.8	80.5		13.7	5.5	80.3		14.2
1984年4月		67.1	15	17.9		72	16.7	11.3
1985年5月		65.5	14.5	20.0				
1987年12月		79.0	6.8	14.2		87.3	4.6	8.1
1988年9月		55.6	24.4	20.0				
1992年6月		62.3	16.9	20.8		66	16.0	18.0
1997年8月		64.5	14.4	21.1		75.7	10.0	14.3
2006年5月		78.7	0	21.3				
2013年9月		75.0	0.5	24.5				

　　安庆段江心洲汊道实测分流比变化统计见表3.5。在鹅眉洲右汊口门以下，有鹅眉洲与江心洲之间的夹江即中汊分流，中汊的水流汇入左汊。从分流比的变化看，20世纪80—90年代初，右汊相对稳定，中汊消亡后再生发展。20世纪90年代至2009年，右汊缓慢衰退，左汊基本稳定，新中汊由快速发展进入减缓阶段，2010—2016年，随着航道整治工程的实施，各汊分流基本稳定，调整幅度趋缓。

　　江心洲右汊分流比1993年以后较明显下降，且以中枯水期下降幅度较洪水期略大，江心洲左汊，即潜洲（亦称"新洲"，下同）左汊分流比与潜洲右汊分流比之和明显增加，其中潜洲左汊、潜洲右汊分流比年际间虽有增减，但总体略呈增加的态势，中枯水期潜洲左汊明显增加，洪水期江心洲右汊、潜洲右汊分流比较同期中枯水期的分流比略大，表明目前潜洲左汊中枯水期仍为主汊，江心洲右汊及中汊洪水期仍具有较强的水流动力及承载

表 3.5　　　　　　　　　　　　　江心洲汉道实测分流比变化统计

时间	流量/(m³/s)	左汉/%	中汉/%	右汉/%	备注
1984 年 4 月	29000	56.55		43.45	
1986 年 4 月	23400	58.71		41.29	
1991 年 4 月	25562	54.90		45.10	
2007 年 12 月	9814	59.60	22.80	17.60	中枯水期
2008 年 12 月	12090	57.80	23.00	19.20	
2010 年 10 月	28000	50.00	22.40	27.60	
2016 年 9 月	26600	55.7	16.5	27.8	
1997 年 8 月	48200	35.10	26.20	38.70	
2005 年 8 月	40600	39.30	33.60	27.10	洪水期
2008 年 8 月	37508	41.70	30.90	27.40	
2010 年 10 月	43240	43.74	28.17	28.09	

注　1993—2016 年中汉为潜洲与鹅眉洲间汉道。

能力。从历史演变过程看，江心洲汉道的变化具有周期性，若不加以控制，潜洲左汉继续发展的态势将会改变。

2）洲滩变化较大，近期以冲刷崩退为主。经历年河道、航道治理，安庆河段近期总体河势相对稳定，受上游河势及来水来沙变化等因素影响，洲滩变化较大，近期以冲刷崩退为主。

官洲段两岸岸线及洲滩受上游河势、来水来沙及河道边界条件等因素影响，1981 年以前左岸六合圩、三益圩、官洲右缘、右岸杨套村段、杨家套至小闸口等段曾发生了较大的冲淤变化，后经实施护岸工程后，岸滩变化幅度相对有所减小；1998 年大水，跃进圩、广成圩及官洲右缘、复生洲等处发生了较明显的崩岸，2006—2016 年仍有广成圩、复生洲、官洲右缘、清洁洲右缘等处局部段有所崩退。官洲汉道内现有新长洲、清洁洲、余棚洲。总体来看，1998 年大水后，新中汉淤积并大幅萎缩，南夹江出口余棚边滩切割形成余棚洲及余棚小夹槽，清洁洲左、右缘，新长沙左缘等多处滩岸冲刷、崩退。

安庆单一段多年来深泓靠近安庆市区的形势长期保持未变，受上游河势及来水来沙变化等因素影响，该段分流点略有上提，年际间在五里庙附近表现出不同程度的上提或下移，−10m 深槽安庆西门下至五里庙段左岸略有冲刷左移，槽尾部冲刷下移向下游发展，且槽尾端略有右摆。

江心洲汉道受上游安庆单一段河势变化影响，洲滩、汉道发生较大的变化。主要表现在鹅眉洲头的冲刷崩退、鹅眉洲左缘的崩退右移及潜洲的淤长右移，江心洲除局部处总体变化相对较小。江心洲右汉 1981 年后右汉淤积，整个右汉呈萎缩之势，2006 年后右汉萎缩之势减缓。鹅眉洲洲头及左缘崩退导致永乐圩洲头段堤外无滩，大堤距岸边不足 30m。永乐圩堤堤身单薄，大部分为砂基，历年汛期险情较多，且未得到有效根治。

4. 演变趋势分析

（1）东流河段近 60 年来上段老虎滩汉道段多年来保持左主右支的分流格局；下段棉

花洲汊道段主流摆动不定，滩槽冲淤变化频繁，主支汊曾发生交替变化，1988 年后棉花洲右汊再次回归为主汊，左汊为支汊，2004 年东流水道航道整治工程的实施后，老虎滩尾、天心洲、西港等局部洲滩及汊道有所冲淤变化，但老虎滩、玉带洲和棉花洲的位置及洲滩形态总体基本稳定，棉花洲左汊分流比年际间变化相对不大，东流河段的河势总体趋向稳定。

（2）官洲河段口门吉阳矶至官洲头段受东流河段河势及来水来沙等变化的影响，主流顶冲左岸部位在六合圩至漳湖闸一带上提下移。近期内将继续保持这种状况。官洲段南夹江流程短，近期南夹江上段清洁洲右缘、复生洲左缘有所冲刷崩退，分流比不断增加且已近 25%，若南夹江上段继续冲刷扩大，近期仍将有发展的可能，但南夹江进口与主流交角较大，加之黄石矶的控制，也将制约其较大的发展。新中汊与主流东江的关系极为密切，由于官洲岸线基本稳定，新中汊继续左移、发展并取代东江主汊地位的可能性不复存在，近期中低水已基本衰退断流。官洲尾至广成圩江岸继续维持冲刷趋势，冲刷部位可能进一步下延，由左岸广成圩向右岸杨家套至小闸口的主流过渡段也将继续下移，小闸口段岸线冲刷加剧，如果广成圩江岸西江出口以下 4km 岸线出现较大幅度崩坍后退，将导致杨家套至小闸口岸段导流控制作用减弱，不利于安庆港深水岸线的稳定，将影响到下游江心洲汊道的演变。

（3）安庆单一段多年相对较稳定，其槽尾总体下移并略有右移，预计近期单一段河势仍将保持较稳定的态势，左岸侧河槽将略有刷深。江心洲右汊近几十年处于略有淤积萎缩的态势，虽具有形态良好的弯道形态，但受潜洲右汊不断冲刷发展的影响，江心洲右汊的河势近期仍将维持淤积萎缩的态势，并随潜洲至鹅眉洲周期性演变过程的进一步发展而再次冲刷发展。江心洲左汊则具有顺直较短、进流有利的优势，江心洲左、右两汊在今后的演变过程中，在上游河势变化、特异水文条件及潜洲至鹅眉洲周期性演变等因素影响下，在自然条件下仍将互为消长。

3.3.2.2　马鞍山河段河道演变

1. 河段概况

马鞍山河段（图 3.12）上起东、西梁山，下至猫子山，全长约 30.6km，呈两端窄、中间宽的顺直分汊形态，自上而下分为江心洲和小黄洲两个分汊段。江心洲左、右汊分流比多年稳定在 9:1 左右，右汊弯曲，口门处有低水时与江心洲连为一体的彭兴洲。左汊顺直，汊道内江心洲尾左缘分布何家洲。小黄洲汊道经过治理，左汊发展速率一度有所减缓，分流比稳定在 23% 左右，近年又呈小幅发展态势，根据 2011 年 6 月实测资料，小黄洲左汊分流比为 26.9%。河段左岸为马鞍山和县，右岸为芜湖市、马鞍山市。

2. 历史演变

在 1865 年，马鞍山河段的分汊形势已经形成，到 1933 年，江心洲右汊进口段大、小泰兴洲显淤长上伸，江心洲左汊则因左岸崩退而展宽。黄洲边滩淤展下延，渐趋并岸，在此上游又出现黄洲新滩。靠右岸采石边滩下游淤积了一个小新洲，采石边滩上游的陈家洲改名为陈家圩。到 1946 年，黄洲老滩与左岸并接，即称为目前的大黄洲，黄洲新滩则继续淤长，其后经过围垦，成为小黄洲。主流自江心洲左汊转入小黄洲右汊，原采石边滩下段的小新洲首当其冲而消失，进入 20 世纪 50 年代，导致恒兴洲一带江岸

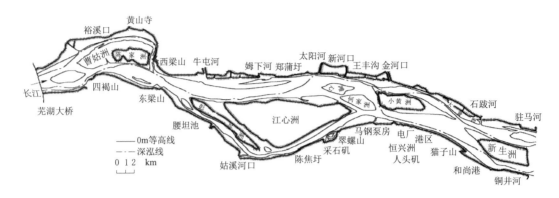

图 3.12　马鞍山河段河势

的崩退。小黄洲洲头由新河口冲刷下移到金河口稍上，但左汊始终是支汊，从未发生过主支汊易位。江心洲右汊上段趋于淤积，泰兴洲与江心洲趋于并接，洲头向上伸展，以图上看原小泰心洲就是目前的彭兴洲头，右汊下段的陈家圩已于右岸并接，它的右侧小汊已成为采石夹河。

3. 近期演变

（1）冲淤量及分布。三峡蓄水运用以来，马鞍山河段表现为淤积，2001 年 10 月至 2016 年 10 月，该河段平滩河槽累积淤积 0.79 亿 m³，年均淤积强度为 527 万 m³/a，淤积主要位于枯水河槽，累积淤积 0.81 亿 m³，而枯水河槽以上表现为微冲。从淤积空间分布看，河段淤积主要位于小黄洲右汊及汇流段。

从时段分布看，三峡蓄水前马鞍山河段表现为槽冲滩淤，1998—2001 年平滩河槽年均冲刷量为 266 万 m³/a；三峡工程蓄水运用后，马鞍山河段转为淤积，2001—2006 年、2006—2011 年、2011—2016 年芜裕河段平滩河槽年均淤积量分别为 603 万 m³/a、199 万 m³/a、780 万 m³/a，见表 3.6。

表 3.6　　　　　　　　　不同时期马鞍山河段冲淤量对比

项目	时　　段	枯水河槽	基本河槽	平滩河槽	洪水河槽
总冲淤量 /万 m³	1998 年 10 月—2001 年 10 月	−1073	−925	−798	−1150
	2001 年 10 月—2006 年 10 月	3471	3428	3014	2365
	2006 年 10 月—2011 年 10 月	739	757	994	1818
	2011 年 10 月—2016 年 10 月	3903	4208	3902	3075
	2001 年 10 月—2016 年 10 月	8113	8393	7910	7258
年均冲淤量 /(万 m³/a)	1998 年 10 月—2001 年 10 月	−358	−308	−266	−383
	2001 年 10 月—2006 年 10 月	694	686	603	473
	2006 年 10 月—2011 年 10 月	148	151	199	364
	2011 年 10 月—2016 年 10 月	781	842	780	615
	2001 年 10 月—2016 年 10 月	541	560	527	484

（2）河床断面形态变化。3 号断面（图 3.13）位于江心洲左汊上段，近年来，随着主流右摆，该断面左淤右冲，深槽右移，断面形态由宽浅型逐渐变为 V 形。8 号断面位于江心洲左汊心滩尾部，断面左侧为心滩左汊，河床主流贴岸，主要表现为冲刷下切；断面中部河床冲淤变化幅度较大，主要为心滩尾部下移及下何家洲头冲刷；断面右侧为江心洲尾及下何家洲之间的夹槽，近年由于该夹槽分流比增大，河床表现为冲刷下切河道展宽。R4 号断面位于江心洲右汊，断面形态多年来呈 U 形，断面较稳定。

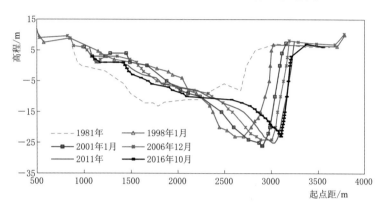

图 3.13　马鞍山河段 3 号断面冲淤变化图

10 号断面（图 3.14）位于小黄洲左汊，1981—1998 年，随着主流的右摆，河床左淤右冲，河道向右展宽，2001 年来，左汊分流比增加，河床主要表现为冲刷下切。Z1 断面位于小黄洲头过渡段，近期由于该汊道分流比减小，河床淤积，2011—2016 年，河槽平均淤积厚度约 10m。R8 号断面位于小黄洲右汊，随着右汊分流比的减小，该断面近期主要表现为淤积。

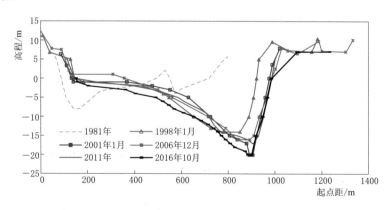

图 3.14　马鞍山河段 10 号断面冲淤变化图

（3）近期河势变化。马鞍山河段河势相对稳定，局部河段近期河势有所调整变化，主要表现如下：

1）江心洲汊道主、支汊格局稳定；左汊顺直且宽，汊道内深泓摆动频繁，滩槽呈现向下游移动的态势；右汊多年来较稳定。

据历年实测资料统计（表 3.7），江心洲右汊平均分流比稳定在 10% 左右，其分流比的变化主要受到右汊口门进流条件的影响较大，1998 年大洪水后 0m 线封闭，右汊入流条件不利，右汊分流比明显减小；三峡蓄水后，上游来沙减小，右汊口门被冲开，并且逐渐发展，因此右汊分流比略有增大。

表 3.7　　　　　　　　　江心洲右汊实测分流比变化统计表

实测时间	水位/m	干流流量/(m³/s)	分流比/%
1963 年 7 月	6.96	35400	13.2
1972 年 7 月	5.78	35000	12.8
1981 年 5 月	5.1	29800	10.3
1991 年 5 月	5.91	34300	12.9
1998 年 9 月	7.7	50500	9.1
2003 年 11 月	2.9	15700	8.9
2006 年 11 月	1.89	13400	7.1
2008 年 7 月	6.3	36500	12.0
2011 年 9 月	—	—	10.2
2016 年 10 月	4.77	28300	12.1

江心洲左汊洪水河宽约 2000m，较大的洪水河宽为汊道内滩地的发育提供了空间，较长的直段为主流的摆动提供了可能（图 3.15）。江心洲左汊左侧牛屯河一带为上边滩，右侧江心洲边滩为下边滩，上、下深槽分别位于彭兴洲头左缘及姆下河一带。主流贴彭兴洲头至江心洲左缘进入江心洲左汊，使得该段岸线冲刷崩退，深泓右移，对岸牛屯河边滩淤长发育；主流自右岸江心洲左缘逐步过渡至左岸太阳河口附近靠岸后贴岸下行，主流过渡段不断下移使得牛屯河边滩滩尾淤长下延，下深槽下移，心滩滩头、下何家洲洲头冲刷崩退、滩体下移；同时，太阳河口附近主流顶冲点下移，使得小黄洲左汊面迎主流，有利于该汊道入流。

江心洲右汊河道弯曲，河宽较窄，分流较少，多年来冲淤变化幅度较小，该汊道较

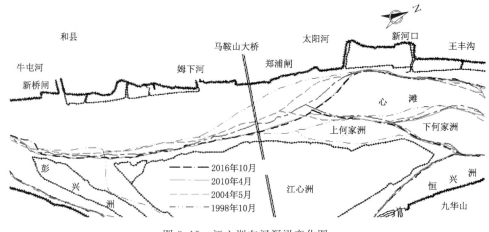

图 3.15　江心洲左汊深泓变化图

稳定。

2）小黄洲左汊近期持续发展；右汊河势变化主要受到小黄洲头主流过渡段的影响，该汊道多年来一直保持主汊的地位。

小黄洲左汊经历了从衰退到发展的过程，近年来，由于上游江心洲左汊太阳河口附近主流顶冲点逐年下移，太阳河口至王丰沟一带贴岸主流顺势下延，小黄洲头主流分流点也随之下移，左汊口门面迎主流，使得该汊道分流增加。但小黄洲汊道段主支汊的分流格局仍较稳定。

近年来，由于江心洲左汊心滩滩头、下何家洲洲头崩退，为下何家洲与江心洲之间夹槽进流提供了有利条件，其分流比持续增大。心滩与下何家洲尾部淤积，小黄洲左汊口门冲刷扩大，均不利于小黄洲头过渡段进流，该汊道分流比由 2013 年 3 月 51.63% 减小至2018 年 6 月 27.85%，汊道淤积幅度较大。小黄洲右汊承接小黄洲头过渡段、下何家洲与江心洲之间夹槽和江心洲右汊的分流，由于小黄洲头过渡段近期分流比减小幅度较大，小黄洲右汊分流也呈减小的态势。小黄洲右汊岸线近年来较稳定，河床以主槽淤积为主。小黄洲左汊分流比变化见表 3.8。

表 3.8　　　　　　　　　　　　小黄洲实测左汊分流比变化

实测时间	水位/m	干流流量/(m³/s)	分流比/%
1959 年 7 月	8.24	43900	13.0
1964 年 7 月	8.76	50700	11.6
1974 年 7 月	7.32	56600	7.6
1978 年 7 月	6.03	42600	10.1
1988 年 8 月	6.07	40200	21.9
1998 年 9 月	7.50	—	23.6
2003 年 5 月	—	47300	25.7
2010 年 9 月	—	23000	25.3
2016 年 9 月	—	24400	37.6

小黄洲洲体主要表现在洲头及左右缘的冲刷崩退，洲尾随着大黄洲的崩退而淤长、下延。小黄洲头及大黄洲实施守护工程后，崩退幅度减小。

4. 演变趋势分析

马鞍山河段上游为芜裕河段陈家洲汊道段，上游陈家洲右汊微弯河型基本稳定，主流贴陈家洲右缘的态势基本不会改变，在东梁山的控制作用下，马鞍山河段进口入流条件仍将维持，目前主流自左向右的流势也不会发生大的变化。

江心洲汊道仍将维持较稳定的分流格局。江心洲左汊主流过渡段将保持下移的趋势，将引起牛屯河边滩滩尾下延、心滩头部冲刷、心滩至下何家洲与江心洲尾之间夹槽的冲刷发展。江心洲右汊将保持相对稳定。

由于上游主流顶冲点仍有下移的趋势，河势进一步向着小黄洲进流有利的方向发展，该汊分流比将会持续增大；同时，小黄洲过渡段将保持淤积的态势，导致小黄洲右汊分流减少，但小黄洲汊道近期仍将维持左支右主的分流格局。

3.3.2.3　镇扬河段河道演变

1. 河道概况

镇扬河段上起三江口，下至五峰山，全长约 73.3km，自上而下分为仪征水道、世业洲汊道、六圩弯道、和畅洲汊道及大港水道（图 3.16）。仪征水道多年来一直维持微弯单一的河道形态，主流偏靠左岸；世业洲汊道为左支右主的双分汊型河道，20 世纪 70 年代前分流格局相对稳定，左汊分流比不到 20%，20 世纪 70 年代后左汊进入缓慢发展阶段，目前分流比近 40%，仍处于缓慢发展态势；六圩弯道为两端窄、中部宽的微弯单一型河道，历史上平面变形较大，镇扬河段一期、二期河道整治工程实施后，河势趋于稳定；和畅洲汊道河势变化最为剧烈，左汊 1986 年分流比超过 50%，成为主汊。镇扬河段二期整治工程实施后，左汊的快速发展态势基本得到了遏制，分流比现基本稳定在 72% 左右；大港水道为向南弯曲的微弯单一型河道，多年来河势较稳定。本河段左岸为扬州市、镇江市，右岸为镇江市。

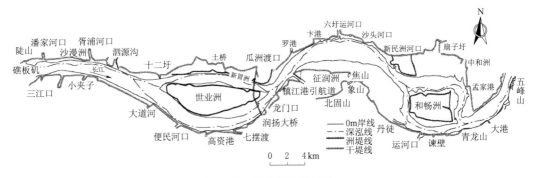

图 3.16　镇扬河段河势图

2. 历史演变

镇扬河段近百年来变化是较剧烈的，自然状态下它的演变遵循长江中下游分汊河道的演变过程和规律，主要特点是江心洲自身合并和并岸，汊道由多汊向少汊发展，从而形成具有节点的藕节状的分汊河段。

19 世纪中叶，今天的镇扬河段平面形态已形成雏形，即由中间的一个弯道段连接两个汊道段。当时世业洲包括北新洲等江心洲，左右汊汇合后弯道凹向右岸金山和镇江港，而非今天的六圩；和畅洲汊道包括小刀洲、长生洲、高家沙等大小沙洲，为多汊河道。20 世纪 30 年代，世业洲汊道已基本定型，但左右汊汇合后顶冲瓜洲至六圩，改右向弯道为左向；镇江港一带产生边滩，征润洲不断淤长。和畅洲处发生大规模并洲、并岸过程。20 世纪 50—60 年代，世业洲处于相对稳定期，但两汊汇流后六圩弯道的顶冲点迅速下移，六圩弯道发生强烈崩岸，1954 年都天庙炮台被冲毁，整个弯道向左迁徙，相应征润洲随之迅速发展，进而迫使镇江港弃焦北而开辟焦南航道。和畅洲于 20 世纪 50 年代初完成由多汊并为两汊的过程，成为分流比各为 50% 的双汊河段。20 世纪 50—60 年代北汊为主汊，之后，又经历南兴北衰过程，到 20 世纪 60 年代末和畅洲汊道南汊变为主汊。

3. 近期演变

（1）冲淤量及分布。三峡蓄水运用以来，镇扬河段整体表现为冲刷，2001 年 10 月至

2016 年 10 月，该河段平滩河槽累积冲刷 1.19 亿 m³，年均冲刷量为 795 万 m³/a，其中枯水河槽累积冲刷 1.61 亿 m³，年均冲刷量为 1071 万 m³/a，河段冲刷位于世业洲左汊、大港水道段，同时由于和畅洲左汊多次河道整治及航道整治，该段水道呈"槽冲滩淤、累计淤积"的现象。

从时段分布看，1998—2001 年镇扬河段平滩河槽年均冲刷量为 1270 万 m³/a，三峡工程蓄水运用后，2001—2006 年镇扬河段平滩河槽年均冲刷量为 39 万 m³/a，枯水河槽年均冲刷 241 万 m³/a，2006—2011 年该河段表现为滩槽均冲，平滩河槽年均冲刷量为 1716 万 m³/a，2011—2016 年该河段平滩河槽年均冲刷量减少至 630 万 m³/a，见表 3.9。

表 3.9　　　　　　　　　　不同时期镇扬河段冲淤量对比

项目	时　　段	枯水河槽	基本河槽	平滩河槽	洪水河槽
总冲淤量 /万 m³	1998 年 10 月—2001 年 10 月	−3409	−4201	−3810	−3306
	2001 年 10 月—2006 年 10 月	−1203	−138	−194	−294
	2006 年 10 月—2011 年 10 月	−8055	−8421	−8579	−8836
	2011 年 10 月—2016 年 10 月	−6808	−5586	−3148	−1140
	2001 年 10 月—2016 年 10 月	−16066	−14145	−11921	−10270
年均冲淤量 /(万 m³/a)	1998 年 10 月—2001 年 10 月	−1136	−1400	−1270	−1102
	2001 年 10 月—2006 年 10 月	−241	−28	−39	−59
	2006 年 10 月—2011 年 10 月	−1611	−1684	−1716	−1767
	2011 年 10 月—2016 年 10 月	−1362	−1117	−630	−228
	2001 年 10 月—2016 年 10 月	−1071	−943	−795	−685

（2）河床断面形态变化。镇扬河道断面形态为 V 形或 U 形，局部为 W 形，河床断面形态总体未发生明显变化，河床冲淤以主河槽为主，部分河段因局部岸线崩退、洲滩冲淤较大，断面冲淤调整幅度较大。

仪 7 号断面（图 3.17）位于泗源沟以下约 4km 处、接近世业洲汊道分流区，断面形态呈偏 U 形分布，在 2012—2013 年北岸和南岸较为稳定，仅深槽出现一定淤积、最大幅

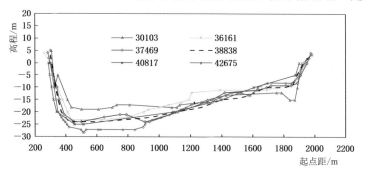

图 3.17　镇扬河段仪 7 号断面（世业洲汊道分流区）冲淤变化

度为 2m；2013—2014 年北岸和南岸有冲有淤积仍维持稳定，深槽及其南侧有所冲刷、幅度一般为 1～2m；2014—2016 年北岸和深槽较为稳定，而深槽至南岸中下部略有淤积、最大幅度不超过 2m。

世左 1 号断面（图 3.18）位于世业洲左汊进口段，断面形态呈偏 V 形分布，在 2012—2013 年北岸较为稳定，深槽北侧出现一定的淤积、最大幅度为 4m，南岸贴近世业洲头左缘较为稳定；2013—2014 年北岸、深槽及南岸均出现不同程度的淤积，最大幅度分别为 4m、5m 和 5m；2014—2016 年北岸至深槽中下部出现普遍淤积、幅度一般为 2～3m，深槽及南岸有所冲刷、最大幅度分别为 −5m 和 −4m。

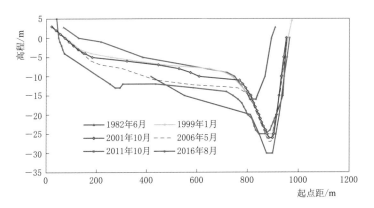

图 3.18　镇扬河段世左 1 号断面（世业洲左汊进口段）冲淤变化

世左 4 号断面（图 3.19）位于世业洲左汊中段，断面形态呈 U 形分布，在 2012—2013 年北岸、深槽和南岸均出现一定的淤积，最大幅度分别为 5m、2m 和 3m；2013—2014 年北岸继而有所刷深、最大幅度为 −4m，深槽中部至南岸出现普遍冲刷、幅度一般为 1～3m；2014—2016 年北岸较为稳定，深槽被填起向江中移动约 240m，受冲刷影响中部出现两个槽沟、最低高程分别为 −15m 和 −13m，同时深槽南岸出现较大的冲刷、最大幅度为 −5m。

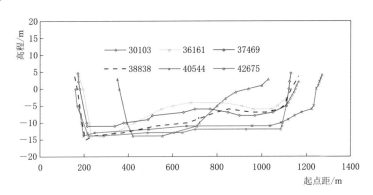

图 3.19　镇扬河段世左 4 号断面（世业洲左汊中段）冲淤变化

世右 1 号断面（图 3.20）位于世业洲右汊进口段，断面形态呈 U 形分布，在 2012—2015 年变化较为剧烈，其中在 2012—2013 年北岸下段至深槽有一定的淤积，在深槽中部凸起的淤积体被冲刷平整，而深槽中部至南岸泥沙淤积使床面变得平整；2013—2014 年北岸至深槽出现较大的冲刷下切、最大幅度达到 -6m，深槽至南岸有冲有淤基本变化不大；2014—2016 年北岸至深槽出现回淤并形成一个淤积阶梯、最大幅度达 6m，深槽中部有所冲刷形成一槽沟，而南岸略有淤积。

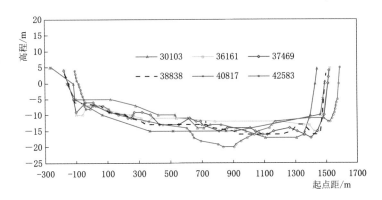

图 3.20   镇扬河段世右 1 号断面（世业洲右汉进口段）冲淤变化

世右 5 号断面（图 3.21）位于世业洲右汉中段，断面形态呈偏 V 形分布，在 2012—2013 年北岸较为稳定，北岸至深槽中下段略有冲刷、最大幅度不超过 -2m，深槽至南岸略有冲淤较为稳定；2013—2014 年北岸床面高程基本不变，深槽及其南侧淤积体均有不同程度的刷深、最大幅度均为 -2m；2014—2016 年北岸上段略有淤积、最大幅度不超过 2m，深槽进一步冲刷下切、河槽最低点高程达 -26m，深槽南侧淤积体出现一定的回淤、幅度不超过 2m，南岸出现一定的淤积、幅度一般为 $1\sim4\text{m}$。

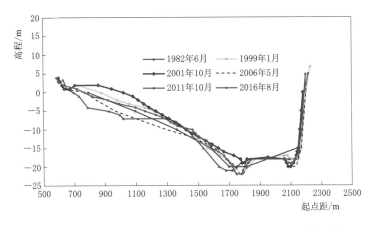

图 3.21   镇扬河段世右 5 号断面（世业洲右汉中段）冲淤变化

六圩 4 号断面（图 3.22）位于六圩弯道中段凹岸，断面形态呈偏 V 形分布，在 2012—2013 年北岸出现一定的冲刷下切、最大幅度为 -2m，深槽至南岸较为稳定；2013—2016 年北岸冲刷得到一定缓解且略有回淤，深槽出现一定幅度的刷深、最大幅度为 -3m，深槽至南岸中部略有冲刷。

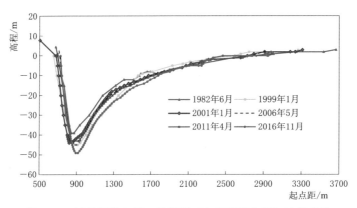

图 3.22　镇扬河段六圩 4 号断面（六圩弯道中段）冲淤变化

（3）近期河势变化。

1）仪征水道变化不大，近期主流贴岸，岸坡变陡，左岸沿线局部岸线崩退。

由于仪征水道进口有陡山节点导流岸壁，加之三江口节点所起挑流作用，在长期演变过程中，河道平面变化不大。近几十年来，上游龙潭水道经历了由顺直到弯曲水道急剧变化的过程，并直接引起仪征水道左岸冲刷、右岸淤积及世业洲汊道分流点上提、下挫的变化。特别是 1996 年、1998 年和 1999 年连续三个大水年后，仪征江岸出现了不同程度的冲刷，岸线后退，窝崩时有发生，胥浦河口至泗源沟河口段为仪征市城区段，仅有一道主江堤为城区防洪屏障，堤外江岸崩退危及主江堤安全；十二圩红旗外小圩连续发生崩塌，致使该圩多处决口，被迫废弃。1999 年、2000 年东方化工厂江岸、仪征市轮船站西先后发生崩岸、崩窝。目前，仪征水道水下深槽刷深并贯通，槽尾下移，深槽左移，水下岸坡变陡。

2）世业洲左汊分流比持续增加；左汊冲刷发展，左汊内河床冲深明显，左岸中下段岸线冲刷崩退，进口段左岸侧近年新增崩岸；右汊缓慢萎缩，左岸中下段洲体右缘边滩淤涨下延。

世业洲汊道左汊分流比总体上是逐渐增加的，三峡工程运用以来世业洲汊道分流比持续增加，且速率有所加快。三峡水库蓄水前，1981—2002 年，分流比由 20％增加为 33.2％，增加了 13.2％，年均增幅为 0.6％，分流比平均值为 25.3％。其中，20 世纪 80—90 年代，世业洲汊道左汊分流比缓慢增加，1981 年左汊分流比为 20％，左、右汊分流比比值约为 1：4；至 20 世纪 90 年代初，左右汊分流比比值约为 1：3.5，左汊分流比为 22.2％；1998 年左右汊分流比比值约为 1：3，左汊分流比为 24.9％；1998 年长江特大洪水后，世业洲左汊加速发展，左汊分流比持续增加，至 2002 年 11 月左汊分流比已达 33.2％。三峡工程运用以来，2003—2016 年分流比由 33.5％增加为 40.4％，增加了 6.9％，年均增幅为 0.5％，分流比平均值为 37.7％。其中，2003—2006 年，左汊分流比维持在 33.6％左右；2006—2012 年，左汊分流比增长加快，至 2012 年 3 月已达到 39.2％；2012—2016 年，左汊分流比继续缓慢增加，2015 年汛后和 2016 年汛前、汛中长江中枯水时，世业洲左汊分流比基本保持在 40.3％左右，2016 年 11 月枯季分流比为 42.4％，达到最大，与 2016 年洪峰流量较大有关。

世业洲汊道深泓在分流段主要表现为分流点年际间上提下挫，并总体呈现下挫的态势（图 3.23）。1982—1999 年，经历几次大水冲刷，泗源沟以下深泓线右移 300m，分流

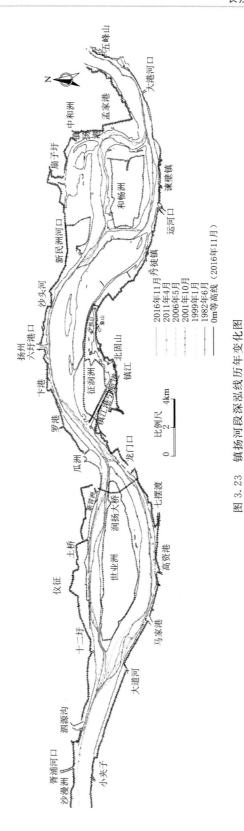

图 3.23　镇扬河段深泓线历年变化图

点下移约 1900m，泗源沟以下深泓线及分流点下挫。1999—2001 年世业洲汊道分流点下移 370m，右摆 170m，已到达洲头轴线的右侧，距世业洲头 0m 等高线最近仅 2100m，2001—2006 年世业洲汊道分流点上移 2300m，左移 500m，近左岸侧；2006—2016 年世业洲汊道分流点下移 2050m。世业洲头近年来冲淤交替变化，总体成崩退趋势，2006—2016 年 0m 线洲头以下约 600m 范围略有崩退 10～40m。仪征水道航道整治工程实施后左汊口门进口段苏北油库附近近年出现新增崩岸；镇扬三期整治工程左汊口门护底实施过程中河床中部出现 10～15m 深大冲槽，导致原护底设计型式变更。

3）经过多年的治理，六圩弯道总体来看相对较稳定，但由于弯道主流贴岸，河床冲刷，岸坡向陡峻方向发展。右侧征润洲边滩近年来随着主流更加贴左岸而向江中增长的过程中出现了串沟和心滩。

从六圩弯道的近期演变来看，河道变化较大的部位主要发生在进出口段及右侧征润洲边滩上。随着世业洲左汊的发展及其洲尾左缘的崩退，两汊交汇后的主流将更靠近右岸，六圩弯道进口段左侧的瓜洲边滩逐年淤涨下移，而右侧龙门口附近的征润洲边滩受到冲刷，崩岸向下游发展已到了引航道口门以下，导致六圩弯道顶冲点下移。右侧征润洲边滩近年来随着主流更加贴左岸而向江中增长的过程中出现了串沟和心滩，由于弯道凹岸河床近期还将持续受水流冲刷，护岸工程若不加以维护，随着岸线崩塌和征润洲的不断增长，原形态较好的单一弯道在特定水流条件下，会变成双汊或多汊，这将给今后的治理带来更大的难度。

4）随着前期河道治理工程及和畅洲水道航道治理工程的实施，和畅洲左汊分流比近期历经了下降-缓慢回升-下降的调整，其以后变化情况及对河道变化的影响如何，还有待今后的分析研究。近年潜坝下游出现了冲刷明显的迹象。

受上游河势变化的影响，镇扬河段和畅洲汊道左汊分流比在三峡水库蓄水前快速增加，特别是 1998 年大水后，左汊发展速度加快。三峡水库蓄水前左汊分流比由 20 世纪 80 年代初的 35% 逐步增加到 2002 年的 75.5%，增加了 40.5%，年均增幅为 1.8%，分流比平均值为 62%。为了遏制左汊迅猛发展的态势，2002 年 6 月至 2003 年 9 月水利部门实施了和畅洲左汊建口门控制工程，和畅洲左汊快速增长的势头得以遏制，建坝后近十几年的河床变化表明，在工程实施初期（工程后 5～6 年间），左汊分流比相对工程实施前（75% 左右）减小了 2%～3%，工程效果明显；但之后几年（特别是 2013—2014 年）左汊分流比出现缓慢回升迹象，说明受上游河势变化等因素影响，要遏制和畅洲左汊继续增长的势头，除潜坝工程外，还需要其他整治工程措施来加强。2015 年 10 月至 2017 年 3 月航道部门在已有潜坝下游新建两道变坡潜坝，左汊实测分流比 2016 年 11 月为 70.2%，2017 年 2 月为 66.6%，2017 年 8 月为 65.3%，目前左汊分流比相对工程实施前有所减小，其以后如何变化以及对河道变化的影响如何，还有待今后的分析研究。近年左汊下段已有 3 座潜坝下游（洲体西南角及孟家港）出现新增崩岸，以上演变迹象表明潜坝下游出现了冲刷明显的迹象。

4. 演变趋势分析

镇扬河段经历多年整治，变化剧烈的岸段得到了基本控制，抑制了河势向不利方向发展的速度，总体河势相对稳定，但河势还没有得到完全控制，局部河段河道演变仍较为剧烈，具体表现为：仪征水道主流贴岸，岸坡变陡，主流顶冲世业洲洲头，洲头低滩冲刷后退；世业洲左汊分流比持续增加，危及右汊主航道地位，影响下游六圩弯道江滩稳定，进而恶化和畅洲右汊入流条件；受水流长期冲刷，各险工段工程现状不能满足控制河势稳定的需求，需加固维护。

近年来镇扬河段已实施长江南京以下 12.5m 深水航道二期整治工程。随着长江镇扬河段三期整治工程的实施，预计本河段大部分水域主流出现较大的摆动可能性较小；世业洲左汊的发展受到控制，左汊分流比持续增大的趋势将有所抑制；世业洲汊道段及六圩弯道段岸坡稳定性有所增强；征润洲边滩仍处在调整变化中，在特定的水沙条件下，有形成分汊之势；和畅洲右汊的分流比将有所增大。镇扬河段的总体河势将向进一步趋于稳定的方向发展。

3.3.2.4　长江口河道演变

1. 河道概况

长江口河段上起徐六泾，下至口外 50 号灯标，全长约 181.8km，平面呈扇形，为三级分汊、四口入海的河势格局：第一级由崇明岛分长江为南北两支，第二级由长兴岛、横沙岛在吴淞口以下分南支为南北港，第三级由九段沙分南港为南北槽，共有北支、北港、北槽和南槽四个入海通道。长江口沿岸通江河道众多，为典型的感潮平原河网地区，两岸（江岛除外）主要通江水道有 22 条，其中北岸 7 条，南岸 15 条。崇明、长兴、横沙三岛的河道各自独立成系。除黄浦江外，各通江口门均已建闸控制。长江口北岸为江苏南通通启海地区，南岸为常熟市、太仓市以及上海市，崇明岛绝大部分、长兴岛、横沙岛为上海市辖区（图 3.24）。

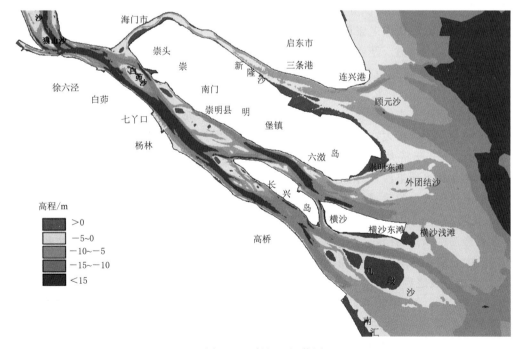

图 3.24　长江口河势图

2. 历史演变

长江河口分汊河段始于徐六泾节点，第一级分汊为崇明岛分隔出的北支和南支。崇明岛为中国的第三大岛，也是目前世界上面积最大的河口冲积岛，它是由众多沙洲组合而成。18 世纪中叶以来，长江主泓由北支改迁南支主槽，崇明岛呈现南坍北涨，如 1842—1907 年崇明县城桥镇一带江岸平均后退 7km，堡镇一带岸线后退 1～4km，1894 年开始筑坝护岸，加固海塘，才初步制止了坍势，与此同时，崇明岛东端及西端分别淤涨 6km 及 7km，至 20 世纪初崇明岛西端相继出现一系列沙体。1915 年长江径流经徐六泾节点后能较顺直地进入北支，其中北支下泄长江径流总量的 25％。20 世纪 50 年代以来，在洪水事件的作用下徐六泾节点北侧河道衰亡，通州沙和江心沙围垦成陆致使主流南偏，北支入口处强烈淤积河宽急剧缩小，河道与南支主流呈 90°直角，北支分流比下降至 5％以下，并且开始出现盐水和泥沙倒灌现象，自此北支逐渐趋向萎缩，由河流控制转化为潮汐控制。之后，南支河段一直是长江口过水过沙的主要通道，超过 95％的径流通过南支，几乎所有的泥沙（及北支倒灌泥沙）经过南支或局地落淤或下泄至口门入海（恽才兴，2004）。径流是塑造南支河段的主要动力，而巨大的潮量是维持南支河槽断面面积和形态的重要动力因素。南支河槽床面主要由现代松散沉积物组成，落潮优势流作用下床面易冲，悬沙落淤较少（陈吉余等，1988），河段内发育有长江河口最典型的复式河槽，如南支主槽、新桥水道和扁担沙系统，这与涨落潮流路分歧密切相关。

南支被长兴岛、横沙岛分割为北港和南港，形成长江口第二级分汊（图 3.25）。南北港分流口发育有青草沙、中央沙和浏河沙，通常被称为"三沙"地区，分流口的演变特征主要体现在沙体切滩和分流汊道摆动，是长江口河段河势条件最为复杂、治理难度最大的区域之一（应铭等，2007）。分流口的调整决定了南北港分流分沙的格局，1860 年以来进入北港的汊道依次经历了老崇明水道、中央沙北水道、南门通道和新桥通道，进入南港的汊道经历了老宝山水道、新崇明水道、新宝山水道、南沙头通道和宝山北水道（恽才兴，2004），南北港的主汊地位也相应经历了南港（1860—1870 年）、北港（1870—1927 年）、南港（1927—1958 年）、北港（1960 年以后）以及近期的交替转换，南北港的总河槽容积在过去 150 多年里基本保持稳定（吴华林等，2004）。南北港的河势演变受上游来水来沙和分流口的变化影响很大，比如当主汊走北港水道时河道冲刷，反之则淤积萎缩（武小勇等，2006）；1954 年特大洪水后主汊经新崇明水道进入南港，大量泥沙下泄落淤在南港河道形成中央沙脊（瑞丰沙），南港由单一河槽变为复式河槽。

南港下段进入口门后被九段沙分割出北槽和南槽，成为长江口第三级也是最年轻的分汊。20 世纪 50 年代以前，南港主流直接进入南槽，其北侧为铜沙浅滩，浅滩东西两侧分别发育有涨潮槽和落潮槽，1954 年特大洪水导致这两条河槽的−5m 等深线被冲开，九段沙从铜沙中分离出来形成独立的沙体，同时成为北槽和南槽的分流沙体（杨世伦等，1998）。北槽形成之后不断发展刷深，1964 年水文泥沙测验的结果显示北槽分水分沙比分别为 44％和 38％，可见北槽仍有发展趋势（陈吉余等，1988）。70 年代初由于洪水的作用横沙东滩窜沟−5m 被冲开，导致 1969—1973 年期间有近 1 亿 m³ 的泥沙冲刷进入北槽，北槽中段出现强烈淤积，因此 1973 年以后上海港选用南槽为入海通道；之后北槽淤积泥沙下泄逐渐输移出海，恢复冲刷状态，而南槽由于上游来沙导致航道淤积，加之

1983 年台风加速了航道的淤浅，1973—1983 年期间南槽分流比从 59％下降至 33％，因此长江口航槽于 1983 年改为北槽（恽才兴，2004）。

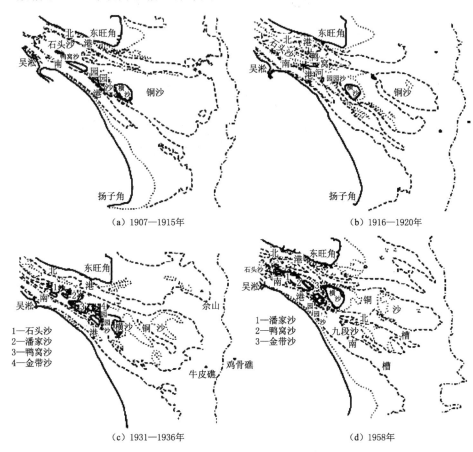

(a) 1907—1915年　　　　　　　(b) 1916—1920年

(c) 1931—1936年　　　　　　　(d) 1958年

图 3.25　20 世纪长江河口南支口门形势图（恽才兴，2004）

3. 近期演变

由于长江口水沙动力与地形地貌空间差异显著，将长江口划分为口内河段和拦门沙地区进行对比分析（图 3.26）。

（1）冲淤量及分布。计算了口内河段和拦门沙地区 1958—2010 年冲淤量变化（表 3.10）。结果表明，1958—1978 年，大量的河流泥沙在口内河段和拦门沙地区淤积，且超过 75％的泥沙在口门落淤，整个研究区域净冲淤体积和速率分别为 1.55 亿 m^3/a 和 30.5mm/a；1978—1986 年，口内河段由强烈淤积转变为轻微冲刷（−0.061 亿 m^3/a），拦门沙地区保持净淤积，淤积速率有所下降，整个研究区域净淤积速率为 7.8mm/a，仅相当于上一个时期的四分之一；1986 年，河流入海泥沙通量开始下降。1986—1997 年，口内河段发生强烈冲刷，净冲淤体积和速率分别为−0.696 亿 m^3/a 和−70.0mm/a，拦门沙地区的净冲淤速率为 15.8mm/a，超过上一个时期，整个研究区域为微弱的净冲刷（−0.052 亿 m^3/a）。1997—2010 年，进入长江口的多年平均泥沙量进一步减少，仅相当于 1986—1997 年平均值的 2/3，1978—1986 年平均值的一半。然而，口内河段冲刷反而减

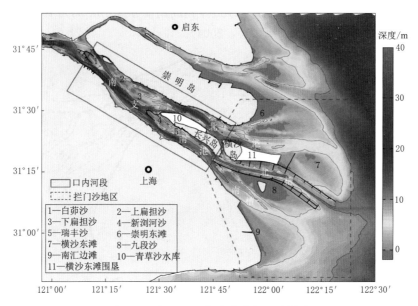

图 3.26　长江口近期演变分析区域划分

表 3.10　　　　　　　　　　　　　长江口不同区域冲淤量统计成果表

	时　　　期		1958—1978 年	1978—1986 年	1986—1997 年	1997—2010 年
口内河段	冲刷	面积/%	41	44	57	52
		体积/(亿 m³/a)	−0.776	−2.05	−1.62	−1.45
	淤积	面积/%	54	54	40	46
		体积/(亿 m³/a)	1.14	1.99	0.925	0.993
	净冲淤	体积/(亿 m³/a)	0.359	−0.061	−0.696	−0.458
		速率/(mm/a)	36.2	−6.1	−70.0	−52.5
拦门沙地区	冲刷	面积/%	23	48	36	42
		体积/(亿 m³/a)	−0.552	−1.93	−1.34	−1.47
	淤积	面积/%	64	46	57	53
		体积/(亿 m³/a)	1.74	2.39	1.99	1.94
	净冲淤	体积/(亿 m³/a)	1.19	0.457	0.644	0.471
		速率/(mm/a)	29.1	11.2	15.8	12.4

弱，拦门沙地区持续淤积，整个研究区域在这个时期反弹回净淤积状态，但净淤积体积很小仅为 0.012 亿 m³/a。最后两个时段虽呈现不同的净冲淤态势，但冲淤幅度均较小。口内河段和拦门沙地区的年代际冲淤演变过程在研究期内呈现不同的特征，主要表现为口内河段自 20 世纪 80 年代由净淤积转变为净冲刷，拦门沙地区持续淤积。口内河段床面冲淤剧烈，表现为频繁的汉道演替、沙体淤涨和迁移（图 3.27）。白茆沙不断淤涨扩大，而扁担沙则经历了交替淤积和冲刷过程，整个研究期内主要的冲淤变化发生在扁担沙至中央沙滩槽系统。1958—1978 年期间以淤积为主，1986—1997 年期间以冲刷为主。1978—1986 年

期间冲淤幅度最大，这主要归因于这段时期内强烈的滩槽格局调整，包括扁担沙下沙与中央沙合并导致中央沙北水道消亡，扁担沙发生切滩形成新的北港分流通道（新桥通道）。南支主槽明显刷深，尤其在 1986—1997 年期间白茆沙南水道水深从 1958 年的 31m 增大到 2010 年的 56m 形成深槽，刷深速率超过 1m/a。建成于 2009 年的青草沙水库使北港上段河宽大为缩窄，引起下游主槽冲刷。由于工程整治和人为干预，近十年来滩槽格局调整幅度减小，且地形变化以冲刷为主。口内河段的冲淤格局在 20 世纪 80 年代以前十分剧烈，尤其在 1973—1986 年期间，河床大冲大淤，说明这段时期滩槽格局发生强烈改变，是该河段的动荡调整期，20 世纪 80 年代后整体冲淤速率趋缓。

拦门沙地区自 1958 年以来维持总体滩槽分汊格局（图 3.27），但崇明东滩、九段沙和南汇边滩等前缘潮滩经历了持续淤积，到 1997 年以后淤积强度有所减缓，局部区域则转换为净冲刷。1997 年以前崇明东滩南侧的沙体（团结沙）因滩涂围垦而并岸，之后其向海一侧形成一个新的沙体（北港北沙），沙体与崇明东滩岸线之间形成的新汊道与原有汊道的主轴线方向十分接近，反映出局地潮动力和地形变化之间的相互关系。1997 年以来长江河口人类活动加剧，众多大型河口工程开始实施，尤其是北槽深水航道工程的建设，强烈改变了北槽和周边水域的动力环境。1997—2010 年北槽两侧建设导堤和丁坝工程，配合疏浚工程使主航道刷深至 12.5m，工程建成后坝田区发生强烈的淤积，这段时期内横沙浅滩发生强烈淤积，北港向海一侧和南北槽口地区则形成了一个明显

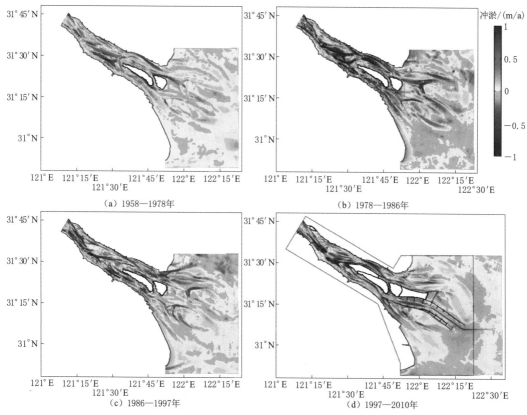

图 3.27　长江河口冲淤分布图

的由北向南的冲刷带，该时期内 10m 等深线不断后退，并由于航道疏浚使得等深线在北槽口中断。

（2）典型断面变化。根据滩槽格局，在口内河段和拦门沙地区沿主槽提取了 3 个横断面和 5 个纵剖面，位置如图 3.28 所示。

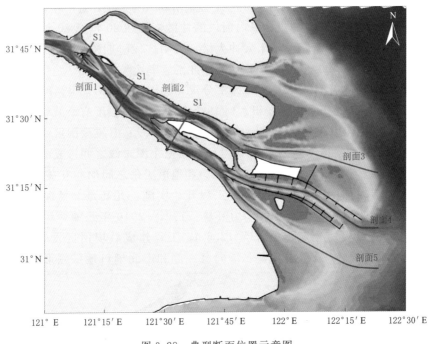

图 3.28　典型断面位置示意图

通过分析 3 个横断面的变化过程可以给出 1958 年以来的滩槽演化过程特征。如图 3.29 所示，1958—2015 年的近半个多世纪白茆沙经历了从一个规模较小的江心暗沙逐渐"长高"和"长大"的过程，1958 年白茆沙顶水深将近 8m，南北两侧水道水深仅不足 15m，两者差异较小，之后沙体不断淤涨扩大。1997 年以后白茆沙南水道持续刷深，2015 年最大深度近 45m，同时北水道 1997 年之后呈不断衰退的趋势。1997 年以后白茆沙形态大致固定，但沙尾持续冲刷至 2015 年已全部消失。南支中段由主槽、扁担沙和新桥水道组成，是典型的河口复式河槽，主槽在 1997 年刷深最大，由于白茆沙南水道持续刷深，水流过七丫口后往北偏，从而使主槽也北偏；新桥通道整体不断淤浅，最大水深从 1958 年的近 20m 减小到 10m 左右。南支下段为南北港分流口，包括多个活动沙体和汊道，是整个口内河段变化最剧烈的河段，在径流的作用下扁担沙尾不断下移，并在 1978—1981 年期间与中央沙合并，导致中央沙北水道消亡、扁担沙中部切滩，形成的新桥通道成为新的北港入流通道。1958—1978 年中央沙受扁担沙尾和北港分流汊道下移的挤压作用而同步下移，1986 年以后再次开始逐渐下移，直到 2009 年青草沙水库的修建固定中央沙沙头。这种沙体下移合并的规律性变化是该河段河势变化的重要特征。分流口的演变对北港上段和南港河槽的影响十分显著，尤其北港主槽的位置摆动与分流汊道轴线方向具有较强的相关性。

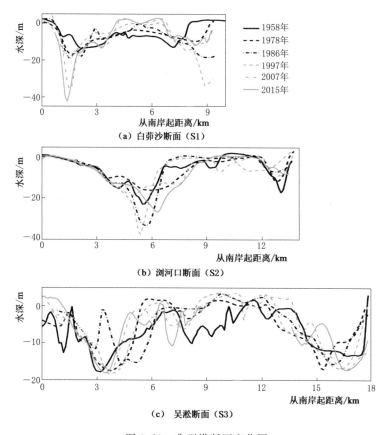

图 3.29 典型横断面变化图

通过分析 5 个典型纵剖面图可以发现以下要点（图 3.30）：

1）剖面 1 位于新桥水道上游边界至横沙岛之间的主槽，包括上半段的涨潮槽（新桥水道）和下半段的落潮槽（北港上段主槽），其变化过程相比其他剖面是变化最强烈也是最复杂的。剖面 1 上游起点不断淤涨，体现了涨潮槽的发育趋势，而剖面上半段整体（0～25km）复杂多变，这主要与固定剖面的周边沙体发育引起主泓变动有关。剖面 1 下半段（25～55km）在 1958—1978 年呈现强烈淤积，之后则持续冲刷，尤其在 1978—1986 年期间，这可能与上游分流口调整导致北港上段主槽南移有关，到 2010 年和 2015 年剖面最大水深保持在近 20m。

2）剖面 2 上起白茆沙南水道下至南北槽分流口，均为落潮主导的水道。该剖面起始段（0～10km）显著刷深，最大深度在 2010 年达 42m；上扁担沙南侧段（10～20km）在 1997 年明显侵蚀加深，后由恢复到原始状态；下扁担沙南侧水道至新浏河沙南水道（20～35km）在整个研究期内保持相对稳定；中段至吴淞口（35～50km）1978 年前在贴近南支南岸处形成了一个条形沙体，导致水深骤减，之后不断向下游迁移并在 1997 年前与中央沙合并；末尾段（55～70km）经历了冲刷和淤积交替过程，整体上淤积。

3）剖面 3 为北港出海口，向陆一侧（0～10km）持续淤积，并且在主槽中出现一个不断向下游推进的沙体，最小水深小于 5m；相邻的下游段（10～25km）剖面先淤积后冲

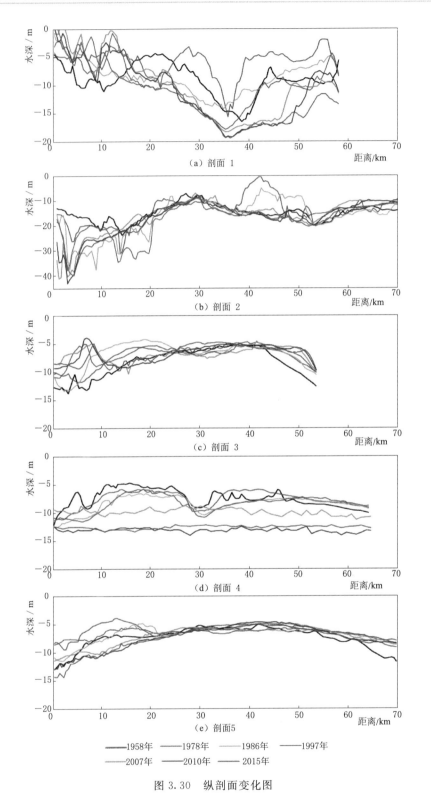

（a）剖面 1

（b）剖面 2

（c）剖面 3

（d）剖面 4

（e）剖面5

—— 1958年　—— 1978年　—— 1986年　—— 1997年
—— 2007年　—— 2010年　—— 2015年

图 3.30　纵剖面变化图

刷，与河流来沙变化趋势一致，到 2015 年剖面水深回到 1958 年的状态；拦门沙段（25～45km）则为先冲刷后淤积，这可能与上游及临近水域的演变相关，整体上为淤积；向海一侧淤涨强度最大，拦门沙体向海推进了 10km，到 2010 年时向海一侧坡度明显变陡，最大坡度约 1.16‰。

4）剖面 4 为北槽主槽，在 1997 年以前与剖面 3 类似向海一侧保持淤涨和向海推进，其他部位则不断冲刷，反映了北槽自 1954 年形成以来不断发育成熟的过程。剖面中部出现一个深槽，这与横沙东滩窜沟的发育对北槽中段的冲刷有关。1997 年以后随着深水航道工程的建设，剖面 4 的演变不再为单纯的自然演变过程，而主要受人为疏浚的影响，拦门沙河段被打通抹平，水深从 1997 年的 6.5m 加深到 2010 年以后的 12.5m。

5）剖面 5 为南槽主槽，上段变化最强烈，1958—1978 年为淤积，1978—1986 年为冲刷，后者的原因是江亚南沙并入九段沙使江亚南槽不断冲刷成为南槽主槽；1997 年以后由于分流口鱼嘴潜堤的修建减小了河段，同时南槽分流比上升，从而使得主槽出现强烈冲刷，到 2015 年分流口处最大深度达到 14m，10km 处加深最为明显，加深幅度超过 5m。剖面中段为拦门沙体，整体上处于动态平衡。向海一侧同样呈现淤涨和向海推进，但近十几年出现了侵蚀后退。

（3）近期河势变化。南支河段自徐六泾至吴淞口，长约 70.5km，以七丫口为界分为上、下两段，上段为双分汊的白茆沙河段，下段为多分汊的三沙河段，即南北港分流口。

1958 年以来，徐六泾对岸江心沙、通海沙逐渐围垦成陆，徐六泾断面河宽由 13km 缩窄至 5.7km，徐六泾人工节点形成。此后，澄通河段对南支河段河势演变的影响逐渐减弱，加上通州沙水道一直维持主流走东水道的格局，白茆沙河段主流一直稳定在南水道，形成目前的河势格局。近 60 年南支河段河势演变特征主要表现为：

1）河势逐渐趋于稳定。1958 年以后，徐六泾形成人工节点，狼山沙停止了下移，徐六泾节点段主流摆动幅度由 6.2km 减小到 1.4km，主流始终保持靠南岸的格局。同时，虽然通州沙东水道主流由通州沙东水道→狼山沙西水道逐渐转化为通州沙东水道→狼山沙东水道，但白茆沙河段始终维持主流走白茆沙南水道的河势格局，同时白茆沙汊道在 20 世纪 90 年代初一度出现了南、北水道 -10m 深槽先后贯通的良好，1998 年大水后，北水道又有所萎缩。根据南支河段演变规律，白茆沙北水道发展，有利于南港进流，南水道发展，则有利于北港进流。目前的发展趋势不利于南支下段的河势稳定及南港北槽深水航道的安全运行。

三沙河段在 2003 年以前仍然处于动荡的局面，分流南、北港的通道由于两岸边界及分流口均未固定，仍然频繁变迁。新崇明水道与中央沙北水道分别于 1966 年、1981—1982 年间消亡。随后水流又重新在中央沙与浏河沙之间以及扁担沙中部切滩，先后分别形成了通南港的新宝山水道和通北港的新桥通道。直至长江口规划批复以后，中央沙、青草沙圈围成陆，南北港分流口的河势变化幅度才逐渐减缓，至 2016 年南北港分流基本处于均衡的态势。

2）暗沙切割、合并、下移频繁。受徐六泾节点段主流南偏以及涨落潮流路分离的影响，1978 年以后徐六泾北岸淤涨出了新通海沙，南岸也于 1976 年水流切割徐六泾边滩形成了白茆小沙；白茆小沙上沙体基本处于相对稳定状态，下沙体经历了淤涨→冲刷→下移

→淤涨的演变过程，冲刷的沙体一般下移补给到白茆沙。2007年以后，受上游河势变化的影响，徐六泾节点段主流南偏，下沙体冲刷严重，有可能导致南水道进口主航道淤浅；白茆沙的演变主要表现在沙体分裂、合并、沙头下移等方面，1954年及1983年大水后，白茆沙均被大水冲散，形成中水道，大水过后，中水道以北的沙体并入崇明岛，沙体又重新聚集，恢复南、北双分汊的河势格局。1998年大水后，沙头处于后退趋势，直至2003年才逐渐稳定，但沙尾自1997年以来逐渐冲蚀，到2010年基本全部消失。随着2014年白茆沙整治工程完工，目前白茆沙体整体上已处于较为稳定的状态。

南支中下段由主槽、扁担沙和新桥水道组成，是典型的复式河槽，其中南支主槽为落潮槽，新桥水道为涨潮槽。由于白茆沙南水道持续刷深，水流过七丫口后往北偏，从而使主槽也北偏。新桥通道上段淤积并向下游推进，下段受扁担沙过滩水流的影响，过流小时淤积，发生切滩后冲刷显著。南支中段下接南北港分流口，分布着多个活动沙体和汊道，是整个口内河段变化最剧烈的河段。在径流作用主导下扁担沙尾不断下移，并在1978—1981年期间与中央沙合并，导致中央沙北水道消亡、扁担沙中部切滩，形成的新桥通道成为新的北港入流通道。1958—1978年中央沙受扁担沙尾和北港分流汊道下移的挤压作用而同步下移，1986年经历并滩后再次开始逐渐下移，直到2009年青草沙水库修建以及中央沙圈围，下移趋势才逐渐消失。这种沙体下移合并的规律性变化是该河段河势变化的主要特征。

南支河段在吴淞口附近被长兴岛和横沙岛分为北港和南港，其中北港直接入海，南港在横沙通道附近被九段沙再次分为北槽和南槽。近60年来，南北港和南北槽河段的河势演变特征主要表现为：

1）南港主槽平面位置相对稳定，北港变化较大。无论是在稳定期还是在淤积期，南港主槽位置一直偏靠南岸。经过多年的护岸工程和沿岸港口码头等基础设施的建设，南港主槽南岸近年一直处于相对稳定状态，北岸随瑞丰沙的变化而变化；北港河道在单一河槽与复式河槽之间来回转化，同时伴随着两岸暗沙的发展及消亡，主流摆动幅度较大。北港分流通道形成初期，北港演变为落潮流偏南、涨潮流偏北的复式河槽，北港主槽内的底沙向下游拦门沙河段输移，拦门沙段水深变浅。分流通道相对稳定后，北港向恢复单一河槽形态的方向发展，随着青草沙水库修建，北港上段河宽减小，主槽呈北偏态势，偏北下泄的落潮流不断冲蚀北侧边滩或暗沙，大量底沙沿六滧以下边滩输移出崇明岛后堆积，团结沙向南淤长。近年来北港主槽以冲刷为主，河势整体趋稳。

2）暗沙搬移、切割频繁。瑞丰沙形成后受中央沙头受冲下移、大量底沙下泄的影响，沙尾向下淤涨，一度封堵北槽口门。近年由于大规模采沙及新宝山北水道的发展，瑞丰沙中部出现切滩串沟，瑞丰沙尾基本冲蚀消失，河道从W形的复式河槽向单一河槽发展，导致外高桥港区以及主槽淤积，且不利于北槽进口圆圆沙航槽的稳定。受北港主流大幅摆动的影响，北港在单一河槽与复式河槽之间来回转化，河道中暗沙大幅冲淤。

3）横沙通道上段较稳定，下段变化幅度较大。横沙通道上口与北港相连，下口与南港相交。其演变主要受北港和南北槽河道演变的影响。横沙通道上口断面长期维持着较好的水深，中段水深变化较大，如20世纪80年代初期，受青草沙被水流冲刷，大量底沙进入通道的影响，通道中部−5m槽一度中断。长江口深水航道一期工程封堵了横沙东滩串沟，减少了横沙东滩滩面的漫滩流，导致部分落潮流被调整至横沙通道下泄，加上堡镇沙淤涨下移，横沙通道落潮流进一步增强，致使通道内深槽发展。至 2003 年，−10m 深槽贯通。

1954 年大洪水以后北槽的形成，南槽分流减少，加上瑞丰沙及江亚边滩的形成、发展及切滩，导致南槽上口进流条件恶化，−5m 槽宽不断缩窄。1983 年的大洪水导致水流切割江亚边滩，使南槽上口演变为两汊分流的格局。1998 年以后，长江口深水航道南导堤工程的实施，将江亚南沙与九段沙连成一体，江亚北槽消失，南槽进口恢复为单一河槽的形态。目前，南槽南、北两岸的南汇边滩与九段沙均处于淤涨状态。

北槽自 1954 年形成后，一直处于发展之中，上口水深受瑞丰沙的影响较大，目前瑞丰沙出现的切滩趋势不利于北槽进口园园沙航槽的稳定。在南港北槽深水航道治理工程实施以前，北槽中、下段水深受横沙东滩串沟影响较大；当串沟形成发展时，北槽中、下段淤浅；当串沟萎缩时，北槽中、下段水深逐渐增加。南港北槽深水航道治理工程实施后，北槽拦门沙区域水深条件得到改善，形成上下游贯通的 12.5m 双向航道，同时坝田区发生强烈淤积，滩槽泥沙交换频繁。随着横沙东滩的圈围以及北导堤的加高，将进一步切断北港和北槽的水沙交换，有利于北槽水深的增加。

4. 演变趋势分析

（1）南支河段。徐六泾节点形成以后，河宽明显缩窄，水流集中，控制了进入白茆沙水道主流的摆动幅度，有利于下游白茆沙汊道段形成相对稳定的进口条件。随着附近涉河工程建设相继完成，以及狼山沙和白茆沙沙体关键边界及位置得到有效控制，徐六泾节点河段已逐渐形成了较为稳定的河道边界条件，为河势的稳定提供了较好的条件。

近年白茆小沙上沙体总体变化较小，而下沙体在经历 2008 年左右基本冲失的阶段后，目前有所恢复，考虑白茆小沙仍处于自然变化状态，在流域来沙量减少的大背景条件下，下沙体完全恢复难度较大。

随着深水航道一期工程实施完工，白茆沙沙头后退得到有效守护，有利于白茆沙分汊河段河势和南水道进口航槽稳定。白茆沙水道将呈南强北弱的态势，白茆沙河段将长期维持主流偏靠南岸，分汊段两汊并存，主流走南水道的河势格局。随着深水航道整治工程白茆沙工程的设施，沙头冲刷后退的态势得到遏制。白茆沙北水道沿程阻力较大、北支水沙倒灌影响仍然存在，北水道的发展将受到限制，近年已呈现较为明显的衰退迹象。白茆沙水道呈南强北弱的态势加剧。

随着未来流域来沙量的持续减小，南支河段含沙量随之减小，水流处于不饱和状态，河床总体上将呈现冲刷状态，江中主要沙洲均将冲刷缩小。

（2）南北港河段。在新浏河沙护滩、南沙头通道限流、中央沙圈围、青草沙水库等工程实施后，南北港分流段下边界得以固定，但分流通道的上边界（扁担沙）依然处于自然演变中，若无工程措施，扁担沙尾下延、过流通道扭曲。切滩再生成新的汊道等，将如历史上曾经多次出现的那样再次上演。

在自然演变与施工采砂共同作用下，瑞丰沙中、下沙体冲刷、消失，南港河槽淤积，中下段河槽断面形态从 W 形向 U 形转变。历史演变表明，完整的瑞丰沙体，有利于南港河槽与长兴水道的稳定。因此，实施瑞丰沙治理工程，缩窄河宽，有利于抑制南港主流北偏，但要统筹考虑长江口深水航道、长兴水道水深的维护以及外高桥港区减淤等多方面的需求。

随着北港上段河宽的缩窄，水深条件持续得到改善。青草沙水库中下段的外测淤积和堡镇沙南沿的冲刷态势仍将继续。

新桥水道与北港涨潮流方向一致，受北港涨潮流和扁担沙落潮漫滩水流的作用，今后较长时期内仍将具有足够的河槽容积，水道也将维持尚好的水深条件。

横沙通道的演变与周边工程的新建密切相关。随着未来横沙东滩促淤圈围工程的持续实施，横沙东滩成陆范围将进一步扩大，加上横沙通道两侧高滩圈围，横沙通道水动力增强，可以维持较好的深水条件。

（3）南北槽河段。随着长江口深水航道整治建筑物的建设，北槽两侧边界固定，为北槽的稳定创造了条件。虽然目前北槽分流较工程前减小，但深槽部位水流能量集中，有利于航道水深的维持。建议目前 12.5m 航道维护疏浚量仍然较大，且时空分布集中，仍需深化研究减淤措施。

随着深水航道治理工程的实施，南槽分流比增大，南槽上段河床冲刷，拦门沙浅段下移。随着工程建设完成，南槽上冲下淤的态势也将逐渐停止，而淤积与下段的泥沙，将在落潮水流的带动下，逐渐向外海冲刷扩散。

随着南北槽分流格局的稳定以及南岸圈围工程的实施，未来南槽河宽将逐步缩窄，航道水深条件将有望得到改善。需引起注意的部位有 3 处：一是江亚北槽的发展，可能导致江亚南沙脱离南北槽分流口工程的掩护而向下游冲刷后退，对长江口深水航道和南槽的稳定带来影响；二是江亚南沙尾部细长下延，影响南槽的局部水深，不但对通航造成不利影响，且加剧了涨落潮流路的分离；三是九段沙南侧下部目前有涨潮次级槽发展，存在切割九段沙的可能，对南槽的稳定产生潜在影响。

3.3.3　长江下游干流河道发育特征

3.3.3.1　河道类型

按不同性质对河道进行分类是河床演变学的一个基本问题。西方国家在河型分类上一般都接受 Leopold 和 Wolman 的倡议（1957），把河流分成辫状（braiding，又称网状）、弯曲和顺直三种类型，并认为辫状河型与江心洲分汊河型是同一种类型的河流。

一般来说，冲积平原河流按其平面形式及演变过程可分为四种基本类型（钱宁，1985）：顺直型或边滩平移型，弯曲型或蜿蜒型，分汊型或交替消长型，散乱型或游荡型。长江中下游河道流经广阔的冲积平原，沿程各河段水文泥沙条件和河床边界条件不同，形成的河型也不同。通过对长江中下游干支流河道河型的调查，可将长江中下游干流河道平面形态特征分为四种基本类型：顺直微弯型、弯曲型、蜿蜒型和分汊型（余文畴、卢金友，2005），典型的蜿蜒型河道主要分布在长江中游下荆江河段。长江下游干流河道平面形态呈藕节状，按照平面形态特征主要分为三种基本类型：顺直型、弯曲型和分汊型，其中分汊型河段占据主要地位；分汊河段进一步细分可分为顺直分汊型、弯曲分汊型和鹅头分汊型三类。

长江下游干流河道共计分布有 16 个河段，其间分布有大小江心洲 70 余个，将河道分成两汊或者多汊。其中，长江下游九江至江阴有 14 个河段，多为宽窄相间的分汊型河段。河段内共有大小江心洲共 60 多个，其中大江心洲有 30 个，以扬中河段的太平洲为最大，洲长达 31km，最宽处约为 9.3km，此外河段内还分布有潜洲、边滩等。分汊段的主汊总长约 369km，支汊总长约 540km；河道的宽度沿程变化较大，最窄处在马挡河段的小孤山与彭郎矶之间，江面宽仅 640m 左右。该河段内最大的平滩河宽约为 12500m，平均河宽约为 2190m。河段内洲滩众多，形态各异，每个汊道段至少有两个江心洲，多的可达 6 个以上，此外还有比较明显的边滩。长江下游分汊段的放宽率除和悦洲为 1.92 外，一般都超过 3；分汊系数顺直型分汊段和弯曲型分汊段一般都小于 2.5，即以双分汊为主，而鹅头型的超过 2.5，以多分汊为主，但对于下游一些洲滩比较大、冲淤变化频繁的汊道段，也常在两汊至三汊间变化，如安庆河段的江心洲汊道数，在两汊与三汊之间周期性变化。长江下游各个分汊河段河型分类见表 3.11。

表 3.11　　　　　　　　　　　　长江下游各个分汊河段河型分类

序号	水道名称	类型	序号	水道名称	类型
1	张家洲	弯曲分汊型	12	陈家洲	鹅头分汊型
2	上下三号洲	顺直分汊型	13	马鞍山	顺直分汊型
3	棉船洲	弯曲分汊型	14	新济洲	顺直分汊型
4	玉带洲	顺直分汊型	15	梅子洲	顺直分汊型
5	官洲	鹅头分汊型	16	八卦洲	鹅头分汊型
6	安庆江心洲	鹅头分汊型	17	世业洲	弯曲分汊型
7	长沙洲	顺直分汊型	18	和畅洲	鹅头分汊型
8	和悦洲	弯曲分汊型	19	太平洲	弯曲分汊型
9	成德州	顺直分汊型	20	福姜沙	弯曲分汊型
10	汀家洲	鹅头分汊型	21	双涧沙	弯曲分汊型
11	黑沙洲	鹅头分汊型	22	通州沙	弯曲分汊型

3.3.3.2　顺直分汊型河道

长江下游顺直分汊型河道分布相对较少，如东流河段、马鞍山河段、太平洲左汊中下段（口岸直水道）等。顺直段长度小于 3 倍平滩河宽的河段称为短顺直段，其深泓线一般自一岸直接过渡到对岸；顺直段长度大于 3 倍平滩河宽的河段称为长顺直段，其深泓线自一岸到对岸为一次或两次过渡，并存在犬牙交错的边滩，构成上下、左右互相影响的滩群。滩群演变主要表现为左右岸边滩受年内、年际来水来沙作用而呈现周期性的此冲彼淤，且年际间周期性下移，但不同河段因受边界条件限制而下移幅度差别较大。长顺直段多出现在两个反向弯道之间，由于顺直段过长，受两反向弯道水流影响，水流极不稳定，不易形成稳定深槽，两岸一般有交错分布的边滩，河段平面变化的过程与犬牙交错的边滩运动息息相关。长江下游顺直分汊型河道主要的发育特征如下：

（1）强约束河岸边界的顺直型河道受两岸边界条件的制约，河段河床平面形态、洲滩格局和河势长期以来相对稳定。

如大通河段右岸多山矶，右岸抗冲性强，右岸下江口至合作圩一带岸线略有受冲后退，其他基本保持稳定。河段左岸岸线受过渡段深泓的摆动及乌江矶挑流作用时强时弱的变化影响，林圩拐至老洲头段岸段较长范围内的江岸出现崩岸险情。2000 年在老洲头段实施了枞阳江堤隐蔽护岸工程，该段岸线已基本得到控制。近期左汊进口主流向右摆动，铁板洲头及左缘上段处于冲刷崩退的状态。

（2）河道两岸边滩的周期性冲淤变化引起河道内主流频繁摆动，易造成主支汊易位现象，在深泓迫岸处受水流冲刷作用可能发生崩岸。

如东流河段是首尾束窄、中部展宽的顺直分汊型河道，河道内主流摆动较大，河道冲淤多变，航槽不稳，是长江下游著名浅险水道之一。在自然条件下，东流河段呈主支汊易位的演变规律。东流河段左岸为同马大堤，左岸岸线经过多年的守护，特别是长江重要堤防隐蔽工程实施后，左岸崩岸险情基本得到控制。20 世纪 90 年代中期以后，棉花洲右汊发展为主汊。根据 2011 年 6 月实测资料，棉花洲右汊分流比为 62.9%。2003—2006 年，东流水道航道整治工程实施后，一定程度上改变了东流河道的边界条件，遏制了主流再度摆向棉花洲左汊，今后主流将长期维持老虎滩左汊→棉花洲右汊的格局，右岸稠林矶至东流镇段将长期受贴岸水流的冲刷，这将会加剧该段岸坡的冲刷后退。

又如太平洲左汊高港以下段河道平面形态顺直，水流出嘶马弯道后由北岸一侧逐渐过渡到左汊右侧太平洲左缘的二墩港附近，北岸形成高港边滩，河道略有展宽，平均河宽约为 2500m，河道相对宽浅。二墩港以下至小决港一段河床中部形成−10m 高程潜洲，将河道分成左右两槽，大多年份左槽为主槽，两槽水流汇流后进入过船港至界河口段内天星洲右水汊，贴右侧的砲子洲、禄安洲一侧下泄进入江阴水道，砲子洲尾以下河道走向与其上游略有偏转。该段河道演变受其上游弯道段变化的影响，高港边滩逐年淤积，滩尾下移展宽，潜洲淤高下移，左槽发展，天星洲淤积，洲体上伸下延，其左侧夹槽逐年淤积，右侧砲子洲、禄安洲左缘冲刷，深泓略显南移。河道主流出嘶马弯道后过渡到太平洲左缘，对凸岸形成顶冲态势，在上游来水来沙条件发生较大变化且水流持续顶冲的影响下，太平洲左缘二墩港至三墩港之间近岸−20～−40m 深槽扩大刷深并向岸边逼近，近岸形成 3～4 个且互不贯通的−30m 以下深槽，局部形成了高程近−60m 的冲刷坑，造成局部水下地形起伏较大，水流紊乱，加剧了近岸河床的冲刷，同时在 2016 年和 2017 年连续大洪水作用下，加之二墩港至泰州大桥江段历史上从未进行过抛石守护，各因素的综合影响导致了扬中"11·8"特大崩岸险情的发生。

（3）汊道洲滩呈向下游移动的态势，清水冲刷条件下边滩及高滩有所冲刷，甚至岸线崩退，洲滩之间串沟发育。

如马鞍山河段江心洲左汊顺直且宽，左侧牛屯河一带为上边滩，右侧江心洲边滩为下边滩，上、下深槽分别位于彭兴洲头左缘及姆下河一带。20 世纪 70 年代以后，随着上游陈家洲左汊分流比逐渐增加，东梁山的挑流作用减弱，江心洲左汊进口主流大幅向右摆动。三峡蓄水后，主流顶冲点大幅下移，太阳河口至新河口一带主流贴岸，岸线冲刷崩退，主流左摆。随着彭兴洲至江心洲一带护岸工程的实施，深泓摆动幅度明显减缓。江心洲左汊牛屯河附近左侧河床由三峡蓄水前的淤积转为冲刷，牛屯河边滩滩头冲刷，滩尾淤积，整体向下游移动。彭兴洲与江心洲之间的串沟由淤积转为冲刷，但幅度不大。由于2003年后右汊口门被冲开，右汊分流比增加，因此姑溪河口以上段河床呈冲刷发展的态势，姑溪河口以下段三峡蓄水前后的冲淤幅度均较小。彭兴洲头至江心洲左缘受主流贴岸的影响，保持冲刷的态势，冲刷的范围明显缩窄；由于主流过渡段及顶冲点下移，江心洲左汊深槽过渡段也随之下移，原上、下深槽处淤积。心滩头部冲刷，心滩下移；上、下何家洲洲体均有小幅冲刷；心滩至下何家洲与江心洲尾之间的串沟冲刷发展，平均冲刷约5～7m。

3.3.3.3　弯曲分汊型河道

（1）年际间双汊河段主支汊呈单向非周期性变化。这类演变特征多发生于弯曲型分汊河段，其特点为主汊继续发展而支汊不断萎缩，或并岸并洲后的双汊河段支汊发展为主汊，并进一步得到发展。这些分汊河段的发展总体来说是单向的，在宏观上延续历史演变规律。长江下游呈现该演变特征的典型弯曲分汊型河道如马鞍山江心洲汊道。19世纪末，马鞍山江心洲已并洲，该汊道基本形成双汊河段，但两汊内均有其他一些小洲滩。当时右汊进口较宽，处于主汊地位。到20世纪30年代，左汊通过并岸并洲，河道成为主汊；右汊内还有泰兴洲、陈家圩洲等数个较大的江心洲，为支汊。到40—50年代，通过泰兴洲基本并入江心洲和陈家圩的并岸，右汊进一步束窄，成为更小的支汊。从60—70年代的分流比变化来看，江心洲右汊分流比从9.6%减小至6.7%。以上说明通过江心洲历史上的并岸并洲，右汊是从主汊演变为支汊，之后又不断变为更小的支汊，体现了单向兴衰的演变过程。

太平洲汊道也呈现出较明显的主支汊呈单向非周期性变化。在20世纪初期，太平洲汊道的许多洲滩均已并洲并岸，进一步呈现左主、右支的双汊形势。到20世纪50年代，左主右支的双汊河段格局更加明显，在左汊内沿程有依附于弯道凸岸的落成洲，依附于左岸的永安洲、天星洲，依附于右岸的砸子洲和录安洲；右汊基本为蜿蜒型，仅在中部急弯处有一小江心洲。50—60年代尽管太平洲汊道左汊嘶马段崩岸剧烈，平面变形较大，但左、右汊分流格局仍比较稳定。历史演变分析表明，太平洲汊道左汊内洲滩冲淤变化较大。

呈现该演变特征的弯曲分汊河道还有梅子洲汊道、世业洲汊道以及落成洲汊道等。

（2）年内分汊河段汊道内滩槽冲淤呈周期性变化。对于进口段较为顺直、存在浅滩或心滩、向下游至中游段为深槽靠近凹岸、凸岸为大边滩的弯道段，出口段为曲率较大、与汇流深槽相衔接的窄深段，在弯道平面形态相对稳定的情况下，以上地貌一般都具有深槽"洪冲枯淤"和浅滩、心滩、边滩"洪淤枯冲"的特性。但当弯道处于平面位移状态时，深槽的冲刷向弯道凹岸拓展，使岸坡变陡，常在汛期、汛后造成崩岸，凸岸边滩在汛期淤积，在枯期因断面扩大也不致冲刷，甚至还转为淤积，这样就使凸岸边滩处于持续淤积状态。当弯道崩岸速度较大，凸岸得不到泥沙来量以补充边滩展宽时，此时形成分汊水流而滋生心滩，进而还可能成为江心洲。而在该种情况下，汊道演变就不是上述年内周期性冲淤变化特征，属于单向演变。

3.3.3.4　鹅头分汊型河道

（1）鹅头分汊型河道的演变具有周期性的特征。鹅头型分汊河道一个演变周期基本上遵循江心洲出现洲头低滩切割形成心滩-壮大-归并-再次切割或者新生汊的产生-扩大-平移-衰亡的规律。如长江下游芜裕河段陈家洲的演变（图 3.31）。20 世纪 60 年代，陈家洲汊道从上到下依次分布曹姑洲、新洲、陈家洲，新洲与陈家洲之间为陈捷水道，曹姑洲与新洲之间为曹捷水道。两水道鼎盛期，陈家洲左汊 90％以上的水流都经两捷水道汇入陈家洲右汊，而陈家洲左汊弯道段处于衰退状态，分流比逐渐减小，1968 年 12 月还一度出现断流现象。1973 年大水，由于大水趋直的作用，水流切开陈家洲汊道弯道段，北水道冲刷发展。由于弯道环流的作用，大量泥沙淤积在滩面，曹姑洲、新洲、陈家洲合并成为一个整体，北水道进一步发展、河床冲深。20 世纪 80 年代，曹姑洲洲头又有新切割的新洲和新曹姑洲。1986 年后，陈家洲逐渐向下淤长，上游新曹姑洲则不断的淤积发展。至 2012 年，该槽已成为一个由左汊进入右汊的较大中汊，新曹姑洲也显著增大至面积为 3.6km² 的洲体，且新曹姑洲洲头低滩呈向上游延伸的态势，存在新切割的可能性。总的来说，陈家洲汊道段洲滩呈现周期性变化，即曹姑洲洲体向下移动，并入陈家洲，洲头切割并淤积发展形成新的曹姑洲。

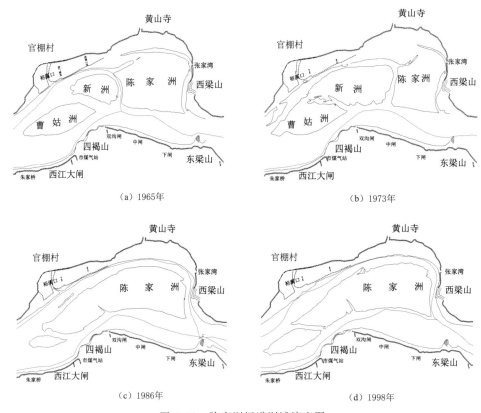

图 3.31　陈家洲汊道洲滩演变图

（2）鹅头分汊型河道崩岸、切滩时有发生，主支汊交替转化。鹅头型汊道形成与发育过程中，凹岸边滩不断冲刷，凸岸泥沙堆积，在一定条件下，就会发生切滩过程（刘中惠，1993 年），如长江下游镇扬河段和畅洲汊道近年来主支汊两次易位（图 3.32）。20 世纪 50—60 年代初，和畅洲汊道由左主右支发展为左右汊相对均衡的分流格局。之后，随

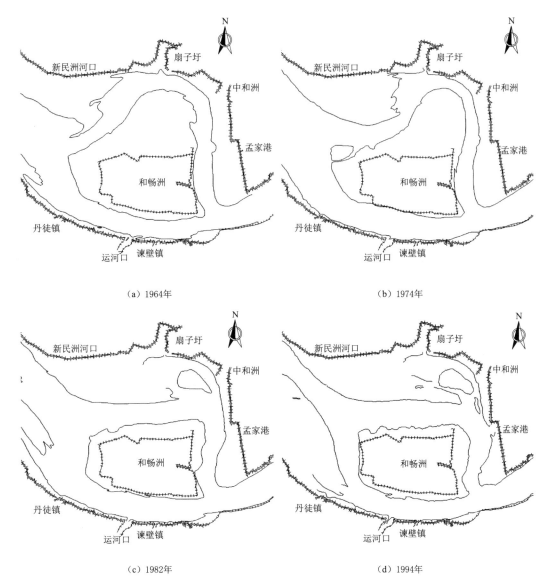

(a) 1964年　　　　　　　　　　　　　　(b) 1974年

(c) 1982年　　　　　　　　　　　　　　(d) 1994年

图 3.32　和畅洲汊道洲滩演变图

着上游六圩弯道的不断发展，和畅洲汊道分流也在相应变化。到 60 年代末，和畅洲头不仅不再受顶冲，而且洲头以上与洲头右侧淤出一片滩地，左汊则已由弯曲形态变成长度较长且曲率较大的鹅头型支汊。和畅洲右汊分流比逐渐增大成为主汊，到 1974 年，和畅洲右汊分流比接近 75%。20 世纪 70 年代末，和畅洲左汊鹅头型边滩上的倒套串沟被切滩水流裁直贯通，裁直后的新河与鹅头曲折河长之比为 1:3，新河比降骤然增大，使左汊产生突变。由于新河扩大泄流，左汊分流比猛增；新河迅速扩大并取直，流程缩短，和畅洲左汊分流比在 8 年内以每年增大 3.5% 的速度发展，1984 年实施洲头及其右侧防护工程后，一度纾缓了左汊的发展速率，但不久又快速发展，至 1986 年左汊的分流比超过 50%。之后，左汊分流比继续增加，汊道主支汊易位，至 90 年代末，分流比已达 70% 左右（图 3.33）。

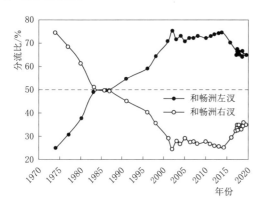

图 3.33　和畅洲左右汊分流比变化图

（3）鹅头分汊型河道演变受进口节点挑流作用强弱变化的影响。鹅头分汊型河道进口矶头的挑流作用为鹅头型分汊河道提供了水动力条件。当河道水流由单一段进入分汊段口门时，主流开始出现分歧，对于长江中下游突起的单侧节点位于河槽右岸的地貌特征，水流分歧的结果使得一部分水流遵循节点的导流方向继续向左运动，另一部分水流仍依附于发生转折的右岸边界运动，这两部分水流互相依存、互相制约、互为消长（冷魁等，1994 年）。如安庆河段官洲汊道段的演变受吉阳矶挑流作用的强弱影响较大。20 世纪 60 年代以前，吉阳矶挑流作用较强，官洲头受冲崩退，新长洲形成并逐渐发展壮大，新长洲与清节洲之间汊道为新中汊；20 世纪 60—70 年代，吉阳矶的挑流作用相对较弱，西江过流能力降低，口门淤浅，入流条件进一步恶化，于 1979 年 1 月实施了口门封堵工程；20 世纪 80 年代，吉阳矶挑流作用较强，加上西江封堵的影响，新中汊发展很快；20 世纪 90 年代后，吉阳矶的挑流作用减弱，水流冲刷新长洲左缘，东江入流顺畅，分流比逐步增加至 75% 左右。

参 考 文 献

昂正娇，2018. 长江岸带马鞍山段河道变迁与岸崩形成机理研究 [J]. 安徽理工大学学报：自然科学版，(2)：72 - 76.

白昌红，2007. 清代长江下游（江苏、安徽段）经济开发与生态环境变迁 [D]. 成都：西南大学.

曹光杰，2008. 末次盛冰期以来长江江苏段河道演变与现代冲淤分析 [D]. 济南：山东人民出版社.

陈吉余，虞志英，恽才兴，1988. 长江河口动力过程和地貌演变 [M]. 上海：上海科学技术出版社.

董明，2015. 唐代中叶至北宋末年皖江地区经济发展研究 [D]. 上海：上海师范大学.

樊咏阳，张为，韩剑桥，等，2017. 三峡水库下游弯曲河型演变规律调整及其驱动机制 [J]. 地理学报，72 (3)：420 - 431.

房利，惠富平，2014. 明清时期长江流域的开垦及其生态影响——以安徽芦洲开垦为例 [J]. 甘肃社会科学，(5)：156 - 159.

高进，1998. 长江河口的演变规律与水动力作用 [J]. 地理学报，53 (3)：264 - 268.

郭念发，1996. 下扬子盆地与区域地质构造演化特征及油气成藏分析 [J]. 浙江地质，12 (2)：19 - 27.

郭小虎，李义天，渠庚，等，2014. 三峡工程蓄水后长江中游泥沙输移规律分析 [J]. 泥沙研究，(10)：11 - 17.

洪笑天，马绍嘉，郭庆伍，1987. 弯曲河流形成条件的实验研究 [J]. 地理科学，7 (1)：35 - 43.

黄国鲜，2006. 弯曲和分汊河道水沙输运及其演变的三维数值模拟研究 [D]. 北京：清华大学.

黄金池，1997. 黄河水沙河床演变过程平面二维数学模型研究 [D]. 北京：中国水利水电科学研究院.

黄胜，1986. 长江河口演变特征 [J]. 泥沙研究，(4)：1 - 12.

刘亚，李义天，卢金友，2015. 鹅头分汊河型河道演变时空差异研究 [J]. 应用基础与工程科学学报，23（4）：705-714.

刘中惠，1993. 长江中下游鹅头型汊道演变及治理 [J]. 人民长江，（12）：31-37.

冷魁，罗海超，1994. 长江中下游鹅头型分汊河道的演变特征及形成条件 [J]. 水利学报，（10）：82-89.

假冬冬，2010. 非均质河岸河道摆动的三维数值模拟 [D]. 北京：清华大学.

李从先，郭蓄民，许世远，等，1979. 全新世长江三角洲地区砂体的特征和分布 [J]. 海洋学报（中文版），1（2）：252-268.

李宁波，曾勇，吴忠明，2013. 长江河段七弓岭弯道主流撇弯原因初探 [J]. 人民长江，44（1）：22-25.

李向阳，朱乐奎，陈东，等，2018. 藕节辫状河发育和演变过程的试验研究 [J]. 水科学进展，29（6）：810-819.

余文畴，卢金友，2005. 长江河道演变与治理 [M]. 北京：中国水利水电出版社.

罗海超，1989. 长江中下游分汊河道的演变特点及稳定性 [J]. 水利学报，（6）：10-19.

钱宁，1985. 关于河流分类及成因问题的讨论 [J]. 地理学报，40（1）：1-9.

渠庚，许辉，唐文坚，等，2011. 三峡水库运用后荆江河道断面形态变化及对航道条件的影响 [J]. 水运工程，12（461）：117-122.

曲文谦，闫立艳，张小峰，等，2009. 长江中游监利河段崩岸数值模拟. 武汉大学学报（工学版），42（2）：158-162.

沈玉昌，1965. 长江上游河谷地貌 [M]. 北京：科学出版社.

施和金，2007. 江苏长江岸线的历史变迁与沿江开发应注意的问题 [J]. 历史地理，22：212-219.

孙仲明，1983. 历史时期长江中下游河道变迁模式 [J]. 科学通报，（12）：44-47.

覃莲超，余明辉，谈广鸣，等，2009. 河湾水流动力轴线变化与切滩撇弯关系研究 [J]. 水动力学研究与进展，24（1）：29-35.

唐日长，1963. 蜿蜒性河段成因的初步分析和造床实验研究 [J]. 地理学报，29（2）：13-21.

王国卿，白玉川，2011. 不同入射角对河流弯曲演变的影响 [J]. 水利与建筑工程学报，9（5）：45-48.

王艳红，2014. 20世纪以来关于明清时期长江下游自然灾害史研究综述 [J]. 安徽农业科学，（6）：287-290，303.

王永忠，陈肃利，2009. 长江口演变趋势研究与长远整治方向探讨 [J]. 人民长江，40（8）：21-24.

翁世劼，孔庆寿，1981. 长江下游地区中生代构造活动与岩浆作用 [J]. 地球学报，3（1）：1-20.

吴华林，沈焕庭，茅志昌，2004. 长江口南北港泥沙冲淤定量分析及河道演变 [J]. 泥沙研究，（3）：75-80.

武小勇，茅志昌，虞志英，等，2006. 长江口北港河势演变分析 [J]. 泥沙研究，（2）：46-53.

夏军强，2002. 河岸冲刷机理研究及数值模拟 [D]. 北京：清华大学.

谢谦城，苗伟波，戴文鸿，等，2016. 水沙变化条件下黄河下游连续弯段水流特性研究 [J]. 水资源与水工程学报，27（4）：157-161，168.

谢元鲁，1995. 长江流域交通与经济格局的历史变迁 [J]. 中国历史地理论丛，（1）：27-44.

熊万英，2005. 末次盛冰期以来南京以下长江河道的特征及演变 [D]. 南京：南京师范大学.

陈吉余，沈焕庭，恽才兴，等，1988. 长江河口动力过程和地貌演变 [M]. 上海：上海科学技术出版社：404-418.

许栋，白玉川，谭艳，2011. 无黏性沙质床面上冲积河湾形成和演变规律自然模型试验研究 [J]. 水利学报，42（8）：918-927.

闫立艳，张小峰，段光磊，等，2009. 移动坐标下考虑弯道横向输沙及河岸变形的平面二维数学模型 [J]. 中国农村水利水电，（1）：11-14.

杨怀仁，韩同春，杨达源，等，1983. 长江下游晚更新世以来河道变迁的类型与机制 [J]. 南京大学学报：自然科学，(2)：341－350.

杨世伦，贺松林，谢文辉，1998. 长江口九段沙的形成演变及其与南北槽发育的关系 [J]. 海洋工程，(4)：56－66.

姚仕明，黄莉，卢金友，2011. 三峡与丹江口水库下游河道河型变化研究进展 [J]. 人民长江，42 (5)：5－10.

要威，李义天，许多，等，2009. 游荡型河段水沙数学模型研究 [J]. 人民长江，40 (5)：45－48.

尹学良，1965. 弯曲性河流形成原因及造床试验初步研究 [J]. 地理科学，31 (4)：287－303.

印志华. 从出土文物看长江镇扬河段的历史变迁 [J]. 东南文化，1997 (4)：13－19.

应铭，李九发，虞志英，等. 长江河口中央沙位移变化与南北港分流口稳定性研究 [J]. 长江流域资源与环境，2007 (4)：476－481.

尤联元，1984. 分汊型河床的形成与演变——以长江中下游为例 [J]. 地理研究，3 (4)：12－24.

余明辉，郭晓，2014. 崩塌体水力输移与塌岸淤床交互影响试验 [J]. 水科学进展，25 (5)：677－683.

余文畴，卢金友，2005. 长江河道演变与治理 [M]. 北京：中国水利水电出版社.

余文畴，1994. 长江中下游河道水力和输沙特性的初步分析：初论分汊河道形成条件 [J]. 长江科学院院报，11 (4)：16－22，56.

岳红艳，姚仕明，朱勇辉，等，2014. 二元结构河岸崩塌机理试验研究 [J]. 长江科学院院报，31 (4)：26－30.

恽才兴，2004. 长江河口近期演变基本规律 [M]. 北京：海洋出版社.

张迪祥，孙平，1992. 长江流域人口与环境关系的历史变迁 [J]. 经济评论，(6)：69－73.

张红武，钟德钰，张俊华，等，2009. 黄河游荡型河段河势变化数学模型 [J]. 人民黄河，31 (1)：20－22.

张俊勇，陈立，王志国，2006. 河流自然模型试验时效的研究 [J]. 水利学报，37 (3)：365－370.

张瑞瑾，谢鉴衡，陈文彪，等，2007. 河流动力学 [M]. 武汉：武汉大学出版社.

长江科学院，2019. 长江干流安庆至南京段黄金水道建设对河势控制与防洪影响分析及对策措施报告 [R]. 武汉：长江科学院.

赵凌飞，2014. 六朝江南水利事业与经济社会变迁 [D]. 南昌：江西师范大学.

钟德钰，张红武，2004. 考虑环流横向输沙与河岸变形的平面二维扩展数学模型 [J]. 水利学报，(7)：14－20.

周宏伟，1999. 历史时期长江清浊变化的初步研究 [J]. 中国历史地理论丛，(4)：21－39，249－250.

周祥恕，刘怀汉，黄成涛，等，2013. 下荆江莱家铺弯道河床演变及航道条件变化分析 [J]. 人民长江，44 (1)：26－29.

第4章

"清水冲刷"下长江下游河道发育趋势预测

本章采用动床河工模型试验和一维与二维水沙非恒定流数学模型计算预测了长江下游干流河道总体发育趋势，以及安庆、马鞍山、镇扬和长江口等典型河段发育趋势，为后续长江下游河段治理提供参考。

4.1 长江下游干流河道总体发育趋势预测

长江上游干支流控制性水库运用后，三峡水库出库泥沙大幅度减少，含沙量也相应减少，出库泥沙级配变细，导致坝下游河床发生剧烈冲刷。对于卵石或卵石夹沙河床，冲刷使河床发生粗化，并形成抗冲保护层，促使强烈冲刷向下游转移；对于沙质河床，因强烈冲刷改变了断面水力特性，水深增加、流速减小、水位下降、比降变缓等各种因素都将抑制本河段的冲刷作用，使强烈冲刷向下游发展。因此，在三峡蓄水后"清水下泄"背景下，长江下游沿程在现状及未来一定时期内将面临河道总体呈冲刷下切的形势。

采用了一维水沙数学模型，分别针对长江下游湖口至大通段、大通至徐六泾段在三峡工程蓄水后新水沙条件下的河道总体发育趋势进行了计算模拟预测，结果表明长江下游河道在未来一定时期内总体呈冲刷趋势。

4.1.1 湖口至大通段

4.1.1.1 模型建立与计算条件

本次计算采用三峡坝下长江中下游整体河道冲淤计算其中湖口至大通段的预测成果，该水沙数学模型的模拟范围为：长江干流宜昌至大通河段、三口洪道、四水尾闾控制站以下河段及洞庭湖湖区、鄱阳湖湖区（图4.1）。

模型上边界宜昌站、湘资沅澧四水的控制站以及赣饶信抚修五河的控制站给定流量和含沙量过程，下边界大通站给定水位流量关系。

（1）基本方程。

水流连续方程： $$\frac{\partial Q}{\partial x} + B\frac{\partial Z}{\partial t} = q_l \qquad (4.1)$$

水流运动方程： $$\frac{\partial Q}{\partial t} + \frac{\partial}{\partial x}\left(\alpha'\frac{Q^2}{A}\right) + gA\frac{\partial Z}{\partial x} + gAJ_f = 0 \qquad (4.2)$$

悬移质不平衡输沙方程： $$\frac{\partial(QS)}{\partial x} + \frac{\partial(AS)}{\partial t} = -\alpha B\omega(S - S_*) \qquad (4.3)$$

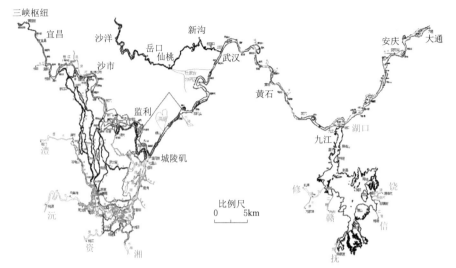

图 4.1　湖口至大通段所用长江中下游整体水沙数学模型范围示意图

河床变形方程：
$$\gamma'\frac{\partial A_s}{\partial t}+\frac{\partial(AS)}{\partial t}+\frac{\partial(QS)}{\partial x}=0 \tag{4.4}$$

式中：Z 为水位；Q 为流量；A 为过水面积；B 为水面宽度；q_l 为单位流程上的侧向入流量，$\mathrm{m^2/s}$；J_f 水力坡度，$J_f=\dfrac{Q|Q|}{K^2}$；S 和 S_* 分别为断面含沙量和水流挟沙力，$\mathrm{kg/m^3}$；A_s 为河床冲淤变形面积；α 为恢复饱和系数；ω 为沉速。

（2）节点连接方程。

流量守衡条件：
$$\sum_{i=1}^{l(m)}Q_i^{n+1}-Q_{cx}^{n+1}=Q_m^{n+1} \tag{4.5}$$

能量守恒条件：
$$Z_{i,1}^{n+1}=Z_{i,2}^{n+1}=\cdots=Z_{i,l(m)}^{n+1}=Z_i^{n+1} \tag{4.6}$$

输沙守衡条件：
$$\sum Q_{i,\mathrm{in}}S_{i,\mathrm{in}}=\sum Q_{j,\mathrm{out}}S_{j,\mathrm{out}}+A_0\frac{\partial Z_0}{\partial t} \tag{4.7}$$

式中：$l(m)$ 为某节点连接的河段数目；Q_i^{n+1} 为 $n+1$ 时刻各河段进（或出）节点的流量，其中流入该节点为正，流出该节点为负；Q_m^{n+1} 为 $n+1$ 时刻连接河段以外的流量（如源汇流等）；Q_{cx}^{n+1} 为 $n+1$ 时刻节点槽蓄流量；$Z_{i,1}^{n+1}$ 为 $n+1$ 时刻与节点 i 相连的第 1 条河段近端点的水位；Z_i^{n+1} 为 $n+1$ 时刻节点 i 的水位；$Q_{i,\mathrm{in}}$、$S_{i,\mathrm{in}}$ 分别为流进节点的第 i 条河道的流量、悬移质含沙量；$Q_{j,\mathrm{out}}$、$S_{j,\mathrm{out}}$ 分别为流出节点的第 j 条河道的流量、悬移质含沙量；Z_0 为节点处的淤积或冲刷厚度；A_0 为节点处的面积。

（3）求解方法的步骤如下：

第一步，采用河网节点水位三级解法，进行水流模型的求解。即先求关于节点的水位（或流量）的方程组，然后再求节点周围各断面的水位和流量，最后再求各河段上其他断面的水位和流量。

第二步，采用河网节点含沙量三级解法，进行泥沙模型的求解。即先求关于节点的平均含沙量的方程组，然后通过分沙比系数求得各河段首断面的含沙量，进而可以推求出各河段所有断面的含沙量。

第三步，进行河床冲淤变形及床沙调整计算。

4.1.1.2 模型验证

采用 2011 年 10 月至 2016 年 11 月干流及洞庭湖湖区地形、水文资料，对模型进行水流和冲淤的率定和验证。各上边界控制站采用相应时段的流量和含沙量实测过程，下边界采用大通站实测水位过程。对于鄱阳湖湖区，由于近年水沙资料不全，因此采用 1998—2010 年的水沙资料进行率定和验证。

1. 水流验证

通过对 2011—2016 年实测资料的演算，率定得到干流河道糙率的变化范围为 0.016～0.038，三口洪道和湖区糙率的变化范围为 0.014～0.055。部分验证成果见图 4.2。

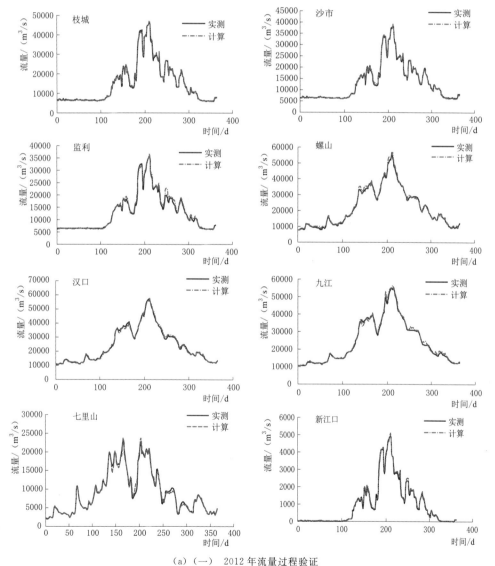

(a)（一）2012 年流量过程验证

图 4.2（一）2012 年流量和水位过程验证

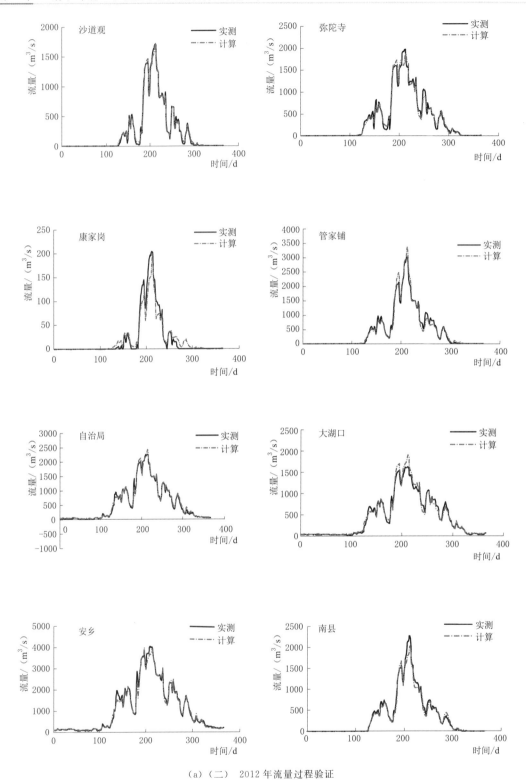

（a）（二） 2012 年流量过程验证

图 4.2（二） 2012 年流量和水位过程验证

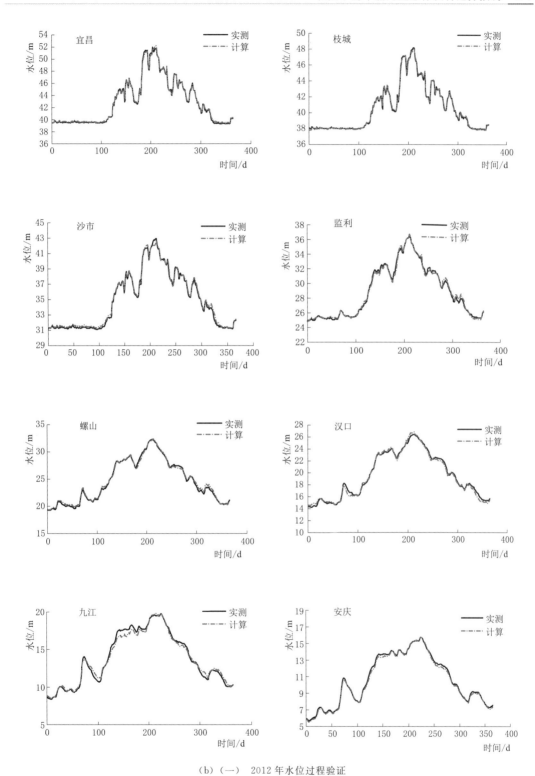

（b）（一） 2012 年水位过程验证

图 4.2（三） 2012 年流量和水位过程验证

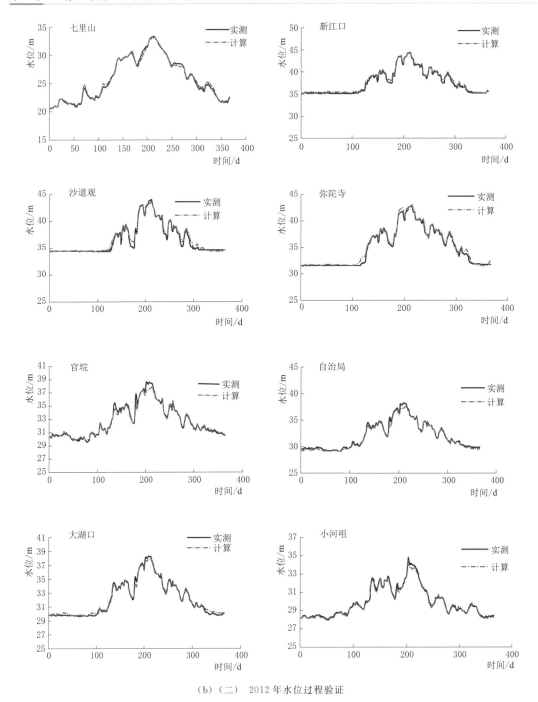

（b）（二） 2012 年水位过程验证

图 4.2（四） 2012 年流量和水位过程验证

由图 4.2 中的干流枝城、沙市、监利、汉口、九江及洞庭湖湖区出口七里山等站的水位流量关系、流量过程、水位过程验证成果图可知，计算结果与实测过程能较好地吻合，峰谷对应，涨落一致，模型能适应长江干流丰、平、枯不同时期的流动特征。

由图 4.2 中的三口洪道的新江口、沙道观、弥陀寺、康家岗、管家铺等控制站的水位、流量过程验证图可知，计算分流量与实测分流量基本一致，可以反映洪季过流枯季断流的现象，能准确模拟出三口河段的断流时间和过流流量，说明该模型能够较好的模拟出三口的分流现象。

由上述分析可知，模型所选糙率基本准确，计算结果与实测水流过程吻合较好，河网汊点流量分配准确，能够反映长江中下游干流河段、洞庭湖区复杂河网以及各湖泊的主要流动特征，具有较高的精度，可用于长江中下游河道和湖泊水流特性的模拟。

对于鄱阳湖，将1998年星子和屏峰模型计算水位与同期两站实测水位进行了对比，在模型率定良好的基础上，基于1999—2010实测水沙系列进行了验证计算，分别将星子和屏峰计算水位与两站同期的实测水位进行对比，由图4.3可见，模型计算的水位和流量与实测值符合良好。

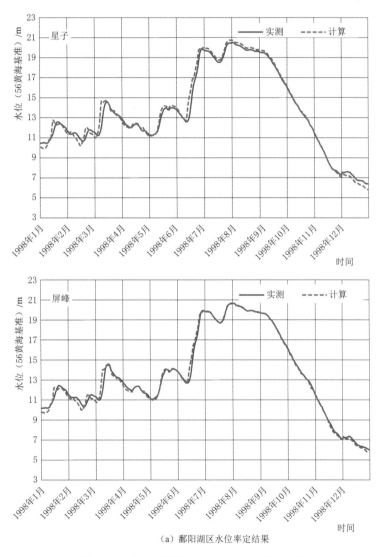

（a）鄱阳湖区水位率定结果

图4.3（一）　鄱阳湖区水位率定和验证结果

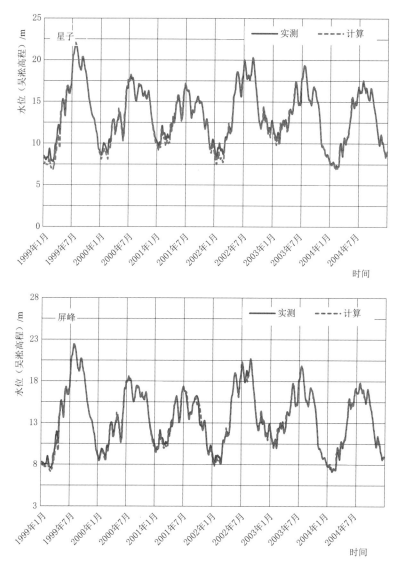

（b）鄱阳湖区水位验证结果

图 4.3（二） 鄱阳湖区水位率定和验证结果

2. 干流宜昌至大通河段冲淤验证

据长江委水文局实测资料统计，2011 年 10 月至 2016 年 11 月，宜昌至大通河段累计冲刷 12.64 亿 m^3；其中宜昌至藕池口河段冲刷 2.99 亿 m^3，藕池口至城陵矶河段冲刷 0.94 亿 m^3，城陵矶至汉口河段冲刷 3.76 亿 m^3，汉口至湖口河段冲刷 2.80 亿 m^3，湖口至大通河段冲刷 2.16 亿 m^3。

采用该模型进行同时期的河床冲淤验证计算。宜昌至大通河段、荆江三口及湖区的起始地形均采用 2011 年 10 月实测地形。结果表明（表 4.1），2011 年 10 月至 2016 年 11 月，验证计算的宜昌至大通河段冲淤量为 10.61 亿 m^3，较实测值略小，相对误差为 −16.1%。总体看来：本模型能较好地反映各河段的总体变化，各分段计算冲淤性质与实测一致，计算值与实测值的偏离尚在合理范围内。因此，利用本模型进行长江中下游干流河段的冲淤演变预测是可行的。

表 4.1 长江干流宜昌至大通河段一维水沙数模冲淤验证表

河段	冲淤量/万 m³		相对误差 /%
	实测值（2011 年 11 月—2016 年 11 月）	计算值（2012—2016 年）	
宜昌—枝城	−2652	−2292	−13.6
枝城—藕池口	−27202	−22096	−18.8
藕池口—城陵矶	−9406	−9794	4.1
城陵矶—武汉	−37595	−27256	−27.5
武汉—湖口	−28017	−25036	−10.6
湖口—大通	−21569	−19645	−8.9
宜昌—大通	−126441	−106119	−16.1

3. 荆江三口洪道和洞庭湖湖区冲淤验证

根据 2011 年、2016 年三口洪道实测地形图，统计得出 2011—2016 年荆江三口洪道的平滩河槽冲刷量为 1.0435 亿 m³，其中松滋河、虎渡河、藕池河、松虎洪道均表现为冲刷，冲刷量分别为 0.6974 亿 m³、0.421 亿 m³、0.1978 亿 m³、0.1062 亿 m³。

经现场调查发现，在三口洪道内，尤其是松滋口河道内存在大量的采砂活动，其中进口段在 2011—2016 年期间受人类采砂活动影响，断面大幅下切，2011—2016 年松 03～松 8 断面间采砂影响量约为 2654 万 m³，若扣除采砂影响，松滋洪道平滩河槽冲刷量为 4320 万 m³。在模型验证过程中应考虑扣除部分冲刷量。

由于缺乏洞庭湖湖区 2016 年实测地形，难以准确统计 2011—2016 年的湖盆区实测冲淤量成果，故采用输沙量法进行估算。

据洞庭湖来水来沙特征值统计（表 4.2），在 2011—2016 年期间，荆江三口年均入湖沙量为 564 万 t，洞庭湖四水入湖沙量约 783 万 t，年均出湖沙量为 2440 万 t；在不考虑湖区区间来沙的情况下，全洞庭湖（含荆江三口洪道、四水尾闾及湖盆区）泥沙年均冲刷量为 1093 万 t。

表 4.2 洞庭湖区来水来沙特征值统计（年均值）

时段	年均入湖水量/亿 m³		年均出湖水量 /亿 m³	年均入湖沙量/万 t		年均出湖 沙量/万 t	全湖区的总 冲淤量/万 t
	三口	四水		三口	四水		
2006—2016 年	482	1613	2402	917	836	1964	−211
2006—2011 年	475	1492	2229	1079	865	1654	290
2011—2016 年	493	1832	2714	564	783	2440	−1093
2017 年	456	1839	2776	180	1236	1610	−194

按泥沙干密度 1.325 万 t/m³ 计算，推算出 2011—2016 年全洞庭湖的冲刷总量为 4125 万 m³，扣除地形法计算得到的荆江三口洪道平滩河槽冲刷总量 10435 万 m³，因此

推算出 2011—2016 年四水尾闾及湖盆区泥沙淤积总量为 6310 万 m³（表 4.3）。

表 4.3   洞庭湖湖盆区冲淤量推算（累计值）

时段	全湖区/万 m³	荆江三口洪道/万 m³	四水尾闾及湖盆区/万 m³
2006—2016 年	−2229	−15667	13438
2006—2011 年	1968	−5232	7200
2011—2016 年	−4125	−10435	6310
2017 年	−146	239	−385

注　1. 全湖区（含荆江三口、湖盆区）冲淤量根据输沙量法估算得到；
　　2. 荆江三口洪道冲淤量（平滩河槽）由地形法统计得到。

经河床冲淤验证计算（表 4.4），2011—2016 年荆江三口洪道冲刷量计算值为 7595 万 m³，比实测值偏少 2.4%；四水尾闾及湖盆区淤积量计算值为 6401 万 m³，比实测值偏多 1.4%；全湖区淤积量计算值为 1194 万 m³，比实测值偏少 18.8%。各分段相对误差在 20% 以内，总体都在规范要求范围内。

表 4.4   荆江三口洪道及洞庭湖湖区冲淤验证表（2011 年 10 月—2016 年 11 月）

河段	冲　淤　量/万 m³			相对误差/%
	实测值	实测值（扣除采砂）	计算值	
松滋河	−6974	−4320	−4526	3.8
虎渡河	−421	−421	−461	9.6
藕池河	−1978	−1978	−1634	−17.4
松虎洪道	−1062	−1062	−974	−8.3
三口总计	−10435	−7781	−7595	−2.4
四水尾闾及湖盆区	6310	6310	6401	1.4
全湖区（含三口洪道）	−4125	−1471	−1194	−18.8

注　松滋口实测冲淤量中已扣除采砂量 2654 万 m³。

总体看来，本模型能较好地反映各河段的总体变化，各分段计算冲淤性质与实测一致，计算值与实测值的偏离尚在合理范围内。因此，利用本模型进行长江中下游江湖冲淤演变的预测是可行的。

4. 鄱阳湖湖区冲淤验证

在 1998 年和 2010 年对鄱阳湖进行了两次断面观测，断面沿程布设如图 4.4 所示。模型验证如图 4.5 所示，鄱阳湖区 1998—2010 年间 1～14 号断面之间冲刷为 0.72 亿 m³，约合 1.0 亿 t，在 1～17 号断面之间的冲刷为 0.98 亿 m³，约合 1.32 亿 t，这与同期湖口实测出湖泥沙总量 1.48 亿 t 相近；15−1～28 号断面之间的淤积为 0.68 亿 m³，约合 0.92 亿 t，这与同期实测的五河入湖泥沙总量 0.93 亿 t 相近；河网模型计算湖区冲刷总量为 0.48 亿 t，与以实测输沙量算得的 0.55 亿 t 相近。

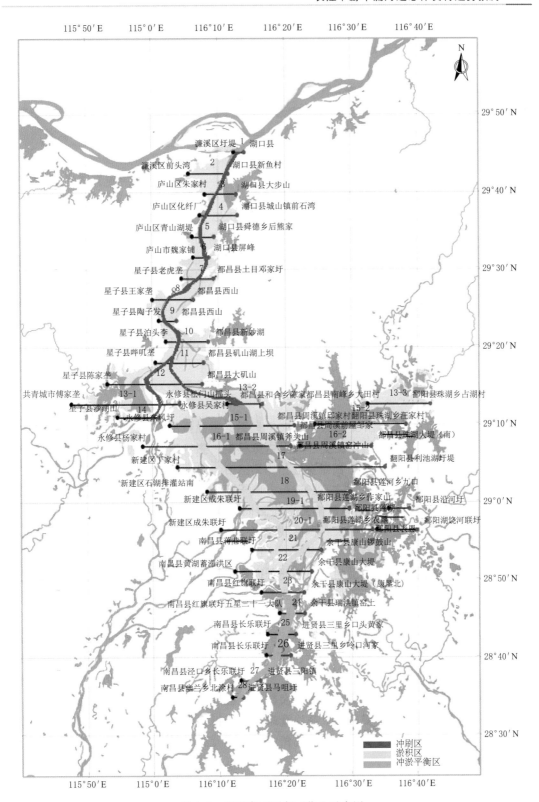

图 4.4　鄱阳湖观测断面位置示意图

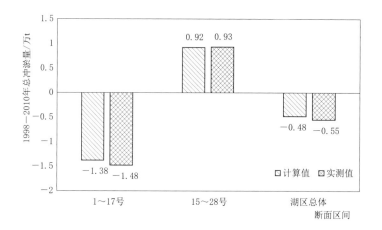

图 4.5　模型计算鄱阳湖区冲淤量验证结果

总体看来：本模型能较好地反映鄱阳湖的总体变化，计算冲淤性质与实测一致，计算值与实测值的偏离尚在合理范围内。因此，利用本模型进行长江中下游江湖冲淤演变的预测是可行的。

4.1.1.3　河道发育趋势预测

1. 计算条件

在该模型中采用宜昌站水沙条件控制模型进口边界条件，采用大通站水沙条件控制模型出口边界条件。其中，宜昌站是长江中下游干流来水来沙的主要控制站，汉江、洞庭湖四水、鄱阳湖五河等较大的支流也是进入干流河道的水沙来源，需要结合各干支流控制站的水沙特征，并考虑未来的变化趋势，综合比较选取长江中游江湖关系预测的典型系列年。

关于三峡水库运用后长江中下游河道的冲淤预测工作一直在持续开展，从三峡工程初步设计阶段开始，不断根据自身以及上游水库的建设与运用进程进行了不同条件的预测。同时，考虑各时段各阶段的河道来水来沙情况，先后采用 1961—1970 年实测系列、1991—2000 年实测系列，以及考虑上游控制性水库群的 1991—2000 年水沙系列等开展了三峡及上游水库的泥沙淤积及坝下游河道冲刷的相关研究。

经比较，选择了三个典型系列年进行对比：1991—2000 年实测系列、三峡水库蓄水运用初期的 2006—2012 年实测系列、试验性蓄水以来的 2008—2017 年实测系列。分析如下：

不同时段主要控制站的年均径流量和输沙量分别见表 4.5、表 4.6 及图 4.6～图 4.9。由图表可知，宜昌站 2002 年前多年平均径流量为 4369 亿 m^3，多年平均输沙量为 3.92 亿 t。三峡水库蓄水运用的 2003 年之后，受长江上游干支流来水来沙大幅减少等影响，三峡入库的水沙量均有所减少，进而导致长江中下游来沙量呈明显减少趋势，随着三峡上游梯级水库群的逐步建成运用，三峡水库入出库泥沙在一定时期内总体会呈进一步减少趋势。

表4.5　　　　　　不同时段主要控制站年均径流量变化表　　　　　　单位：亿 m³

序号	类别	时段	宜昌	汉江	洞庭湖四水	荆江三口	七里山	湖口
1	蓄水前	2002 年以前	4369	387	1663	905	2964	1520
2	蓄水后	2006—2017 年	4048	359	1628	480	2427	1512
3	近年来	2016—2017 年	4187	274	1839	453	2698	1725
4	典型年 1	1991—2000 年	4336	318	1850	646	2857	1769
5	典型年 2	2006—2012 年	3978	401	1523	475	2292	1405
6	典型年 3	2008—2017 年	4103	339	1670	474	2490	1563

表4.6　　　　　　不同时段主要控制站的年均输沙量变化表　　　　　　单位：万 t

序号	类别	时段	宜昌	汉江	洞庭湖四水	荆江三口	七里山	湖口
1	蓄水前	2002 年以前	49200	2150	2680	12340	3950	945
2	蓄水后	2006—2017 年	3583	1207	863	848	1913	1171
3	近年来	2016—2017 年	1098	403	905	352	2335	1037
4	典型年 1	1991—2000 年	41722	1357	2062	7525	2657	648
5	典型年 2	2006—2012 年	4825	1609	842	1079	1702	1239
6	典型年 3	2008—2017 年	2036	839	777	564	2129	1025

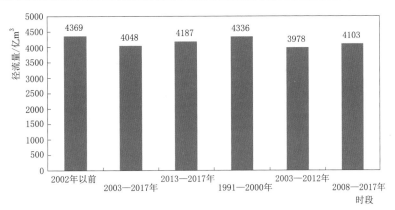

图 4.6　不同时段宜昌站年均径流量变化

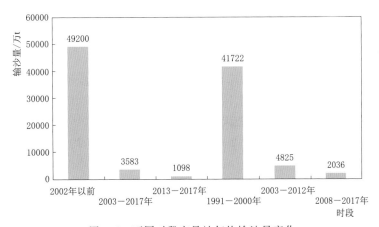

图 4.7　不同时段宜昌站年均输沙量变化

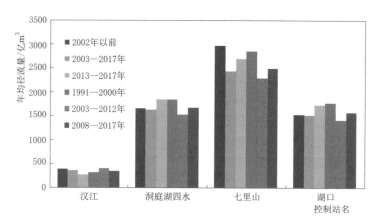

图 4.8 不同时期主要支流年均径流量变化

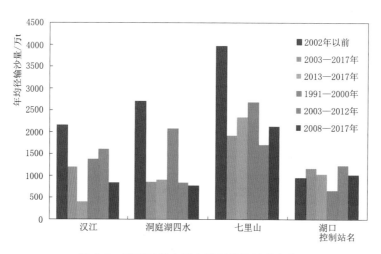

图 4.9 不同时期主要支流年均输沙量变化

从径流量变化趋势来看,三峡水库蓄水运用以来宜昌站来流量略有减少,2006—2017年多年平均径流量为 4048 亿 m³,相对 2002 年前均值减少了 7%。三个比较典型系列年 1991—2000 年、2006—2012 年、2008—2017 年的年径流量差别不大,分别为 4336 亿 m³、3978 亿 m³、4103 亿 m³;相对 1950—2002 年多年均值分别减少 0.8%、8.9%、6.1%。

从输沙量变化趋势来看,三峡水库蓄水运用以来宜昌站来沙量大幅减少。2006—2017年多年平均输沙量为 3583 万 t,相对 1950—2002 年均值减少了 92.7%。三个典型系列年中 1991—2000 年的年均输沙量相对较大,天然情况下约为 41722 万 t,相对蓄水前减少了 15.2%。三个典型年相对 1950—2002 年输沙量的多年均值分别减少 15.2%、90.2%、95.9%。

从其他主要支流变化情况看:不同时段各支流来水来沙情况有所不同,总体来说,三峡水库蓄水运用以来,尤其是近几年,汉江、洞庭湖四水、七里山的来沙量是呈减少趋势。

　　鉴于上游水库逐步正常运行、水土保持和生态环境状况趋好等因素影响，认为今后短时期内三峡出库泥沙总体上可能维持现状或有所减少，因此水沙系列宜在三峡水库蓄水运用 2003 年之后的年份中选取。另外，三峡水库从 2008 年进入 175m 试验性蓄水期，其水库调度方式在近期具有代表性，调度后的水沙过程可反映当前实际。

　　因此，选取 2008—2017 年实测水沙系列为预测计算的典型系列年。

　　对于鄱阳湖，由于 2008—2017 年的水沙资料不完整，仍然采用了 1991—2000 年水沙系列。表 4.7、表 4.8 给出了鄱阳湖 1991—2010 年五河入湖、湖口出湖的水沙特征值。图 4.10 给出了 1991—2010 年鄱阳湖五河入湖水沙量的变化过程线，图 4.11 给出了 1991—2010 年鄱阳湖湖口出湖水沙量的变化过程线。

表 4.7　　　　　　鄱阳湖五河入湖水沙特征值（1991—2010 年实测）

类　别	年　统　计			1—3 月和 9—12 月			
	径流量 /亿 m³	输沙量 /万 t	含沙量 /(kg/m³)	输水量 /亿 m³	占全年 /%	输沙量 /万 t	占全年 /%
1991—2000 年平均	1427.8	1156.0	0.081	493.3	33.62	249.9	21.62
2001—2010 年平均	1154	616	0.053	401	33.74	119	19.37

表 4.8　　　　　　鄱阳湖湖口出湖水沙特征值（1991—2010 年实测）

类　别	年　统　计			1—3 月和 9—12 月（非汛期）			
	径流量 /亿 m³	输沙量 /万 t	含沙量 /(kg/m³)	输水量 /亿 m³	占全年 /%	输沙量 /万 t	占全年 /%
1991—2000 年平均	1768.6	622.4	0.035	707.36	40.00	432.8	69.53
2001—2010 年平均	1434	1285	0.090	590	41.15	827	63.36

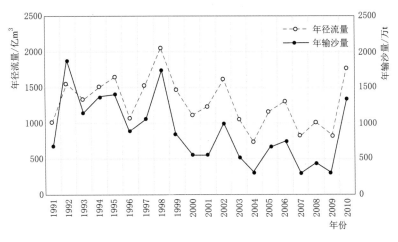

图 4.10　鄱阳湖五河入湖水沙量变化过程线

　　计算范围包括长江中游干流宜昌至下游干流大通河段以及洞庭湖区、鄱阳湖区。根据已收集到最新河道地形资料，各区域河道计算起始地形分别为：干流宜昌至大通采用

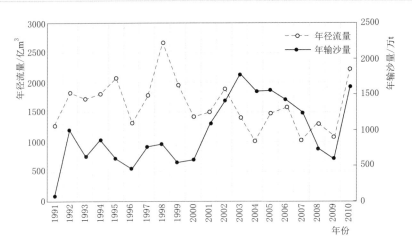

图 4.11　鄱阳湖湖口出湖水沙量变化过程线

2016 年 11 月实测河道地形图；松滋河口门段及松西河采用 2016 年 11 月实测地形，太平口及藕池口口门河段采用 2015 年 12 月实测地形，其他洪道及洞庭湖湖区采用 2011 年实测地形，四水尾闾采用 1995 年实测断面，鄱阳湖湖区采用 2010 年实测地形。

　　2. 预测结果分析

　　针对长江下游湖口至大通段，选取 2008—2017 年大通站实测水沙系列，自 2017 年起算进行未来 50 年河道冲淤变化计算预测。第 50 年末，河段总冲刷量达 6.83 亿 m³，按平均河宽 2000m 计，河床平均冲刷下切约 1.67m；其间第 10 年末、第 20 年末、第 30 年末、第 40 年末湖口至大通段冲刷量分别为 1.37 亿 m³、2.19m³、3.42m³、5.26m³，计算预测结果见表 4.9 和图 4.12。

表 4.9　　　　　　　　　未来 50 年内长江下游湖口至大通段总体冲淤预测

河段	预 测 值/亿 m³				
	第 10 年末	第 20 年末	第 30 年末	第 40 年末	第 50 年末
湖口—大通	−1.37	−2.19	−3.42	−5.26	−6.83

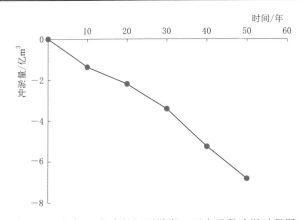

图 4.12　未来 50 年内长江下游湖口至大通段冲淤过程图

在三峡水库蓄水初期，因上游河段强烈冲刷，水流含沙量沿程有所补充，冲刷能力沿程减弱，长江下游湖口以下河段略有冲刷。随后当上游河段冲刷基本完成，长江下游冲刷强度逐渐加大。本次起算期已处于长江上游冲刷基本完成阶段，因此在预测期内，长江下游湖口至大通段总体呈冲刷态势。在计算第 10～30 年内，湖口至大通段冲刷速率较第 10 年内有所减缓，但在第 30～50 年内冲刷速率复而增大。

4.1.2 大通至徐六泾段

4.1.2.1 模型建立与计算条件

对于长江下游大通至徐六泾段，采用相同的方法建立了一维非恒定流水沙数学模型。该河段受到径流和潮汐的双重作用影响，存在水流和泥沙的双向流动，且河段内汊道众多，模型分别采用 Preissmann 四点隐式偏心格式、隐式逆风差分格式对水流基本方程、泥沙基本方程进行离散，并结合汊点连接方程，采用河网水流和泥沙三级解法进行求解。采用三峡工程蓄水运用后的实测水沙和地形资料，对模型进行了率定和验证。

模型计算范围自大通至徐六泾。根据河道中实际的洲滩分布，进行河网结构的概化，共分为 52 个汊点，77 个河段，共计 777 个断面。沿江包含铁板洲、和悦洲、成德州、汀家洲、铜陵沙、天然洲、黑沙洲、陈家洲、彭兴洲、江心洲、小黄洲、新济洲、梅子洲、八卦洲、世业洲、征润州、和畅洲、太平洲、福姜沙、民主沙、长青沙等汊道。

4.1.2.2 模型验证

1. 水流验证

水流验证起始地形采用 2016 年 10 月实测河道地形图。大通至徐六泾河段全长约 550km，剖分计算断面 777 个，其中干流 472 个，支汊 305 个，平均间距 1.1km。采用 2016 年 8 月大通、江阴、徐六泾等站的实测资料对模型进行参数率定和验证。模型进口采用大通站相应时段的实测逐时流量过程；出口边界采用徐六泾站同时期实测的潮位过程。

验证结果表明，大通至徐六泾河段的综合糙率为 0.016～0.03。建立的大通至徐六泾河段一维非恒定流数学模型、采用的糙率，可较好地反映长江感潮河段不同流量级大小潮时段的水动力特征，具有较高的精度，可用于长江干流大通至徐六泾河段水流特性的模拟。

2. 河床冲淤验证

河床冲淤验证起始地形采用 2011 年 10 月实测河道地形图。大通至徐六泾河段全长约 550km，剖分计算断面 777 个，其中干流 472 个，支汊 305 个，平均间距 1.1km。采用 2011 年 11 月至 2016 年 10 月实测资料对模型进行河床冲淤的验证。模型进口水沙采用大通站相应时段的逐时流量、含沙量；出口边界采用徐六泾站同时期的潮位过程。

河床冲淤验证表明（表 4.10），2011 年 11 月至 2016 年 10 月大通至徐六泾河段冲淤量实测值为 5.46 亿 m^3，计算值为 5.39 亿 m^3，较实测值略小，相对误差 -1.3%。其他各分段相对误差在 7% 以内。总体看来：本模型能较好地反映各河段的总体变化，各分段计算冲淤性质与实测一致，计算值与实测值的偏离尚在合理范围内。因此，利用本模型进行大通至徐六泾河段的冲淤演变预测是可行的。

表 4.10　　　　　长江下游干流大通至徐六泾河段一维水沙数模冲淤量验证表

河段	河段长度/km	实测冲淤量/万 m³	计算冲淤量/万 m³	误差/%
大通河段	21.83	−3559	−3502	−1.6
铜陵河段	59.93	−4351	−4576	5.2
黑沙洲河段	33.72	−1534	−1492	−2.7
芜裕河段	49.93	−4791	−5022	4.8
马鞍山河段	32.82	3075	3074	−0.2
新济洲河段	27.04	−406	−383	−5.6
南京河段	63.13	−7788	−7532	−3.3
镇扬河段	73.3	−1140	−1193	4.6
扬中河段	91.54	−19437	−19585	0.8
澄通河段	96.76	−14706	−13727	−6.7
大通—徐六泾河段	550	−54637	−53931	−1.3

4.1.2.3　河道发育趋势预测

1. 计算条件

大通水文站是长江下游来水来沙的控制站,选取大通站为代表站,进行典型系列年的选择。据实测资料统计,大通站 1951—2002 年多年平均径流量为 9020 亿 m³,多年平均输沙量为 4.32 亿 t。三峡水库蓄水运用后的 2003—2017 年,受长江上游干支流来水、来沙大幅减少等影响,大通站多年平均径流量为 8635 亿 m³,年均输沙量为 1.37 亿 t,相对 2002 年前均值分别减少了 5%、67%。

考虑三峡水库从 2008 年开始试验性蓄水,故选取 2008—2017 年为水沙计算的典型系列年。典型年水沙特征值见表 4.11。该系列年中,年径流量最大为 10455 亿 m³(2016年),最小为 6671 亿 m³(2011 年);年输沙量最大为 16250 万 t(2012 年),最小为 7184万 t(2011 年)。2008—2017 年系列多年平均径流量为 8885 亿 m³,年均输沙量为 1.27 万 t,相对 2003—2017 年年均值分别偏大 3%、偏小 7%。总体上看来,该系列可以代表未来一段时期内大通以下河段的来水来沙情势。

表 4.11　　　　　　　　　　大 通 站 水 沙 特 征 值

年份	年径流量/亿 m³	年输沙量/万 t	年份	年径流量/亿 m³	年输沙量/万 t
1951—2002	9020	43230	2012	10029	16250
2003—2017	8635	13712	2013	7878	11712
2008—2017	8885	12699	2014	8921	12048
2008	8303	13002	2015	9139	11564
2009	7826	11333	2016	10455	15213
2010	10251	18239	2017	9378	10446
2011	6671	7184			

径流量、输沙量的年内分配见表 4.12。据大通水文站资料统计，径流量的年内分配不均匀，主要集中在汛期，其中 5—9 月径流量占全年的 59.5%，以 7 月最大，占全年径流量的 14.83%。同样，输沙量的年内分配相对更不均匀，也主要集中在汛期，其中 5—9 月输沙量占全年的 70.1%，以 7 月最大，占全年径流量的 19.66%。

表 4.12　　　　　　2008—2017 年系列年大通站径流量和输沙量年内分配

时间	月 径 流 量		月 输 沙 量	
	月总量/亿 m³	月分配比/%	月总量/万 t	月分配比/%
1 月	383	4.31	298	2.35
2 月	350	3.94	192	1.51
3 月	525	5.91	621	4.89
4 月	668	7.51	942	7.41
5 月	889	10.01	1293	10.18
6 月	1091	12.28	1811	14.26
7 月	1317	14.83	2497	19.66
8 月	1115	12.55	1998	15.73
9 月	873	9.83	1303	10.26
10 月	687	7.73	762	6.00
11 月	545	6.14	606	4.77
12 月	441	4.96	376	2.96
全年	8885	100.00	12699	100.00

因此，同样选取 2008—2017 年实测水沙系列为预测计算的典型系列年，其中选取大通站 2008—2017 年实测水沙过程作为进口边界条件，选取经调和分析法确定的徐六泾站潮位过程作为出口边界条件。

计算范围包括长江下游干流大通至徐六泾河段，计算起始地形采用长江下游大通至徐六泾段 2016 年 10 月实测地形图。

2. 预测结果分析

针对长江下游大通至徐六泾段，选取 2008—2017 年大通站实测水沙系列，自 2016 年起算进行未来 20 年河道冲淤变化计算预测。第 10 年末、第 20 年末河段总冲刷量分别为 8.27 亿 m³、

表 4.13　未来 20 年内长江下游大通至徐六泾段总体冲淤预测

河段	预 测 值/亿 m³	
	第 10 年末	第 20 年末
大通—徐六泾	−8.27	−11.66

11.66 亿 m³，按平均河宽 2000m 计，河床平均冲刷下切分别约 0.78m、1.06m。计算预测结果见表 4.13 和图 4.13。

同样的，在预测期内，长江下游大通至徐六泾段总体呈冲刷态势。在计算第 10～20 年内，大通至徐六泾段冲刷速率较第 10 年内有所减缓。

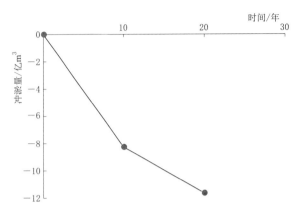

图 4.13 未来 20 年内长江下游大通至徐六泾段冲淤过程图

4.2 典型河段发育趋势预测

4.2.1 安庆河段发育趋势预测

4.2.1.1 模型建立与计算条件

1. 模型建立

河工模型模拟范围为上起吉阳矶上游 2.3km，下至钱江咀下游 2.7km，试验河段全长约 62km。模型全长约 124m，占地面积约 1100m²。制模河道地形图资料依据 2011 年 10 月实测的安庆河段 1：10000 河道地形图，局部区域采用近期实测的 1：2000 的河道地形图校核。模型平面比尺为 1：500，垂直比尺为 1：125，模型变率 $\eta = 4$。动床模型模拟范围上起吉阳矶下游 2km，下至钱江咀，长约 55km，河床高程约 8m 以上及有护岸工程处仍为原定床范围，其余均为动床河槽。

考虑到三峡工程已经建成蓄水运行，本河段的来水来沙条件与建库前相比已经发生了较大变化，预测试验系列水文年就选取三峡工程运行以来的实际水文年进行试验，具体选取 2006—2012 年的系列组合。系列年水文特征见表 4.14。

表 4.14 系列年水文特征

序号	年 份	水沙状态	年平均流量/(m³/s)	年输沙量/亿 t
1	2006	小水小沙	21835	0.85
2	2007	小水小沙	24449	1.39
3	2008	中水小沙	26266	1.30
4	2009	小水小沙	24709	1.13
5	2010	大水中沙	32426	1.83
6	2011	小水小沙	21154	0.72
7	2012	大水中沙	31700	1.61

2. 模型验证

（1）水位验证。试验河段沿程各站水位误差一般为±0.01～0.08m。在模型允许的差值范围内（模型允许的差值为＋2mm，相当于原型值0.2m），符合《河工模型试验规程》（SL 99—2012）的要求。

（2）流速分布。各断面垂线平均流速及其横向分布与原型实测资料符合程度较好。垂线平均流速的偏差一般小于±15％。流速分布的验证结果表明，模型满足《河工模型试验规程》（SL 99—2012）等相关规程规定的要求。

（3）分流比验证。表4.15为验证流量下，模型与原型分汊段分流比的对比结果。

从表4.15中可以看出，整体上模型分流比与原型吻合较好，符合相关规范的误差要求。

（4）河床冲淤变形验证。河床冲淤变形的验证以2006年5月实测水下地形为初始地形，施放2006年5月至2011年10月的水沙过程，以2011年10月实测水下地形为验证地形。

表 4.15　　　　　　　　　　分 流 比 验 证 成 果 表

流量 /(m³/s)	河段	汊道	测量断面	原型 分流比/%	模型 分流比/%	偏差 /%
28000	官洲	左汊（东江）	中2左号	75.0	75.7	0.7
		新中汊	中3中号	0.5	0.3	−0.2
		右汊（南夹江）	中4右号	24.5	24.0	−0.5
	安庆	左汊	中9左号	50.0	49.4	−0.6
		中汊	中10中号	22.4	22.7	0.3
		右汊	中11右号	27.6	27.9	0.3
43240	安庆	左汊	洪5左号	43.78	44.2	0.4
		中汊	洪6中号	28.2	28.2	0.0
		右汊	洪7右号、洪8右号	28.1	27.6	−0.5
19120	安庆	左汊	枯3左号、枯5左号	61.2	60.4	−0.8
		中汊	枯6中号	23.1	23.4	0.3
		右汊	枯7右号	15.7	16.2	0.5

注　负值为比原型值低，正值为比原型值高。

由表4.16可见，天然和模型冲淤量比较，模型各段冲淤量相差不大，一般在20％以内。

表 4.16　　　　　　　　　　模 型 冲 淤 验 证 成 果 表

河　　段	天然冲淤量/万 m³	模型冲淤量/万 m³	差值/万 m³	百分比/%
官洲左汊（东江）	−29.9	−22.3	7.6	−25
官洲新中汊	85.1	97.2	12.1	14
官洲右汊（南夹江）	187.1	163.7	−23.4	−13
主汊（官洲尾—皖河口）	−243.6	−225.4	18.2	−7
主汊（皖河口—潜洲头）	540.2	548.8	8.6	2

续表

河　段	天然冲淤量/万 m³	模型冲淤量/万 m³	差值/万 m³	百分比/%
江心洲左汊	−148.8	−157.5	−8.7	6
江心洲中汊	−63.2	−51.8	11.4	−18
江心洲右汊	−103.5	−91.6	11.9	−11
总计	223.4	261.1	37.7	17

总体来看，整个动床范围河床槽滩位置、河道横断面地形均与原型较为相近，基本上复演了 2006 年 5 月至 2011 年 10 月的河床地形。验证结果基本符合《河工模型试验规程》(SL 99—2012) 的要求。

验证试验结果表明：模型设计、选沙及各项比尺的确定基本合理，能保证模型的相似可靠性。

4.2.1.2　趋势预测分析

1. 三峡工程蓄水运行后河段整体呈冲刷态势，深泓位置总体变化不大

在天然条件下，经历 2006—2012 年系列年水文过程后，安庆河段的河床总体处于冲刷状态。河床变化幅度不大，主要表现为河槽冲刷、滩地微淤。河段内各汊道的冲淤量见表 4.17，河道冲淤分布如图 4.14 所示。结果表明在天然条件下，经历系列年后，安庆河段内，总体表现为冲刷状态，冲刷主要集中在官洲左汊东江和主汊（皖河口至潜洲头），部分淤积部分发生在主汊（官洲尾至皖河口）等，全河段累计冲刷 483 万 m³。

表 4.17　　　　　　　　系列年条件下各汊道冲淤量　　　　　　　单位：万 m³

河段	官　洲			主　汊		江　心　洲			合计
	左汊	中汊	右汊	官洲尾—皖河口	皖河口—潜洲头	左汊	中汊	右汊	
冲淤量	−169	−21	−27	146	−340	−47	−46	21	−483

从预测试验成果看，经历系列年水文过程后，河道深泓位置总体变化不大，河势基本稳定。系列年末深泓线变化如图 4.15 所示。

2. 总体河势相对稳定，洲滩以冲刷崩退为主，分流比处于变化调整之中

本河段经过系列年水沙过程作用后河势整体变化不大，冲淤变化主要集中在局部区域。官洲左汊双河闸附近深槽刷深，出现 −25m 深槽，左汊下部深槽变化不大，只是一定程度的下移。新长洲左缘有所冲刷，−5m 线冲刷近滩。潜洲头部上游 −5m 和 −15m 等高线下移，发生较明显的冲刷。潜洲左汊进口 −5m 等高线有所上移并向右侧发展，潜洲头冲刷较为明显，冲刷后退且右缘冲刷幅度较大。其余段基本稳定。

官洲汊道段和江心洲汊道段均为左、中、右三汊分流的格局，目前官洲汊道段左汊（东江）为主汊，江心洲汊道段左汊中枯水期仍为主汊。从试验分流比成果来看，试验水沙条件作用后官洲汊道段右汊（南夹江）分流比略有增加，由试验起始的 21.9% 增加至 24.2%，主汊东江分流比有所回升，新中汊淤积萎缩，分流比下降，中低水时甚至出现断流；江心洲汊道段分流比跟流量关联较大，中枯水期左汊为主汊，但洪水期江心洲右汊及中汊的分流比呈明显增大的态势。

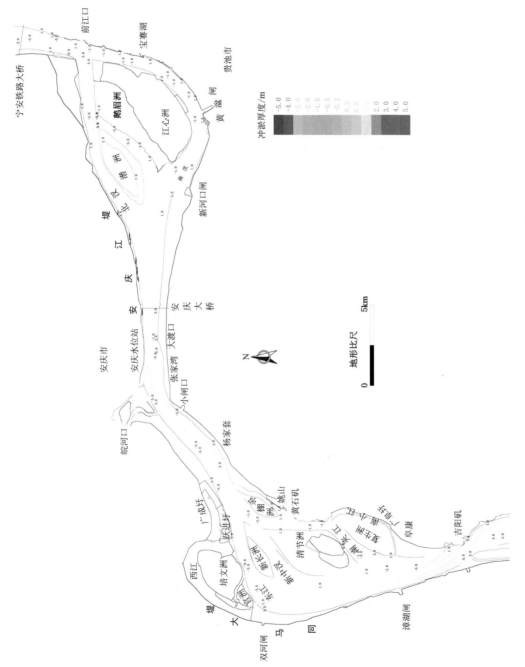

图 4.14 系列年动床计算河道冲淤分布

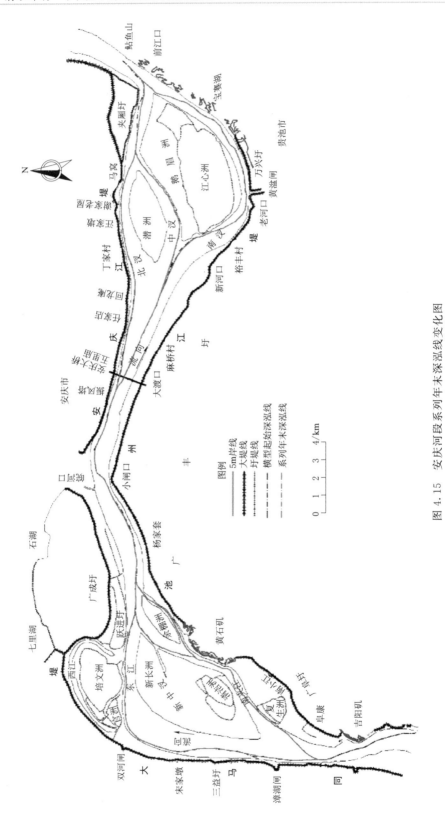

图 4.15 安庆河段系列年末深泓线变化图

4.2.2　马鞍山河段发育趋势预测

4.2.2.1　模型建立与计算条件

1. 模型建立

采用二维水沙数学模型，研究马鞍山河段河道演变趋势。模型计算区域上起东、西梁山，下至猫子山，全长约 36km（图 4.16）。

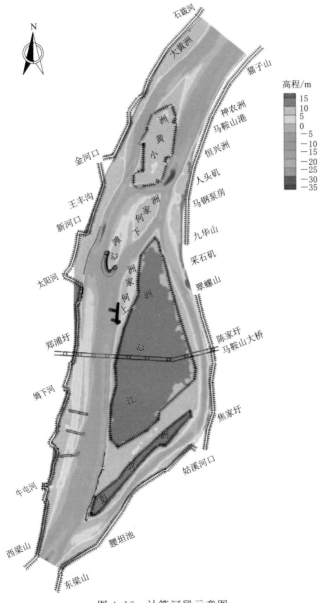

图 4.16　计算河段示意图

2. 模型率定验证

水流模型采取 2016 年 9 月实测资料用于率定，2018 年 5—6 月实测资料用于验证。

成果表明（图 4.17），计算水位、流速、分流比均与实测值符合较好。计算流场变化平顺，汊道分、汇流衔接平顺，滩槽水流运动区别明显，较好地反映了河段内大水漫滩，小水归槽的水流运动规律，定性上计算流场合理。本模型可以反映工程河段水流运动特性，可以用来预测河段水流变化。

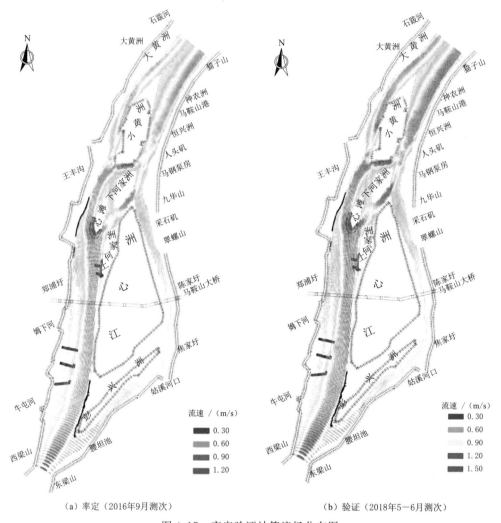

(a) 率定（2016 年 9 月测次）　　　　　　　　　（b）验证（2018 年 5—6 月测次）

图 4.17　率定验证计算流场分布图

泥沙模型采用 2011 年 10 月实测地形作为模型验证起始地形，2016 年 10 月实测地形作为验证对比地形，进行工程河段河床冲淤量、冲淤分布验证，计算时段为 2011 年 11 月至 2016 年 9 月。进口水沙条件采用大通水文站实测流量、含沙量、悬沙继配过程，下游水位边界采用芜湖水位站与南京水位站实测水位进行插值得到。床沙级配采用 2016 年 9 月本河段实测床沙级配资料。

验证成果表明，河段内计算的分段冲淤量变化趋势与天然情况基本一致，全河段冲淤量的误差为 6.3%，分段冲淤量的误差在 25% 以内（表 4.18）。从实测冲淤分布来看，计算河段内有冲有淤，整体上以淤积为主，一般冲淤幅度为 -3.0～+4.0m，局部淤积幅度可达 10m 以上，主要在郑浦圩至太阳河口段及小黄洲与下何家洲之间的汊道段。从计算冲淤分布来看，计算河段内以淤积为主，整体冲淤幅度为 $-3.5 \sim +4.6$ m。进口至江心洲洲头部河道冲刷幅度比实测略大，上何家洲左侧冲淤幅度比实测略小，整体来看，计算河段内计算冲淤的部位、幅度与实测值基本一致（图 4.18）。本模型基本可以反映工程河段河床冲淤特性，可以用来预测工程河段冲淤变化。

表 4.18　　　　　　　计算河段平滩河槽实测冲淤量与计算冲淤量统计表

河　　段	实测值/万 m³	计算值/万 m³	误差/%
进口—彭兴洲洲头段	626.5	657.3	4.9
彭兴洲洲头—江心洲中段	102.8	126.3	22.9
江心洲中段—江心洲洲尾段	−41.6	−51.3	23.5
江心洲洲尾—小黄洲洲尾段	−64.3	−78.8	22.6
小黄洲洲尾—出口段	55.0	68.0	23.6
全河段	678.4	721.4	6.3

注　计算平滩水位根据进出口水位线性插值得到，表中数据正值表示淤积，负值表示冲刷。

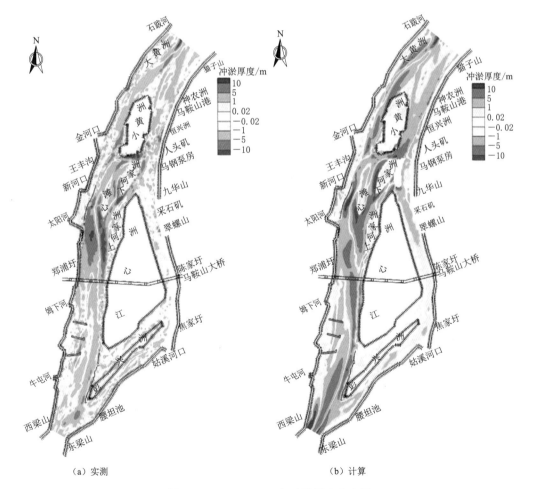

（a）实测　　　　　　　　　　　　　　（b）计算

图 4.18　2011—2016 年冲淤厚度分布图

3. 趋势预测计算条件

计算系列年采用 2008—2017 年实测大通站水沙过程循环 2 次，计算时段共 20 年。数学模型初始地形采用长江水利委员会水文局 2016 年 10 月实测的 1：10000 平面地形。床沙级配采用 2016 年 9 月本河段实测床沙级配资料。具体见表 4.19。

表 4.19　　　　　　　　　　　马鞍山河段动床计算系列年水沙特征值表

时间	径流量/亿 m³	输沙量/万 t	时间	径流量/亿 m³	输沙量/万 t
第 1 年	8305	14943	第 11 年	8303	12988
第 2 年	7827	12454	第 12 年	7827	11583
第 3 年	10249	25832	第 13 年	10249	23095
第 4 年	6674	7544	第 14 年	6674	6995
第 5 年	10027	21075	第 15 年	10026	19631
第 6 年	7880	12369	第 16 年	7880	11582
第 7 年	8921	15207	第 17 年	8921	14263
第 8 年	9134	14740	第 18 年	9134	13959
第 9 年	10458	21319	第 19 年	10458	20692
第 10 年	9379	14107	第 20 年	9379	13827

4.2.2.2　趋势预测分析

1. 冲淤量及分布预测

系列年条件下，马鞍山河段冲淤变化成果见表 4.20 及图 4.19，从图表中可以看到，马鞍山河段冲淤量及分布演变趋势主要规律如下。

表 4.20　　　　　　　　　　　　马鞍山河段冲淤变化表

河　段	10 年末冲淤量/万 m³	20 年末冲淤量/万 m³
进口—彭兴洲洲头段	−88.3	54.0
彭兴洲洲头—江心洲中段	762.3	−979.1
江心洲中—江心洲洲尾段	−243.8	245.2
江心洲洲尾—小黄洲洲尾段	−1796.8	−1631.3
小黄洲洲尾—出口段	−925.4	−1505.9
全河段	−2292.1	−3817.2

（1）马鞍山河段 10 年后、20 年后整体均呈冲刷下切的趋势。马鞍山河段 10 年后河床共冲刷 2292.1 万 m³，其中：进口至彭兴洲洲头段冲刷 88.3 万 m³，彭兴洲洲头至江心洲中段淤积 762.3 m³，江心洲中至江心洲洲尾段冲刷 243.8 万 m³，江心洲洲尾至小黄洲洲尾段冲刷 1796.8 万 m³，小黄洲洲尾至出口段冲刷 925.4 万 m³。

20 年后，马鞍山河段河床共冲刷 3817.2 万 m³，其中：进口至彭兴洲洲头段淤积 54.0 万 m³，彭兴洲洲头至江心洲中段冲刷 979.15 万 m³，江心洲中至江心洲洲尾段淤积

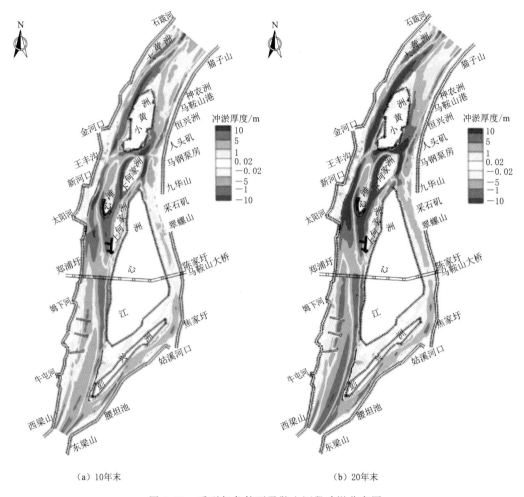

（a）10年末	（b）20年末

图 4.19 系列年条件下马鞍山河段冲淤分布图

245.2 万 m³，江心洲洲尾至小黄洲洲尾段冲刷 1631.3 万 m³，小黄洲洲尾至出口段冲刷 1505.9 万 m³。

（2）江心洲左汊冲刷部位主要为江心洲左缘、江心洲左汊过渡段，心滩与上、下何家洲之间的夹槽；郑浦闸至新河口一带持续淤积。

郑浦闸至新河口第 10 年末，淤积幅度为 1~7m，第 20 年末，淤积幅度较 10 年末有所加大，为 2~10m；心滩与上何家洲、心滩与下何家洲之间夹槽第 10 年末，冲刷幅度为 6~9m，第 20 年末，冲刷幅度为 7~12m。

（3）江心洲右汊总体表现为淤积，以姑溪河口为界，上段的淤积幅度大于下段。

江心洲右汊上段计算 10 年末，最大淤积厚度约 5m，计算 20 年末，最大淤积厚度约 7m；江心洲右汊下段计算 10 年末，淤积幅度为 0.5~2m，计算 20 年末淤积厚度为 1~3m。

（4）小黄洲汊道左汊以冲刷为主，右汊以淤积为主，小黄洲与下何家洲之间汊道表现为淤积。

计算 10 年末,小黄洲左汊冲淤幅度约为 $-8\sim1.2m$,右汊冲淤幅度约为 $-5\sim9m$,小黄洲至下何家洲夹槽淤积幅度为 $2\sim9m$,局部最大淤积幅度约为 12.5m,位于右汊进口弯顶;计算 20 年末,小黄洲左汊冲淤幅度约为 $-13\sim1.5m$,右汊冲淤幅度约为 $-6\sim11m$,小黄洲至下何家洲夹槽淤积幅度为 $4\sim12m$,局部最大淤积幅度约为 15.6m。

2. 分流比变化预测

经历河道冲淤演变后,江心洲及小黄洲汊道均表现为左汊分流比增加、右汊分流比减小的趋势。分流比计算成果见表 4.21。在防洪设计流量下,江心洲左汊现状分流比为 79.68%,冲淤 10 年末、20 年末分流比分别增加 0.7% 和 1.1%;小黄洲左汊现状分流比为 37.82%,冲淤 10 年末、20 年末分流比分别增加 3.1% 和 5.5%。在平滩流量下,江心洲左汊现状分流比为 88.29%,冲淤 10 年末、20 年末分流比分别增加 0.9% 和 1.4%;小黄洲左汊现状分流比为 31.53%,冲淤 10 年末、20 年末分流比分别增加 4.5% 和 6.1%。

表 4.21   马鞍山河段汊道分流比变化表

汊道	在防洪设计流量下的分流比/%			在平滩流量下的分流比/%		
	现状	10 年末	20 年末	现状	10 年末	20 年末
江心洲左汊	79.68	80.38	80.78	88.29	89.19	89.69
小黄洲左汊	37.82	40.92	43.32	31.53	36.03	37.63

4.2.3 镇扬河段发育趋势预测

4.2.3.1 模型建立与试验条件

河工模型模拟范围为上起三江口,下至五峰山,模型全长约为 74km,占地面积约为 1100m²。制模河道地形图资料依据 2016 年 10 月实测的镇扬河段 1:10000 河道地形图,局部区域采用近期实测的 1:2000 河道地形图校核。模型平面比尺为 1:550,垂直比尺为 1:125,模型变率 $\eta=4.4$。床模拟范围从泗源沟至世业洲尾,长 24km。河道两岸 0m 高程以下做成动床,已做护岸工程处保持为定床边界。

本次动床模型验证初始地形为 2014 年 7 月实测地形,复演 2016 年 11 月实测工程河道地形。选取 2014 年 7 月和 2017 年 8 月实测水文资料进行模型验证试验。通过实测水文和水下地形验证试验,试验结果表明,天然河道中水面线、流速分布和汊道分流比及河床冲淤变形在模型中得到了较好复演,复演结果符合模型试验规程有关规定,最终得出动床模型试验含沙量比尺为 0.126,河床变形冲淤时间比尺为 780。验证结果说明了模型设计、选沙和模型比尺基本合理,可进行下一步方案试验。

考虑到三峡工程运用以来的水沙条件变化,试验水沙条件拟采用考虑三峡蓄水运行影响的大水大沙、中水中沙和小水小沙年份水沙系列,还适当考虑近两三年实际发生的水沙系列,再进行适当组合。综合考虑小水小沙、中水中沙和大水大沙的水沙条件及三峡水库运行以来的影响,选取近年来实际发生的水沙年作为系列水沙年,2008—2017 年共计 10 年作为系列水沙年(表 4.22)。采用 2016 年 11 月实测 1:10000 河道地形,作为动床模型试验的起始地形。

表 4.22   系列年水沙特性表

序号	年份	径流量/亿 m³	W_i/W_{pj}	输沙量/亿 t	S_i/S_{pj}	水沙特性
1	2008	8262	0.96	1.3	0.98	中水中沙
2	2009	7821	0.91	1.11	0.84	中水枯沙
3	2010	10218	1.19	1.85	1.40	中水丰沙
4	2011	6654	0.78	0.71	0.54	小水小沙
5	2012	9997	1.17	1.62	1.22	中水丰沙
6	2013	7884	0.92	1.17	0.88	小水枯沙
7	2014	8919	1.04	1.20	0.91	中水中沙
8	2015	9049	1.06	1.16	0.88	中水中沙
9	2016	10365	1.21	1.52	1.15	中偏丰水沙
10	2017	9366	1.09	1.04	0.79	中水枯沙

4.2.3.2 趋势预测分析

1. 分流比变化

世业洲右汊与和畅洲右汊的分流比均有所增大,详见表4.23。其中,世业洲右汊分流比5年末较初始时增加2.1%,10年末较初始时增加2.6%;和畅洲右汊分流比5年末较初始时增加2.0%,10年末较初始时增加2.5%。随着时间的推移,航道整治工程和河道整治工程对抑制世业洲左汊与和畅洲左汊分流比发展的作用有所减弱。

表 4.23   镇扬河段汊道分流比变化

河段	水文年	分 流 比/%		
		左汊	右汊	右汊分流比相对增加
世业洲汊道	初始	42.4	57.6	—
	第5年末	40.3	59.7	2.1
	第10年末	39.8	60.2	2.6
和畅洲汊道	初始	70.2	29.8	—
	第5年末	68.2	31.8	2.0
	第10年末	67.7	32.3	2.5

2. 平面冲淤变化

世业洲左汊进口右淤左冲,坝体掩护区淤积,中段略有淤积,下段至出口区冲刷尤为明显;世业洲右汊进口段总体上冲深发展,深槽右移,工程掩护区淤积明显,河段整体上呈"凹冲凸淤"的规律。系列年第5年末世业洲分汊前干流段左侧冲刷,右侧边滩略有淤积;左汊进口段护滩带所在区域基本稳定,紧挨护底带下游有冲刷,最大冲刷幅度接近5m,左汊中段有所淤积,淤积幅度不大,在1.7m以内,左汊出口处冲刷明显;潜堤南北侧丁坝间、右汊潜丁坝所在区域及下游大多呈现淤积,淤积厚度为1.0~3.0m,右汊航槽内呈现普遍冲刷,冲刷幅度为0.5~2.8m,世业洲右缘边滩整体呈淤积态势,淤积幅度约为1~3.6m。第10年末地形冲淤变化特点与第5年末的冲淤特点类似,除部分边滩淤积有所加剧外，其余部位冲淤幅度与第一个 5 年末相比有所减小。具体见表 4.24 和图 4.20、图 4.21。

表 4.24   世业洲汉道段河床冲淤量统计表

时段	冲淤量（0m 高程以下）/$10^6 m^3$				
	洲头分流区	世业洲左汉	世业洲右汉	汇流区	合计
起始～第 5 年末	−2.48	−7.23	−5.96	−1.14	−16.81
起始～第 10 年末	−4.12	−12.45	−10.21	−1.79	−28.57

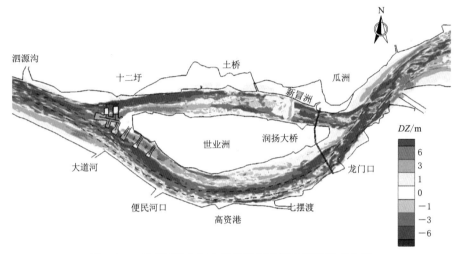

图 4.20 系列年第 5 年末世业洲汉道段平面冲淤变化图

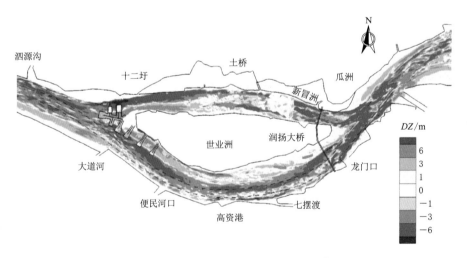

图 4.21 系列年第 10 年末世业洲汉道段平面冲淤变化图

六圩弯道段征润洲边滩上段小幅冲刷，中下段冲淤交替，下段近右汉进口段因主流右偏冲刷明显，江中心滩有所发展，心滩右侧串沟刷深；六圩河口至新民洲河口河床以冲刷为主，新民洲河口至分流段河床因工程引起壅水以淤积为主，滩槽格局基本稳定。系列年第 5 年末六圩弯道河床平面上总体呈现冲淤交替的特征，左岸六圩河口以下深槽、心滩与征润洲边滩间的串沟以冲刷为主，冲刷幅度为 1～6.5m；左岸六圩河口以上深槽、右岸心滩、边滩、分流区左侧为主要淤积区，淤积幅度为 0.3～4.3m。系列年第 10 年末平面冲淤规律与系列年第 5 年末平面冲淤规律基本类似，主要区别在于新民洲河口至分流段河床淤积有所加剧，淤积幅度较第 5 年末增加了 0.3～1.5m。同时，征润洲中下段边滩的淤积也有所增强。

和畅洲左汊河床冲淤变化主要集中在深槽部位，体现在坝前的淤积和坝后的冲刷，洲滩变化不大。和畅洲右汊进口至一颗洲深槽冲刷加深，一颗洲边滩与运河口附近低滩亦冲刷明显。系列年第 5 年末和畅洲进口段左汊口门潜坝上游河床仍以淤积为主，淤积幅度为 1.2～5.4m；新建 2 号潜坝坝后 3.0km 范围内河床冲刷明显，冲刷幅度为 1～8m；孟家港以下河床持续淤积，淤积幅度为 1.0～6.5m。左汊岸线变化不大，汊道持续保持左强右弱的河势格局。和畅洲右汊河床冲淤交替，总体小幅冲刷，最大冲刷幅度约为 3.5m。系列年第 10 年末平面冲淤规律与系列年第 5 年末平面冲淤规律基本类似，主要区别体现在：①第 10 年末新建 1 号潜坝和 2 号潜坝间呈现一定的回淤，2 号潜坝下游的冲刷有所下延；②和畅洲右汊的冲刷与第 5 年末比有所增强，冲刷平均增大 1～2m。具体见表 4.25 和图 4.22、图 4.23。

表 4.25 和畅洲汊道段河床冲淤量统计表

时段	冲淤量（0m 高程以下）/$10^6 m^3$				
	六圩河口—分流段	和畅洲左汊	和畅洲右汊	汇流区	合计
起始～第 5 年末	−3.84	−1.32	−6.59	−5.82	−17.57
起始～第 10 年末	−6.72	−1.81	−8.86	−6.69	−24.08

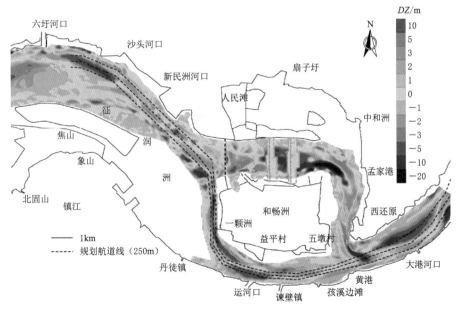

图 4.22　系列年第 5 年末六圩弯道和和畅洲汊道段平面冲淤变化图

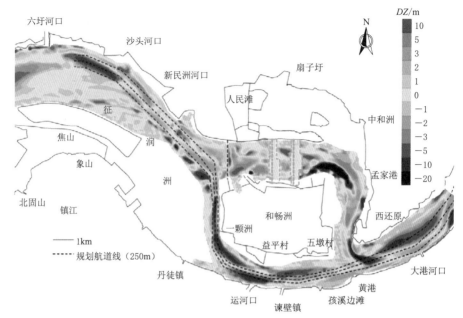

图 4.23 系列年第 10 年末六圩弯道和和畅洲汊道段平面冲淤变化图

和畅洲水道总体河势保持稳定,左汊发展受限,潜坝工程下游区冲刷明显,右汊分流比增大、河床普遍冲刷。

通过开展镇扬河段河工模型试验研究,预测了三峡工程运用后河道演变趋势,得出现状工程条件下各段近 10 年主要演变规律总结如下:

(1)世业洲左汊进口右淤左冲,坝体掩护区淤积,中段略有淤积,下段至出口区冲刷尤为明显;世业洲右汊进口段总体上冲深发展,深槽右移,工程掩护区淤积明显,河段整体上呈"凹冲凸淤"的规律。

(2)六圩弯道段征润洲边滩上段小幅冲刷,中下段冲淤交替,下段近右汊进口段因主流右偏冲刷明显,江中心滩有所发展,心滩右侧串沟刷深;六圩河口至新民洲河口河床以冲刷为主,新民洲河口至分流段河床因工程引起壅水以淤积为主,滩槽格局基本稳定。

(3)和畅洲左汊河床冲淤变化主要集中在深槽部位,体现在坝前的淤积和坝后的冲刷,洲滩变化不大;和畅洲右汊进口至一颗洲深槽冲刷加深,一颗洲边滩与运河口附近低滩亦冲刷明显。

(4)试验成果表明,由于近期航道整治工程与河道整治工程的实施,近期世业洲左汊与和畅洲左汊分流比的发展得到了一定的抑制,但随着时间的推移和大水年的出现,工程对世业洲左汊与和畅洲左汊分流比的抑制作用将有所减弱。从长远来看,应考虑采取更有力的措施,来保障世业洲右汊与和畅洲右汊主航道的地位,维持现有相对有利的河势条件。

4.2.4 长江口河段发育趋势预测

4.2.4.1 模型建立与计算条件

1. 模型简介

本研究基于非结构网格的平面二维水沙模型,以 x、y 分别表示直角坐标系的纵向与横向坐标，平面二维水沙数学模型的控制方程由水流连续方程、水流运动方程、黏性沙输运方程、床面变形方程组成。

（1）水流连续方程：

$$\frac{\partial Z}{\partial t}+\frac{\partial uH}{\partial x}+\frac{\partial vH}{\partial y}=q \tag{4.8}$$

（2）水流运动方程：

$$\frac{\partial uH}{\partial t}+\frac{\partial uuH}{\partial x}+\frac{\partial vuH}{\partial y}=-g\frac{n^2\sqrt{u^2+v^2}}{H^{1/3}}u-gH\frac{\partial Z}{\partial x}+\frac{\partial}{\partial x}\left(\nu_T\frac{\partial uH}{\partial x}\right)$$
$$+\frac{\partial}{\partial y}\left(\nu_T\frac{\partial uH}{\partial y}\right)+qu_0+f_0Hv \tag{4.9}$$

$$\frac{\partial vH}{\partial t}+\frac{\partial uvH}{\partial x}+\frac{\partial vvH}{\partial y}=-g\frac{n^2\sqrt{u^2+v^2}}{H^{1/3}}v-gH\frac{\partial Z}{\partial y}+\frac{\partial}{\partial x}\left(\nu_T\frac{\partial vH}{\partial x}\right)$$
$$+\frac{\partial}{\partial y}\left(\nu_T\frac{\partial vH}{\partial y}\right)+qv_0-f_0Hu \tag{4.10}$$

（3）黏性沙输运方程：

$$\frac{\partial C}{\partial t}+u\frac{\partial C}{\partial x}+v\frac{\partial C}{\partial y}=\frac{1}{h}\frac{\partial}{\partial x}\left(hD_x\frac{\partial C}{\partial x}\right)+\frac{1}{h}\frac{\partial}{\partial y}\left(hD_x\frac{\partial C}{\partial y}\right)+Q_LC_L\frac{1}{h}-S \tag{4.11}$$

（4）床面变形方程：

$$\gamma_b\frac{\partial z_b}{\partial t}=\sum(D-E)=\Delta S-\left(\frac{\partial S_x}{\partial x}+\frac{\partial S_y}{\partial y}\right) \tag{4.12}$$

2. 计算范围

模型计算范围上游至江阴鹅鼻嘴，下游至长江口口外大约200km，包括杭州湾。模型网格为三角形网格。为适应模拟区域平面尺度的剧变，模型分区域设置不同的网格尺度。口门以内河道内网格尺寸在200m左右，口门区大约600m，口外海域网格尺寸逐渐放大，最大至约10km。网格数71778。计算范围的网格布置和地形概况见图4.24。

3. 参数设置

（1）边界条件。模型的外海水位边界采用MIKE全球潮汐模型提取的潮位边界，并根据水流率定计算，对潮位中值进行一定的调整。外海泥沙边界，取泥沙浓度为零。因外海边界距离长江口较远，测试计算表明，泥沙浓度边界取值为0或者令泥沙浓度梯度为0，对长江口区域的冲淤计算结果基本无影响。江阴入口边界，采用给定流量、含沙量过程的方法。

（2）糙率分布。计算区域河床糙率分布如下：江阴至徐六泾，由0.021逐渐减少到0.015，长江口北支为0.010~0.011，长江口南支为0.012~0.014；口外近海区域为0.010~0.011，口外深海区域为0.009~0.010。

（3）泥沙分组。泥沙分组需考虑不同粒径泥沙的沉降特性及其在河床冲淤中所扮演的

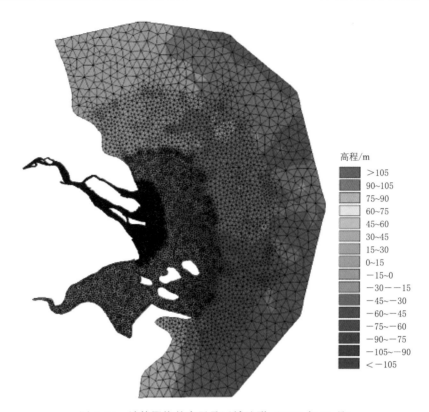

图 4.24 计算网格的布置及区域地形（2016 年 11 月）

角色。一般认为，粒径小于 0.01mm 的泥沙絮凝作用显著，粒径为 0.01～0.03mm 时有微弱絮凝作用，粒径大于 0.03mm 时基本无絮凝作用。

根据 2017 年 8 月大、小潮实测值平均的悬移质、底质粒径级配，南支上段河道内底质表现出中间粗、近岸细的一般规律，而北支入口段底质则较南支为细；悬移质粒径显著小于底质，其中值粒径相差 10 倍上下。据此，将泥沙分两组：黏性细颗粒泥沙，粒径范围为 0～0.031mm，考虑絮凝影响；非黏性细颗粒泥沙，粒径范围为 0.031～1.0mm，不考虑絮凝。

图 4.25、图 4.26 是以 0.031mm 分段的 2017 年 8 月实测的悬移质、底质粒径级配。其中，BMS1′、BMS2′ 断面分别位于南支白茆沙北、南侧，BZ′ 断面位于北支的入口。由两图可见，分段后，悬移质中两组泥沙的中值粒径分别为 0.007mm、0.063mm，而底质中两组泥沙的中值粒径分别为 0.012mm、0.12mm。

考虑到两组泥沙在悬移质和底质中的含量的差异，粒径范围 0～0.031mm 的泥沙的代表粒径定为 0.008mm，略粗于悬移质中该组泥沙的中值粒径。粒径范围 0.031～1.0mm 的泥沙的代表粒径定为 0.11mm，略细于底质中该组泥沙的中值粒径。根据两个泥沙粒径分组的特征粒径，其非絮凝沉速分别为 0.06mm/s、10.2mm/s。

上述泥沙分组的确定，主要参考了 2017 年 8 月南支和北支入口附近区域的实测悬移质和底质的级配。该次实测还包含了上游若干断面位置的泥沙粒径数据，其中值粒径数据

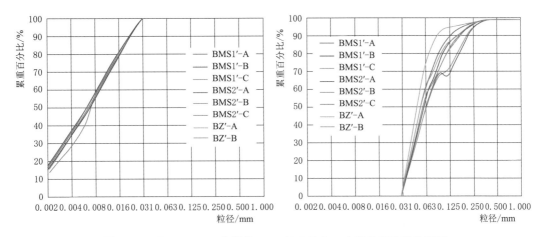

图 4.25   以 0.031mm 分段的 2017 年 8 月大、小潮悬移质平均级配

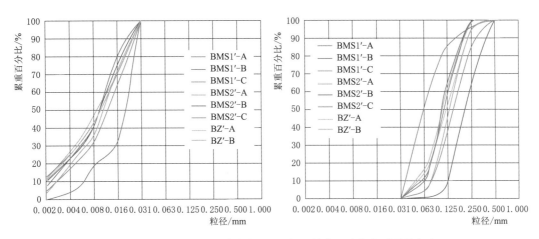

图 4.26   以 0.031mm 分段的 2017 年 8 月大、小潮底质平均级配

见表 4.26。总体而言，悬移质粒径沿程变化不明显，底质粒径沿程略有减小趋势。考虑到本研究主要关注的是徐六泾以下的长江口区域，因此，上述泥沙分组可以认为是比较合适的。

表 4.26　　　　　　　　　　2017 年 8 月大、小潮实测泥沙中值粒径　　　　　　　　单位：mm

断面号	位置	大　潮		小　潮	
		悬移质 D_{50}	底质 D_{50}	悬移质 D_{50}	底质 D_{50}
NT1	NT1 - A	0.007	0.031	0.005	0.027
	NT1 - B	0.011	0.134	0.007	0.204
	NT1 - C	0.01	0.212	0.008	0.213
	NT1 - D	0.011	0.226	0.008	0.223
	NT1 - E	0.012	0.178	0.007	0.183

断面号	位置	大　潮		小　潮	
		悬移质 D_{50}	底质 D_{50}	悬移质 D_{50}	底质 D_{50}
TZS1	TZS1 - A	0.013	0.017	0.008	0.025
	TZS1 - B	0.017	0.205	0.011	0.239
TZS2	TZS2 - A	0.013	0.220	0.007	0.288
TZS3	TZS3 - A	0.013	0.012	0.007	0.170
	TZS3 - C	0.008	0.218	0.007	0.291
TZS4	TZS4 - A	0.01	0.023	0.009	0.015
	TZS4 - B	0.014	0.016	0.009	0.025
TZS5	TZS5 - A	0.007	0.010	0.008	0.013
BZ′	BZ′ - A	0.014	0.135	0.005	0.041
	BZ′ - B	0.022	0.023	0.009	0.119
BMS1′	BMS1′ - A	0.013	0.011	0.008	0.116
	BMS1′ - B	0.014	0.101	0.008	0.105
	BMS1′ - C	0.019	0.186	0.007	0.113
BMS2′	BMS2′ - A	0.01	0.132	0.007	0.127
	BMS2′ - B	0.014	0.213	0.011	0.219
	BMS2′ - C	0.013	0.028	0.007	0.014
平均		0.0126	0.11	0.0078	0.13

（4）絮凝沉速。对于黏性细颗粒泥沙，需要考虑盐度对泥沙絮凝的影响。经率定并参考已有成果（胡德超等，2016），沉速自江阴向下逐渐增大，由入口的 0.2mm/s 逐渐增大至口外达到最大值 2.4mm/s。

（5）床沙特性。考虑到不同位置两组泥沙的比例不同，而模拟中各层泥沙只能给相同比例，因此，将床沙分为两层，上层较粗，细、粗泥沙组分的占比为 5/95，该层厚度自江阴至徐六泾的 15m 向海外逐渐减小到口门区的 5m，再到外海的 10m；下层较细，细、粗泥沙组分的占比为 30/70，该层厚度自徐六泾的 0m 向口门逐渐增加到 10m，到口外逐渐减少到 5m。北支的粒径较南支细，因而上层相对较薄、下层相对较厚。两层加起来共15m，能够满足冲淤需要，又避免出现冲淤极值点。

床沙临界切应力和侵蚀系数，也是模型待定参数。根据经验及验证结果，临界切应力范围约为 $0.17 \sim 0.27 N/m^2$，侵蚀系数范围约为 $1.5 \times 10^{-4} \sim 2.8 \times 10^{-4} kg/(m^2 \cdot s)$。床面粗糙度取模型推荐值 0.001m。

（6）其他参数。泥沙扩散系数与涡量扩散系数之比取 1.0。悬沙临界沉降切应力取 $10 N/m^2$，大于计算中出现的可能的切应力，保证悬沙始终处于可沉降状态。

4．水流模型验证

（1）验证工况。平面二维水流数学模型率定验证计算的主要目的是检验数学模型计算方法的可行性，率定模型中的相关参数，并检验模型的精度。根据现有资料情况，主要率定验证内容有潮位站的潮位过程、水文测验监测点的流速过程等。

长江水利委员会水文局长江口水文水资源勘测局于 2017 年 8 月 23—31 日，在长江口河段进行了 2017 年度洪季大、小两个代表潮的全潮水文测验。测验河段内主支汊布置 14 个潮位站、11 条 ADCP 走航测流断面，收集潮位、流速流向、断面流量、悬移质含沙量、悬移质及床沙颗分等资料。

在水文测验期间布设临时潮位站 5 个：任港、五干河、福山闸、汇丰码头、荡茜口；收集国家或地方基本站网潮位站 9 个：江阴、天生港、营船港、徐六泾、崇明洲头、白茆河、新建河、杨林、六滧等潮位站同期潮位资料，总共 14 个潮位站的资料。各潮位站的坐标见表 4.27。

表 4.27　　　　　各潮位站坐标（中央子午线 120°，北京 54 坐标系）

序号	潮位站	坐标/m		序号	潮位站	坐标/m	
		纵坐标	横坐标			纵坐标	横坐标
1	江阴	3535147	525598	8	徐六泾	3515726	590959
2	天生港	3545806	570598	9	白茆河	3512323	600906
3	任港	3542925	577166	10	崇明洲头	3519276	609622
4	五干河	3537609	572586	11	新建河	3513302	614364
5	营船港	3532961	585457	12	荡茜口	3506557	609564
6	汇丰码头	3523269	588982	13	杨林	3497350	619740
7	福山闸	3521916	580140	14	六滧	3488081	662072

共布置 9 条 ADCP 走航测验断面，分布于澄通河段、南支河段和北支河段，其中，澄通河段 6 条断面，分别为 NT1（NT1-1、NT1-2、NT1-3）、TZS1、TZS2、TZS3、TZS4、TZS5；南支河段 2 条断面，分别为 BMS1′、BMS2′；北支进口一条断面为 BZ′。各断面具体坐标及位置详见表 4.28。

表 4.28　　　　　ADCP 断面位置坐标（中央子午线 120°，北京 54 坐标系）

断面号	位置	纬度	经度	断面坐标/m		位置
				纵坐标	横坐标	
NT1-1	起	32°01′55.35″	120°45′49.30″	3545723	572141	南通水道
	讫	32°01′03.36″	120°45′27.56″	3544118	571582	
NT1-2	起	32°01′03.36″	120°45′27.56″	3544118	571582	
	讫	31°59′53.04″	120°44′58.10″	3541947	570824	
NT1-3	起	31°59′53.04″	120°44′58.10″	3541947	570824	
	讫	31°58′45.55″	120°44′29.86″	3539863	570097	

断面号	位置	纬度	经度	断面坐标/m		位置
				纵坐标	横坐标	
TZS1	起	32°00′27.23″	120°49′02.38″	3543046	577228	通州沙东水道
	讫	31°58′58.63″	120°47′10.87″	3540295	574321	
TZS2	起	31°58′31.73″	120°46′36.71″	3539460	573430	通州沙西水道
	讫	31°57′51.65″	120°45′46.22″	3538216	572113	
TZS3	起	31°49′40.32″	120°56′32.43″	3523215	589214	狼山沙东
	讫	31°48′20.02″	120°53′49.21″	3520705	584942	
TZS4	起	31°48′20.02″	120°53′49.21″	3520705	584942	狼山沙西
	讫	31°47′14.45″	120°51′36.08″	3518657	581456	
TZS5	起	31°46′54.03″	120°51′26.05″	3518026	581197	福山水道
	讫	31°46′02.46″	120°51′00.27″	3516432	580531	
BMS1′	起	31°44′27.82″	121°12′23.55″	3513836	614335	白茆沙北水道
	讫	31°43′31.73″	121°11′28.06″	3512092	612893	
BMS2′	起	31°42′24.76″	121°10′21.85″	3510010	611172	白茆沙南水道
	讫	31°40′44.18″	121°08′42.45″	3506884	608587	
BZ′	起	31°48′46.42″	121°08′53.15″	3521742	608712	北支口门
	讫	31°47′39.05″	121°10′09.20″	3519688	610735	

注 白茆沙断面和北支断面位置相比2016年枯季有所调整，故2016年洪季以来测验断面名称加"′"以示与2016年枯季区别。

（2）潮位验证。图4.27对比了若干潮位站的计算潮位与实测潮位，这些潮位站的位置从长江口入口的徐六泾到崇明岛东南的六滧。由图4.27可见，相位、幅度均符合较好。可见模型在边界条件的设置和水流参数的取值上较为合理。

（3）流速验证。对各测流断面进行了流速对比，如图4.28所示。由图4.28可见，模型计算的流速与实测流速的变化过程符合较好。可见模型在边界条件的设置和水流参数的取值上较为合理。

5. 冲淤验证

采用2011年11月至2016年10月地形做冲淤验证。模型入口的水沙过程由一维模型提供。图4.29和图4.30分别是实测与数值模拟得到的2011年11月至2016年10月的长江口河床冲淤分布，模拟的冲淤分布与实测冲淤分布定性符合较好。长江口的冲淤分布符合冲槽淤滩的规律。白茆沙潜堤、新浏河沙护滩潜堤、北槽深水航道治理工程，作用均较为显著。北支上段主要是冲槽淤滩，下段淤积为主。长江口外的洲滩方面：顾园沙西部淤积、东部冲刷；崇明东滩与崇明岛东侧、互花米草与鸟类栖息地优化工程南侧区块淤积，淤积线与工程区平顺衔接，崇明东滩东侧则发生冲刷；横沙东滩东侧、N23丁坝西侧的七期促淤区域淤积，N23东侧发生冲刷；深水航道受两侧潜堤约束的区域发生淤积；九段沙北侧发生淤积，中部滩面或冲或淤、幅度不大，南侧有所淤积，东南方向的沙尾有所冲刷；规划的南汇边滩促淤工程区域，上段受浦东机场遮蔽有所淤积，下段尤其是尾部，有显著冲刷。这些冲淤分布规律，与实际观测，比较一致。

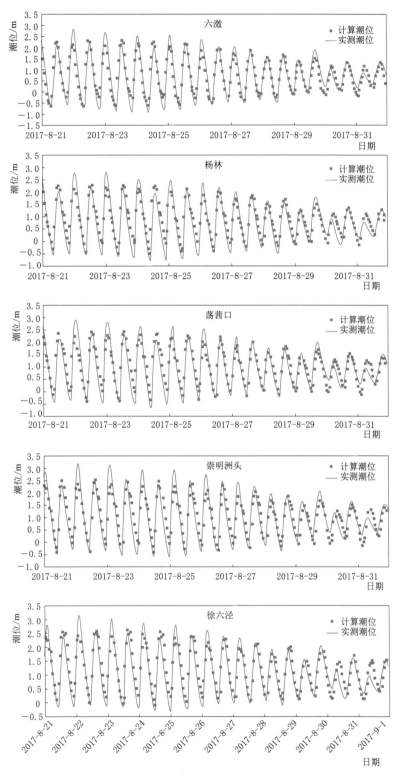

图 4.27 各测站潮位验证

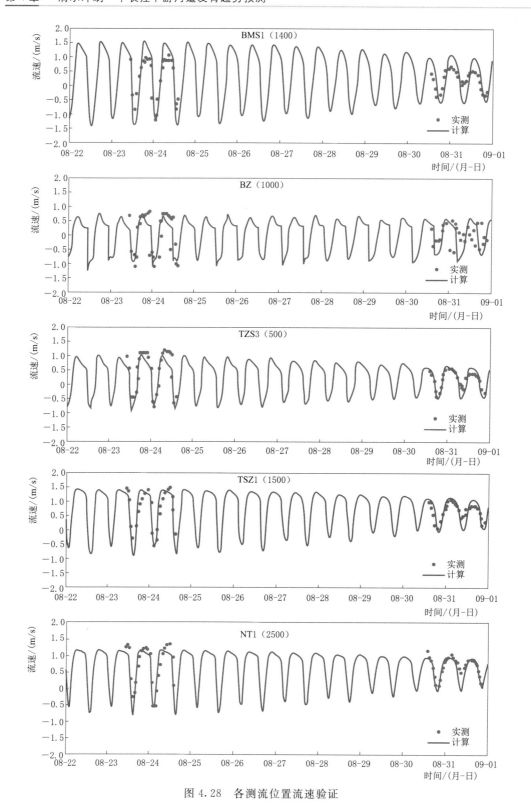

图 4.28 各测流位置流速验证

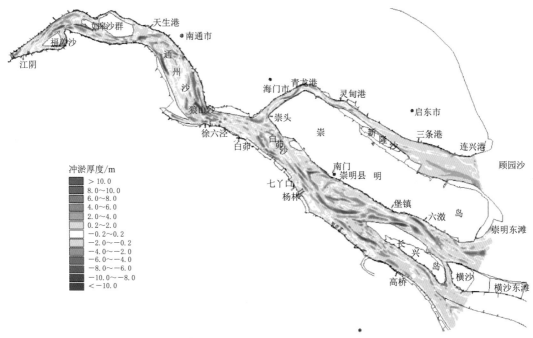

图 4.29　长江口 2011 年 11 月至 2016 年 10 月期间河段冲淤厚度分布（实测）

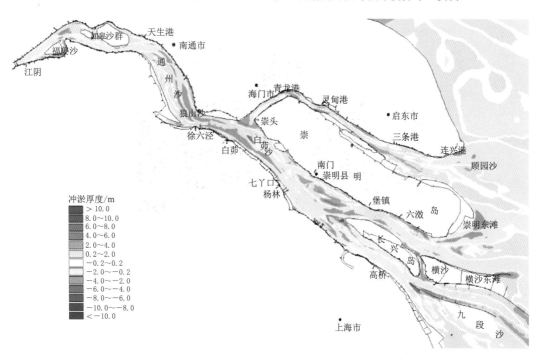

图 4.30　长江口 2011 年 11 月至 2016 年 10 月期间河段冲淤厚度分布（模型计算）

　　表 4.29 统计了各区域的冲淤量。由表 4.29 可见，模拟的冲淤分布与实测基本相符。其中南支河段、北支下段的计算误差与其他河段相比相对较大。南支河段实测冲淤呈条带状相间分布、幅度较大，而计算则冲淤区域分明、幅度相对较小。其差别除了模型本身的

误差，还可能与疏浚抛沙、潜坝等航道整治工程有关。北支下段实测淤积较多，特别是崇明边滩边缘淤积厚度较大，而模型相对淤积厚度较小。可能是因模型对崇明边滩的人类活动考虑不足。

6. 预测模拟计算条件

长江口河道演变预测，以 2016 年 10 月长江口地形为基础，以 2008—2017 年来水来沙为计算条件。模型入口断面的来水来沙过程，由长江中下游大通至徐六泾一维河网水沙数学模型提供。

表 4.29　　　　　　　各区域冲淤分布统计（2011 年 11 月—2016 年 10 月）

区　　域		江阴—天生港	天生港—徐六泾	南支	南港	北港	北支上段	北支下段
平均冲淤厚度 /m	实测	−0.024	−0.452	−0.03	−0.495	−0.328	−0.494	0.698
	计算	−0.005	−0.382	−0.129	−0.221	−0.414	−0.227	0.358
冲淤量 /万 m³	实测	−603	−13880	−1924	−9945	−6761	−5351	19244
	计算	−126	−11730	−8275	−4440	−8533	−2459	9870

预测计算以 5 年为周期，每个周期内的江阴入口边界条件为 2008—2017 年来水来沙条件的概化结果，如图 4.31 所示。每一级来水来沙条件历时 14.6d，即一个完整的潮周期。

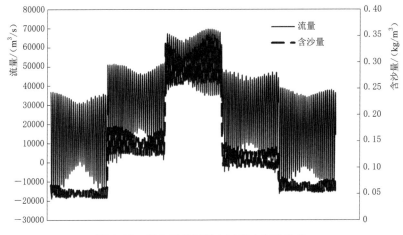

图 4.31　概化后的江阴入口来水来沙条件

4.2.4.2　趋势预测分析

1. 总体趋势

图 4.32 是计算之初的长江口地形。由图 4.32 可见：计算之初，受下扁担沙挤压，长江口北港入口的新桥水道较窄；北槽 −10m 等高线贯通。图 4.33 是计算 20 年后的长江口地形。由图 4.33 可见：计算 20 年之后，长江口主槽走向为：徐六泾—白茆沙右汊—扁担沙右汊—北港—口外；北港入口新桥水道冲刷展宽；因崇明东滩被冲刷，北港北汊得到发展；南港、南北槽均有一定程度的淤积；北支深槽发展较为明显。

统计了长江口各区域的冲淤情况，各区域每 5 年的平均冲淤厚度如图 4.34（a）所示，

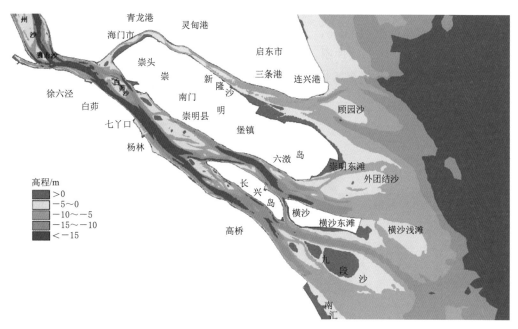

图 4.32 计算之初（2016 年 10 月）的长江口地形

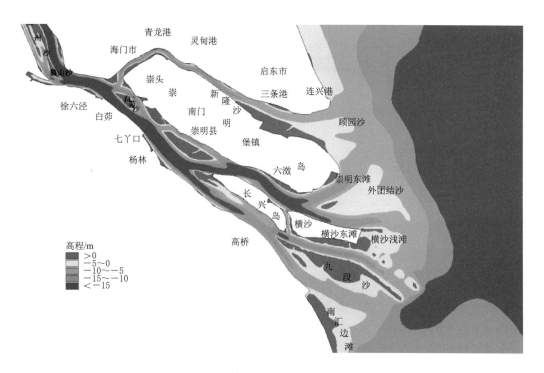

图 4.33 计算 20 年后的长江口地形

累积平均冲淤厚度如图 4.34（b）所示。由图 4.34 可见：南支持续冲刷，冲刷幅度不大，20 年累积平均冲刷幅度约 0.70m，即平均每年约 0.035m；南港先冲后淤，20 年累积淤积 0.73m，平均每年淤积 0.035m；北港持续冲刷，20 年累积冲刷幅度达 2.34m，平均每年冲刷 0.12m；北支上段持续冲刷，20 年累积冲刷幅度达 2.28m，平均每年冲刷 0.11m；北支下段持续淤积，20 年累积淤积 1.79m，平均每年冲刷 0.09m。

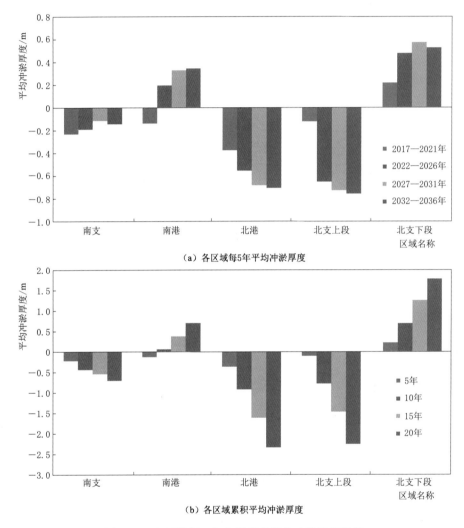

图 4.34 各区域每 5 年和累积的平均冲淤厚度情况

根据冲淤厚度，计算了各区域累积冲淤量，见表 4.30。由表 4.30 可见，冲刷量主要集中在南支、北港和北支上段。南支冲刷量大主要是因为面积大；北港和北支上段冲刷量大主要是由于冲刷幅度大。

由各区域冲淤变化趋势可见，上游来沙对下游的影响有一个逐渐传播的过程。南支最先受到影响，第 1 个 5 年冲刷幅度最大，后面逐渐减小。北港、北支，第 1 个 5 年冲刷程度最小，后面冲刷加剧，这在北支上段表现尤为显著。南港第 1 个 5 年发生了冲刷，而后

表 4.30　　　　　　　　　清水下泄长江口河段累积冲淤预测统计　　　　　　　　单位：亿 m^3

历时	南支	南港	北港	北支上段	北支下段	合计
5 年	−1.39	−0.28	−0.78	−0.14	0.59	−2.01
10 年	−2.47	0.11	−1.94	−0.85	1.91	−3.24
15 年	−3.14	0.77	−3.35	−1.64	3.48	−3.88
20 年	−3.98	1.46	−4.82	−2.46	4.94	−4.86

则持续淤积。北支下段第 1 个 5 年淤积较少，后面则淤积增加。从北港、北支、南港的变化可见，上游来沙减小的影响是自上游而下游逐步推进的。从每 5 年的冲淤变化来看，到第 20 年，冲淤变化的速率基本稳定，后续冲淤变化速度很可能减缓。也就是说，来沙减小的背景下，长江口河道冲淤调整，至少要持续 20 年。

栾华龙（2017）以"长江口综合整治规划"中 20 年时长为例预测了 2010—2030 年冲淤演变趋势，模拟情景考虑未来径流量和输沙量的变化、相对海平面上升及规划河口工程。结果表明"长江河口整体上将以冲刷为主，前缘潮滩将出现不同程度的蚀退，口内河段保持净冲刷态势，而拦门沙地区则由 2010 年以前的净淤积转变为净冲刷。未来径流量的年总量和季节性分布变化对演变趋势的影响相对较小，而来沙量的持续下降将增大长江河口整体上的冲刷强度，河口规划工程口内河段净冲刷量基本不变，拦门沙地区净冲刷量稍有减少"。可见，其预测结果与本研究的冲淤预测结果相当一致。该研究结果与本研究结果的不同之处主要是该研究预测江亚南沙南侧的南槽进口段将显著冲刷，而北港北汊冲刷较小。考虑到河口水动力和泥沙条件的复杂性，这种预测结果的差别，很难找出其内在原因。

2. 南支

南支河段从徐六泾至长兴岛头部。从计算期初、末地形可见，南支滩槽总体格局将基本维持不变，但各处水道的发展态势不同。

由图 4.35 可见，徐六泾河段南侧白茆小沙近岸区继续淤高，而离岸区则发生冲刷。北侧受北支同样表现为近岸区淤积，淤积区域较大并且延伸到北支入口，但淤积程度相对

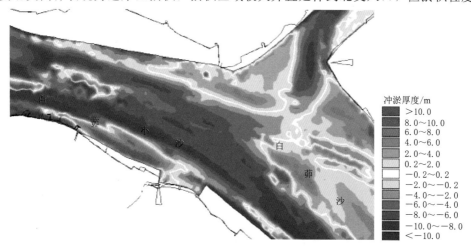

图 4.35　南支入口段冲淤厚度分布（20 年累积）

较小。主流区以冲刷为主,但中部深槽冲刷少、甚至有淤积,两侧冲刷多,其结果是河床更为平坦。由图 4.36 可见,相比于计算期之初,计算期末 −20m 等高线范围大大拓宽,且与白茆沙南侧深槽连通;而 −10m、−30m 等高线则变化相对较小。

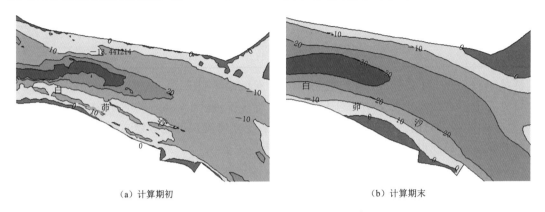

(a) 计算期初   (b) 计算期末

图 4.36 计算期初、期末南支入口段河床地形

由图 4.37 可见,白茆沙南侧现状为深槽,将持续冲刷;北侧原深槽以淤积为主。白茆沙沙体南部淤积、北部边缘则发生冲刷。由图 4.38 可见,冲淤演变的结果是白茆沙南汊继续发展、白茆沙北汊淤积变浅、位置南移,而白茆沙沙体高滩(0m 等高线)部分面积增加、低滩(−10m 等高线)部分面积略有减小,位置则基本不变。

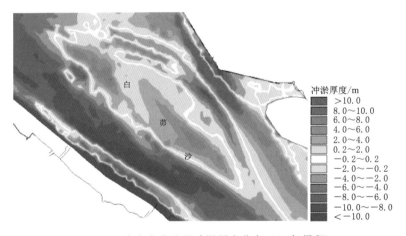

图 4.37 南支白茆沙段冲淤厚度分布(20 年累积)

上、下扁担沙是南支内的主要沙体。由图 4.39 可见,上扁担沙头部淤积、尾部冲刷,使得其与下扁担沙进一步分离。上、下扁担沙之间的冲刷带大约位于鸽笼港至南门港之间。下扁担沙上部稍有淤积、下部淤积较多。但沙体尾部 −5m 浅滩有所冲刷,使得北港进口水道的新桥通道展宽。而下扁担沙北侧的新桥水道,则发生淤积。由图 4.40(a)可见,与计算初相比,计算期末上、下扁担沙 0m 等高线面积增大,而 −10m 则减小,减小的部分主要是下扁担沙尾部。南支主槽以及新桥通道,得到进一步发展;而下扁担沙东北侧的新桥水道则淤积变浅。上、下扁担沙之间的缺口有所增大、但位置基本不变。这些变

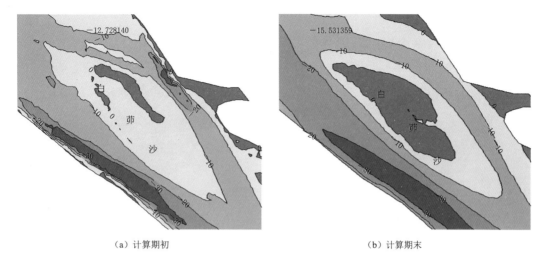

（a）计算期初　　　　　　　　　　　　　（b）计算期末

图 4.38　计算期初、期末南支白茆沙段河床地形

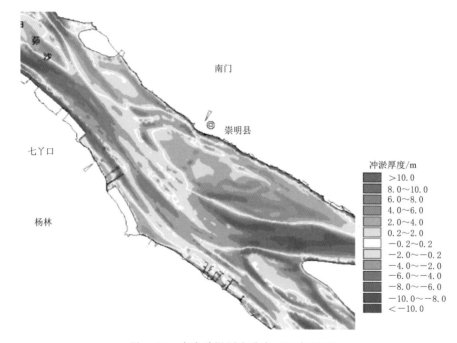

冲淤厚度/m
> 10.0
8.0～10.0
6.0～8.0
4.0～6.0
2.0～4.0
0.2～2.0
−0.2～0.2
−2.0～−0.2
−4.0～−2.0
−6.0～−4.0
−8.0～−6.0
−10.0～−8.0
< −10.0

图 4.39　南支冲淤厚度分布（20 年累积）

化，总体趋势上与该河段近期演变一致，但下扁担沙体西南侧基本没有被冲刷，这说明南支主槽近期的扩展趋势将有所缓和。下扁担沙和新桥通道的变化趋势，有利于北港入流条件的改善，但却不利于新桥通道的航道条件。此外，值得指出的是，下扁担沙沙体表面出现了新的窜沟，有将下扁担沙沙尾分割的可能。这与下扁担沙历史上表现出的沙尾淤积和切割演变规律一致。

　　新浏河沙散乱沙体区域将发生淤积。这主要是由于新浏河沙潜堤工程和南沙头通道限流工程的作用。由图 4.40（b）可见，至计算期末，新浏河沙 0m 等高线已经与长兴岛完

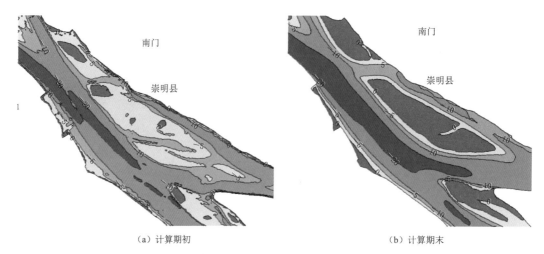

（a）计算期初   （b）计算期末

图 4.40   计算期初、期末南支扁担沙段河床地形

整连接起来，使得沙体与长兴岛连接成片。整体而言，南北港进口进一步规整。

南支典型滩槽高程变化见表 4.31。由表 4.31 可见，白茆沙、下扁担沙最大高程均有所增加，但增加主要发生在第一个 5～10 年。而两个沙体南侧的深槽最低高程均有所减小，深槽高程的减小持续了 10～15 年。数值模型对于细节的模拟是非常困难的，但是，趋势性的规律则具有较好的参考价值。从高程变化的规律来看，高滩和深泓均是淤积的。结合前述低滩和主槽的冲刷可知，河道发展的主要趋势是深槽展宽、滩体淤高。

表 4.31   南支典型滩槽高程变化

年份	白茆沙最大高程 /m	白茆沙南侧深槽最低高程/m	下扁担沙最大高程 /m	下扁担沙南侧深槽最低高程/m
2016	0.9	−48.5	1.3	−27.3
2021	1.3	−45.2	1.8	−25.7
2026	2.0	−42.7	1.5	−25.7
2031	1.7	−39.3	1.7	−24.3
2036	1.6	−40.3	1.8	−24.8

3. 南北港

南北港历史上分流分沙相差不大。2008 年以来，北港略占优，分流比历年均在 50%以上。为了保持南北港进口的稳定，2007 年以后，长江口航道管理局实施了新浏河沙护滩和南沙头通道限流工程，在南支主槽的中间进行分流。

图 4.41 是计算期内南北港冲淤厚度分布。由图 4.41 可见，两港河道冲淤规律大相径庭。北港河道主槽冲刷、两侧近岸边滩淤积。南港河道新浏河沙尾部及瑞丰沙附近冲淤散乱。吴淞口以下，河道冲淤分布较为清晰，主槽区微有冲淤，两侧近岸边滩淤积。需要指出的是，由于模型没有考虑吴淞口入汇。吴淞口附近出现了较大范围的淤积。这是与实际不相符合的。但是考虑到吴淞口流量较小，认为其影响范围较小。长兴岛和横沙岛之间连

通南北汊的横沙通道，以淤积为主，且中间淤积多，两侧淤积少，长兴岛和横沙岛的岸边甚至出现了冲刷。

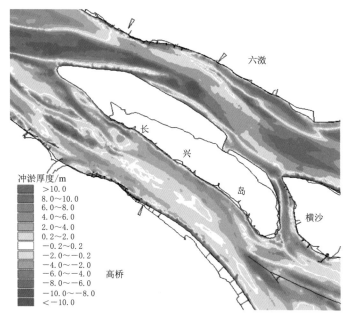

图 4.41　计算期内南北港冲淤厚度分布（20 年累积）

　　计算期初、期末的南北港河床地形如图 4.42 所示。由图可见，北汊深槽冲刷，计算期初仅出现在堡镇附近的 −20m 等高线范围，至计算期末已向下游延伸至青草沙水库之下。这与该河段近期河道深槽刷深展宽的演变趋势一致。同时，堡镇沙 0m 等高线范围也大大增加，0m、−5m、−10m 等高线相距很近，说明堡镇沙边坡变陡。南汊的变化显然是受到浏河沙工程的影响，南沙头通道淤塞，浏河沙以下，原来散乱的瑞丰沙沙体逐渐成形，但尚未出露。南汊主槽两侧 −10m 等高线接近平行。相关河演分析成果表明近期瑞丰沙下沙体被冲蚀，上沙体与新浏河沙连接。预测情况与之稍有不同，而更符合南汊的河

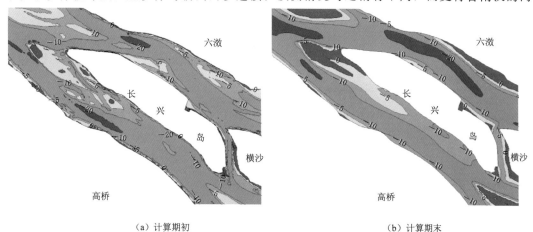

（a）计算期初　　　　　　　　　　　　　　　　　（b）计算期末

图 4.42　计算期初、期末南北港河床地形

势控制期望。

南北港特征高程变化见表 4.32。可见，北港深槽持续冲刷，滩面淤高，冲淤程度逐渐减缓，而南港的变化趋势则正好相反。这说明，北汊有进一步发展的趋势。

表 4.32 南北港特征高程变化

年份	北港特征高程/m		南港特征高程/m	
	主槽最低高程	崇南边滩滩顶高程	主槽最低高程	滩顶高程
2016	−21.2	−0.2	−23.0	0.8
2021	−22.4	−1.2	−22.5	−1.2
2026	−23.5	0.6	−21.0	−1.9
2031	−24.1	1.3	−19.7	−2.4
2036	−24.8	1.6	−18.5	−2.2

4. 南北槽

南北槽由于处于口门区，受径流、潮流双重动力的影响最为显著。多年来，南槽为主流，分流比大于50%。据河演分析，长江口深水航道工程实施后，由于坝田的淤积导致河槽总容积减少，导致北槽分流比进一步减小。但北槽深槽区落潮量增加，落潮动力有所增强。同时，深水航道整治工程的南导堤封堵了原江亚北槽上口，但江亚北槽却并未淤塞。

图 4.43 是计算期内南北槽冲淤分布。由图 4.43 可见，计算期内南北槽均以淤积为主。北槽主要淤积在深水航道工程的坝田区，淤积量较大；深槽上半段少有淤积甚至有所冲刷，这是受两侧导堤的限制；深槽下半段则发生了显著淤积。从图 4.44 可见，计算期末，北槽下段−10m 等高线已经不再贯通。这对于深水航道的维持是非常不利的。其原因应当是由于右侧导堤过短、左侧导堤出现缺口，导致过水通道放宽。从维护北槽深水航道的利益出发，同时稳定九段沙沙体，应当延长右侧导堤至九段沙末端。

南槽江亚南沙南侧河槽内发生淤积，以下河道内则淤积较少。受深水航道工程影响，

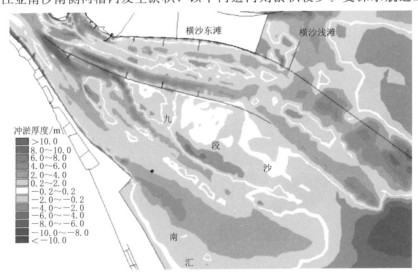

图 4.43 计算期内南北槽冲淤厚度分布（20 年累积）

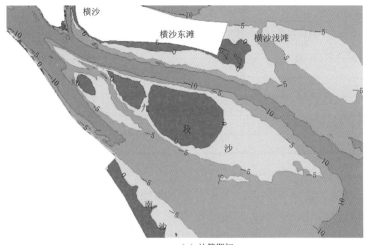

（a）计算期初

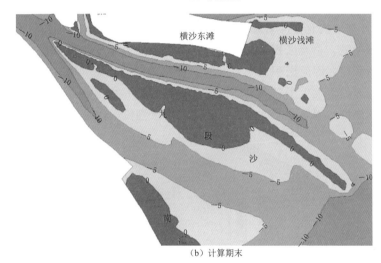

（b）计算期末

图 4.44　计算期初、期末南北槽河床地形

九段沙沙体前部、北部均发生淤积。江亚北槽则不仅没有淤积，甚至有所冲刷。九段沙南部边缘淤积，而中部滩面及东南侧尾部有所冲刷。由图 4.44 可见，计算期末，江亚北槽仍然存在，相比计算期初，其槽宽扩大但槽底高程增加；九段沙表面虽然 0m 等高线面积增加，但依然存在窜沟；九段沙淤长的区域主要是北侧顺北槽航道南导堤，而其南部 −5m 等高线则基本没有淤长。这与其近期河演特征有一定的差异。

　　由图 4.43 可见，计算期内，南汇边滩前、北部淤积，尾部冲刷。从图 4.44 可见，南汇边滩 0m 等高线范围淤长不多，而 −5m 等高线范围则在口门区有较大的扩张。这可能是由于泥沙大量淤积。南汇边滩的淤积，与九段沙一起，促进了微弯形状的南槽的形成。与此同时，口外 −10m 等高线的位置却也在一定程度上向口门内扩展。其结果是使得南槽口门区地形纵向坡度增大。

　　南北槽及九段沙高程变化见表 4.33。由表 4.33 可见，南北槽槽底高程变化不大，九段沙头、尾均淤积，淤积速度逐渐减慢。

表 4.33　　　　　　　　　　　　　南北槽及九段沙高程变化

年份	九段沙中部北槽槽底高程 /m	九段沙中部南槽槽底高程 /m	九段沙滩头高程 /m	九段沙滩尾高程 /m
2016	−12.5	−9.0	−1.6	−5.2
2021	−13.7	−8.1	−0.9	−1.4
2026	−13.1	−7.7	0	0.1
2031	−12.9	−7.9	0.4	0.5
2036	−12.6	−7.9	0.5	0.7

5. 北支

北支的演变规律，也同样受到自然和人为的强烈影响。河演分析表明，北支上段（自崇头进口至新跃沙拐弯处）近年来呈现深槽冲刷、边滩淤积的态势；北支中段（自拐弯至兴隆沙尾）河槽容积减小，其中既有自然淤积的贡献，也有兴隆沙、新村沙等沙洲并岸的贡献；北支下段（兴隆沙尾至口门）主要是崇明边滩自然淤积影响。

图 4.45 是计算期内北支冲淤厚度分布。由图 4.45 可见，计算期内，北支上、中、下段均表现为深槽冲刷、边滩淤积；北支入口受海门港外边滩及崇头南侧边滩淤积；北支下段因崇明边滩面积广，因而淤积量大。同时，崇明边滩对岸自灵甸港、红阳港至启东港、三条港至戤效港等处也发生了较为显著的淤积，这可能是由于河道放宽且岸线凹入陆地。而连兴港及以下岸坡，则发生了冲刷。这显然是由于潮流的动力影响。

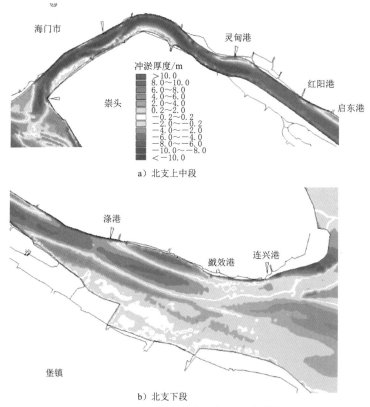

a）北支上中段

b）北支下段

图 4.45　北支冲淤厚度分布（20 年累积）

图 4.46 是北支入口段的河床地形。由图 4.46 可见，尽管北支入口通道两侧边滩均淤高，但同时入口通道也更为宽深。也即北支入口朝着高滩、深槽方向发展。这对于北支减淤无疑是有利的。事实上，如前所述可知，北支深槽不仅没有淤积，反而冲刷。

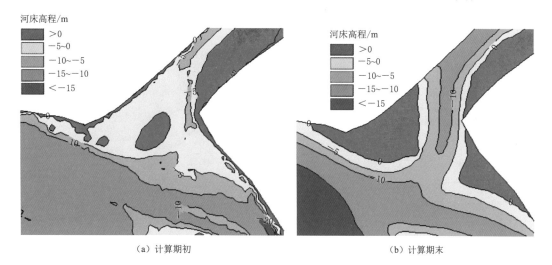

（a）计算期初 （b）计算期末

图 4.46 计算期初、期末北支入口附近河床地形

北支上中段计算前后的地形变化，主要表现为槽滩更为显著，各自往深、高方向发展。北支上、中段主槽自崇头以下，迅速转移到左岸，直至转弯以后转向右岸，至灵甸港后主槽又回到左岸，到新隆沙主槽又重新靠右岸，至三条港又靠左岸。

北支下段呈喇叭形，由图 4.47 可见，随着崇明边滩的发展和顾园沙的冲淤，北支主槽更为清晰。主槽自连兴港以下，沿着北岸通向外海。如前所述，口门区的主槽塑造，显然是受到潮流动力的显著影响。

关于北支，不得不说的一点是，由于北支河道狭窄，数模计算受限于计算速度，无法过于精细，因此，边界效应的模拟误差可能相对较大。

北支下段滩槽高程变化见表 4.34。由表 4.34 可见，北支下段滩槽高程极值变化均很小。

表 4.34   北支下段滩槽高程变化

年份	北支下段槽底高程/m	崇明北沿边滩滩顶高程/m
2016	−11.0	2.3
2021	−10.8	2.5
2026	−10.5	2.5
2031	−10.2	2.6
2036	−10.4	2.7

6. 口门区

口门区洲滩由于其潜在的开发利用价值，其冲淤变化也备受关注。图 4.48～图 4.50 是计算期口门区各洲滩的冲淤变化与地形。

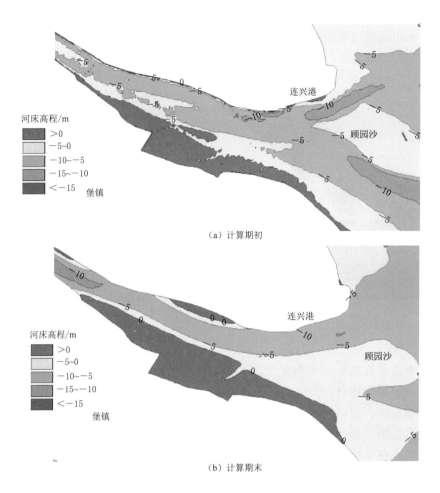

图 4.47　计算期初、期末北支下段河床地形

顾园沙滩面有所冲刷，而沙体南侧大面积淤积，导致沙体下移增大。顾园沙有与崇明岛连接的趋势，其−5m 等高线已经与崇明边滩连为一体。但连接并未完全，中间仍存在薄弱区。

崇明东滩的互花米草及鸟类栖息地优化工程区域南侧淤积，其前沿形成平顺衔接。该淤积区域东侧，则存在延伸自北港口门内的主槽冲刷带。该冲刷带的一部分，属于外团结沙的西北部分。冲刷的结果是使得外团结沙与崇明东滩进一步分离。外团结沙的东、南侧淤积，使得其往东南方向发展。外团结沙至横沙浅滩区域为长江口北港的拦门沙区域，崇明东滩 0m、−5m 面积均减小，而外团结沙 0m、−5m 面积均增大，其外侧−10m、−20m 等高线也向外海移动。可见，拦门沙区域是长江口来沙的主要淤积区域之一，且有向外海方向移动的趋势。

横沙浅滩前部淤积、尾部冲刷。南北两侧，受潜堤工程的影响，均发生淤积。其演变结果，使得横沙浅滩的外形与工程之约束一致。横沙浅滩面积扩大，尤其是深水航道北导堤沿线淤积较多。

图 4.49 计算期初（2016 年 10 月）长江口外地形

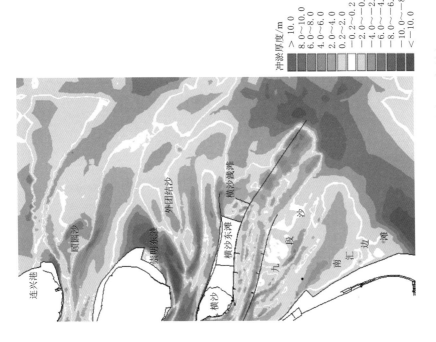

图 4.48 长江口外冲淤厚度分布（20 年累积）

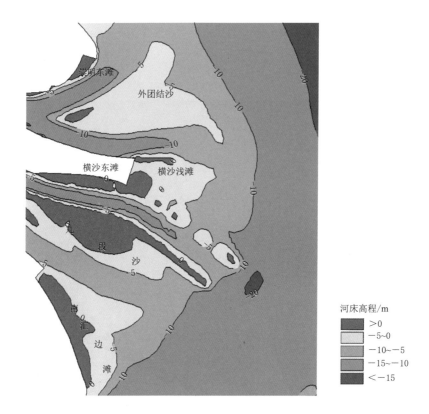

图 4.50 计算期末（2036 年 10 月）长江口外地形

九段沙总体面积变化不大，主要是沿北槽深水航道导堤淤积下延。南汇边滩滩体淤积扩大。二者已经在南槽冲淤演变中讨论。

长江口外，由北至南的顾园沙、外团结沙、横沙浅滩、九段沙、南汇边滩的外侧存在连接成片的冲刷带。冲刷最多的区域，位于北槽及南汇边滩的尾部，冲刷厚度约9m。由上述分析可见，这个冲刷区域，虽然与来沙减少有关，但其动力来源可能主要是潮流。

<h1 align="center">参 考 文 献</h1>

DELTARES, 2014. User manual Delft3D - Flow: Simulation of multi - dimensional hydrodynamic flows and transport phenomena, including sediments: Delft, Netherlands.

VAN der Wegen M, DASTGHEIB A, JAFFE B, et al, 2011. Bed composition generation for morphodynamic modeling: case study of San Pablo Bay in California, USA [J]. Ocean Dynamics, 61 (2 - 3): 173 - 186.

WANG J, GAO W, XU S, et al, 2012. Evaluation of the combined risk of sea level rise, land subsidence, and storm surges on the coastal areas of Shanghai, China [J]. Climatic Change, 115 (3 - 4): 537 - 558.

YANG S L，LIU Z，DAI S B，et al，2010. Temporal variations in water resources in the Yangtze River（Changjiang）over the Industrial Period based on reconstruction of missing monthly discharges ［J］. Water Resources Research，46（10）：W10516.

YANG S L，MILLIMAN J D，XU K H，et al，2014. Downstream sedimentary and geomorphic impacts of the Three Gorges Dam on the Yangtze River ［J］. Earth – Science Reviews，138：469 – 486.

长江科学院，2019. 三峡工程运用后大通—徐六泾河段水沙情势变化及河床演变趋势预测研究报告 ［R］. 武汉：长江科学院.

长江科学院，2019. 长江干流安庆至南京段黄金水道建设对河势控制与防洪影响分析及对策措施报告 ［R］. 武汉：长江科学院.

长江科学院，2018. 长江马鞍山河段二期整治工程可行性研究报告 ［R］. 武汉：长江科学院.

长江科学院，2012. 长江马鞍山河段二期整治工程河工模型研究报告 ［R］. 武汉：长江科学院.

长江科学院，2015. 长江马鞍山河段二期整治工程数学模型计算报告 ［R］. 武汉：长江科学院.

长江科学院，2013. 长江安庆河段治理工程河工模型研究报告 ［R］. 武汉：长江科学院.

长江科学院，2014. 长江安庆河段治理工程数学模型计算报告 ［R］. 武汉：长江科学院.

长江科学院，2015. 长江安庆河段治理工程可行性研究报告 ［R］. 武汉：长江科学院.

长江科学院，2015. 长江镇扬河段三期整治工程可行性研究报告报告 ［R］. 武汉：长江科学院.

裘诚，2014. 长江河口盐水入侵对气候变化和重大工程的响应 ［D］. 上海：华东师范大学.

胡德超，毛冰，申康，等，2016. 纾解长江口北支平面形态改善方案影响的二维水沙数学模型研究报告 ［R］. 武汉：长江水利委员会长江科学院.

栾华龙，2017. 长江河口年代际冲淤演变预测模型的建立及应用 ［D］. 上海：华东师范大学.

第 5 章

长江下游河道综合治理思路研究

本章从防洪、河势、航道条件、水资源保护与利用、岸滩保护与利用、水生态环境等方面阐述了河道治理存在的主要问题,明晰了新形势下河道多目标综合治理的总体需求;为适应经济社会高质量发展的需求,分析了长江下游干流河道治理的一般性原则和具体原则,提出了未来河道治理的总体目标,初步明确了长江下游河道综合治理体系、总体布局及相关保障措施。

5.1 长江下游干流河道总体治理需求

5.1.1 防洪

5.1.1.1 存在的主要问题

长江下游沿江地区经济发达、交通便利、人口众多,是我国经济发展的黄金地带。同时,该地区又是长江流域洪水灾害最严重、最频繁的地区,洪涝灾害历来是该地区主要的自然灾害,长江下游洪水照片如图 5.1 所示。随着沿江几个区域城市经济带的逐步形成,产业加速向沿江集聚,沿江人口、经济所占比重与日俱增,洪涝灾害造成的损失将比以前更为惨重。1998 年大水后大规模的堤防建设,长江下游干流堤防得到全面加固,危及堤防安全的崩岸险段得到治理,长江下游河道岸线相对稳定。但局部河段还存在一些防洪问题,长江下游汊道众多,主流摆动、河床冲淤变化频繁,江岸在水流冲刷下,崩坍严重,使有些重要堤防频频出险,防洪形势严峻。三峡等干支流水库建成并投入使用后,在调蓄上游洪水的同时,也将拦蓄大量泥沙,使下泄泥沙大为减少,下游河道发生长距离、长历时冲刷,使部分河段河势发生变化,导致原有防护工程段发生破坏,同时出现新的险工险段,威胁堤防安全。为保障长江下游防洪安全,要进一步通过河道治理工程,加强防护,避免过强顶冲,达到稳定岸线、保障堤防安全的目的。

三峡工程蓄水运用后,下泄水流含沙量大幅减小,长江下游整体已呈冲刷态势,部分河段河势还在继续调整、尚未稳定,这可能会导致原有防护工程段发生破坏,同时出现新的险工险段,威胁堤防安全。

5.1.1.2 总体需求分析

长江下游洪水调度采取蓄泄兼筹、以泄为主的原则,需要充分发挥河道的下泄能力,将峰高量大的长江洪水泄入东海。因此,在长江下游洪水河道整治中,要充分发挥河道、支汊、滩地等的泄洪能力,减小河道形态阻力,充分保障河道的泄洪通畅。而长江下游沿江经济带的开发与建设,沿江城市群的逐步形成,需要一条泄洪通畅和堤防体系稳固的长江河道。

图 5.1　长江下游洪水图

5.1.2　河势

5.1.2.1　存在的主要问题

经过多年治理，长江下游大的崩岸险工段基本得到控制，但河势仍然处于调整期的水域仍时有崩岸发生。长江下游崩岸的特点是强度较大，多处水域发生过宽度、进深均达几百米的大型窝崩，有些甚至将主江堤坍塌至江中，长江下游典型崩岸照片如图 5.2 所示。经过多年治理，这些历史老险工段基本得到了控制，但本段多处水域由于河势仍然处于调整之中，有些产生新的崩岸险情，有些造成原有工程损毁。

长江下游经过近几十年来的河道整治工程的建设，特别是 1998 年大水后的堤防加固和护岸工程的实施，已初步形成了较为完整的护岸工程体系，该体系与其他天然节点对本河段的河势具有重要的控制作用，两岸岸线基本稳定。但受河道整治资金投入不足等限制，江中洲滩仍未得到有效守护，洲滩变化频繁。长江下游洲滩变化主要体现在洲滩的冲淤消长、搬移、切割、合并（并岸）。

经过长期的自然演变和人工控制，长江下游河势基本稳定，并基本与沿岸地区国民经济发展布局和经济社会发展的要求相适应。但随着经济社会的快速发展，对河势稳定的要求越来越高，崩岸的发生严重影响防洪安全的同时，大量港口码头、过江通道、取排水设施要求河道的主流稳定、水深良好，外向型经济的发展要求不断提高航道水深和通过能力，长江下游地区由于岸线开发利用程度很高，对于支汊稳定也提出了要求。

同时，随着三峡等长江上游干支流水库的建设及逐渐投入使用，长江下游干流河道将面临长期的清水下泄、河道冲刷的情况，河势也将产生一定的变化。局部河势稳定程度远不能满足沿江地区经济社会发展和产业布局的要求，需要顺应河道演变的趋势，进一步稳定河势，并对不能满足经济社会发展要求的河势加以改善。

5.1.2.2　总体需求分析

良好而稳定的河势是利用长江进行经济建设的前提条件。沿江地区经济的发展、长江产业带的建设，需要长江下游干流河道具有良好而稳定的河势。随着沿江开放开发的不断深入，对河势稳定的要求将越来越高。沿江城市的发展布局，航道的开发，港口的布局，沿江工业园区、物流园区码头和供水设施的建设，城市和农村的防洪、排涝、取水都离不开良好而稳定的河势。

图 5.2　长江下游典型崩岸

长江下游在河势控制方面，需要加强节点的控制作用，在分汊河段固定洲滩，稳定主流，控制汊道分流分沙比，防止主支易位，维持某些开发利用程度较高支汊的生命力，并在条件成熟的时候堵塞某些支汊；在弯曲型河段则需要稳定河槽，以有利于防洪和航运；在顺直微弯段则需要重视与上下游河段的衔接，控制洲滩，稳定主流走向，改善航道水深。

5.1.3　航道

5.1.3.1　存在的主要问题

1. 湖口至南京段

航道问题主要表现为：主支汊道兴衰交替，在交替发展过程中常出现浅情，如芜裕河段；汊道口门、局部放宽段水流分散，洲滩变化引起航槽不稳定，从而出浅碍航，如土桥水道、黑沙洲水道、马鞍山河段。

土桥水道浅区位于左汊中上段，由于河道较宽且顺直，水流分散、流速较小，汛后水流冲刷不力而发生碍航。针对土桥水道航道问题，2009 年经交通运输部批准实施了土桥水道航道整治一期工程，通过守护成德洲左缘中上段、左岸灰河口一带岸线，限制夹套冲刷发展，遏制左汊航道边界不利变化，适当改善左汊浅区航道条件，降低航道维护难度。土桥水道实施航道整治一期工程后左汊浅区航道条件有所改善，但由于一期工程实施时枯水期右汊分流已略占优，而且，随着近期成德洲洲尾右缘、章家洲左缘高滩的崩退，右汊过流能力有所增加，左汊分流有所减小，对左汊航道条件的维持不利，同时，新洲洲头低滩不稳定，一旦右槽冲刷发展，也会对右汊航道条件产生不利影响。

黑沙洲水道南水道为现行主航道，是长江下游重点碍航浅水道之一。主要存在的问题为黑沙洲右汊内右槽过流断面宽浅，浅区水动力不足。针对黑沙洲水道航道问题，已实施黑沙洲航道整治一期工程，工程实施后航道条件得到了一定程度的改善，一般年份枯水期航道水深条件较好。但由于一期整治工程力度有限，潜坝均在航行基面 6m 以下，断面调整作用有限，加上心滩较为低矮，在遇到大水年时，滩体束流作用减弱，水流分散，处于缓流区的右槽容易淤积。尤其是三峡水库 175m 蓄水后,汛后退水加快,右槽浅滩段淤积泥沙冲刷不充分,航道条件变差,仅能勉强满足 6.0m×200m×1050m 设计标准,航道条件尚不稳定。同时,江中心滩冲刷萎缩,浅区断面趋于宽浅,若任其发展,一期工程所取得整治效果难以保持。此外,天然洲头及右缘的崩退导致黑沙洲航道条件进一步恶化。

芜裕河段近几年来,曹姑洲心滩不断左冲右淤以及曹姑洲近年来的大幅度冲退,曹姑洲上下游夹槽发展迅速。汊道格局不稳定,导致芜湖长江大桥水道航道条件变差,西华水道进口、中段、出口航槽淤窄,航道条件恶化。

马鞍山河段已先后实施了江心洲至乌江河段航道整治一期工程和江心洲水道航道整治工程(包括心滩洲头护岸工程、上何家洲头护底带及护岸工程;太阳河口护岸加固工程;彭兴洲及江心洲左缘护岸加固工程),使得该段最小航道维护水深已达到 9.0m,达到了Ⅰ级航道标准,可通航 10000 吨级海船。江心洲汊道出口小黄洲洲头过渡段航道从左至右急剧转折,形成上下两个接近 90°的急弯,加之河宽较窄,又处于多汊汇流区,流态较紊乱,航行条件差。近年江心洲左缘崩岸呈现往下游发展的趋势,江心洲中下段心滩下移,不利于小黄洲汊道分流格局的稳定。

2. 南京至徐六泾段

南京至徐六泾段自上而下共 10 个水道,历史上,本河段内沙体几度分合或并岸,航道条件曾十分恶劣。近十多年来,由于受护岸、围垦造地、节点控制工程等多种因素作用,主流摆动幅度有所减小,多数水道航道条件有一定改善。随着长江口深水航道 12.5m 水深向上延伸,主要在仪征、和畅洲、口岸直、福姜沙、通州沙水道存在主航槽淤积、航宽狭窄、流态紊乱、航槽不稳等碍航问题。

针对以上重点水道的碍航问题,为此,交通部门组织实施了长江南京以下深水航道治理工程,总体思路为:整体规划、分期实施、自下而上、先通后畅。至“十二五”期末,该河段实施了洲滩守护工程(包括口岸直水道落成洲守护工程、口岸直水道鳗鱼沙守护工程和福姜沙水道双涧沙守护工程)、南京以下 12.5m 深水航道一期工程(太仓至南通段)、南京以下 12.5m 深水航道二期工程(南通至南京段)。

仪征水道工程实施后,世业洲头守护工程稳定了洲头低滩,重塑了洲头滩槽格局。但大水大沙年便民河口至马家港一带航宽不足,仍需辅以疏浚措施。

和畅洲水道工程实施后,和畅洲左汊分流比减小,右汊分流比增加,右汊航槽得到冲刷。虽然工程实施将起到对左汊河道促淤、对右汊河道冲刷的效果,但是左汊堤身之间及第二道潜堤下游冲刷问题仍需要引起关注。

口岸直水道二期工程实施后,达到了改善落成洲左汊航道内浅区段航道条件以及抑制右汊冲刷发展具有较好的工程效果。但由于左侧三益桥边滩淤积,在经历大水年和特大洪水年后,三益桥边滩右缘航道左边线处航宽略有不足。水道下段鳗鱼沙两槽航槽略有冲刷,12.5m 等深线能够满足设计航道宽度的要求。但在左槽进口高港边滩处,仍存在航深不足的可能。

福姜沙水道二期工程实施后,基本能达到守护双涧沙沙体和福姜沙左缘边滩的工程目标,同时福北进口和福中进口浅段动力增强。福中水道 12.5m 深槽贯通,宽度在 300m以上。但由于 12.5m 深槽靠双涧沙潜堤一侧,在航道右侧存在局部水深不足 12.5m。福北水道由于上游靖江边滩没有守护，受边滩切割下移的影响，旺桥港附近局部航宽有所不足，安宁港至夏仕港附近福北偏南航道水深不足且12.5m槽中断。

通州沙水道一期工程实施后，通州沙及狼山沙左缘得到守护，稳定了航道右边界。但新开沙至裤子港沙仍处于自然演变状态，局部滩槽水沙运动状态未发生明显改善，近期呈"上冲下淤，整体下移"趋势，沙体尾部下移过程中左岸近岸低边滩淤长挤压主航槽。由于通洲沙东水道中下段左侧航道边界新开沙至裤子港沙尚未得到控制，受涨落潮流共同作用年内冲淤交替导致通洲沙东水道航道条件宽度不足。总体而言，裤子港沙尾部淤长的泥沙不仅来源于上游河床冲刷，还来自沙尾左缘涨潮流冲刷的泥沙，涨潮流和落潮流携带的泥沙在此汇集，使得沙尾右缘淤长南压。

5.1.3.2　总体需求分析

湖口至南京河段内水道多为双汊或多分汊河段，局部河势稳定性差、航道边界易变且存在主支汊异位的可能，且该河段洲滩众多，主流摆动较为频繁。根据《长江干线"十三五"航道治理规划》（长江航道局，2017），各航段建设目标为：安庆至芜湖段，航道尺度维持6.0m×200m×1050m，通航5000吨级江海船；芜湖至南京段，航道水深由9.0m提高至10.5m，航宽200m，实现通航1万~3万吨级海船。

河段内目前存在芜裕河段、江心洲至乌江河段2个重点河段航道条件不能稳定满足规划目标要求。为实现河段规划目标，需要对河段范围内的土桥水道、黑沙洲水道、芜裕河段、江心洲至乌江河段进行治理。

土桥水道需抑制河道展宽和右汊发展，适当增加左汊分流，并配合调整左汊中上段枯水期河床形态，提高浅区流速和冲刷能力，以达到改善左汊航道条件的目的，维持两汊通航条件。黑沙洲水道需增强右槽中上段冲刷能力，减少不利水文条件下河床淤积，进一步改善右槽航道条件，并适当控制左汊发展，维持两汊稳定。芜裕河段需抑制曹姑洲心滩和曹姑洲的冲退，限制串沟的进一步发展，防止芜湖长江大桥桥区、裕溪口水道、西华水道乃至下游江心洲河段航道条件向不利趋势发展。

江心洲至乌江河段需增强江心洲水道下段浅区段、凡家矶水道新生洲头浅区段水流动力条件，以进一步稳定乌江、凡家矶水道的格局，改变新生洲、新济洲河段"主汊←→支汊"易位的转化条件，稳定乌江水道、凡家矶水道主支明显、航道条件较好的分汊河型。

"十二五"期末，随着长江南京以下12.5m深水航道建设一期、二期工程的实施，12.5m深水航道将上延至南京，但局部河段航道边界仍不稳定，每年仍需要辅以疏浚维护。

南京至徐六泾段建设目标为：保障南京以下12.5m深水航道安全、稳定运行，全面实现全天候双向通航5万吨级海船。"十三五"期间，还需要继续采取工程措施，控制汊道分流格局、稳定航道边界、改善局部浅区条件、减少疏浚维护，实现12.5m深水航道的安全畅通。

具体而言，仪征水道需进一步稳定汊道分流态势，并加强对世业洲右缘的守护；和畅洲水道需适时采取工程措施巩固工程效果，加强坝下防护；口岸直水道需守护落成洲左缘中下段以稳定航道右边界，加强对鳗鱼沙心滩头部的控制作用，抑制高港边滩下移，改善鳗鱼沙左槽进口航道条件，进一步冲刷右槽下段浅区；福姜沙水道需进一步优化双涧沙头部潜堤的高程调节滩槽流量分布，改善福北水道进口浅区条件；通州沙水道需稳固新开沙沙体，适当改善新开沙夹槽水深条件，缩窄主河槽宽度，加强浅区段的水流动力，封堵通州沙上段窜沟，稳定航道右边界。

5.1.4 水资源保护与利用

5.1.4.1 存在的主要问题

水资源保护与利用对河道治理的需求主要体现在取排水口的设置和运行。取排水口设施存在的主要问题有：

（1）部分取水口、排水口构筑物附近河床冲淤幅度增大，对供水安全可能构成一定的影响。长江下游大部分取水口、排水口构筑物均位于河道较稳定的河床、岸边，靠近主流，有足够的水深条件，大多取水口、排水口建成后均保持较良好的运行条件。但由于上游来水来沙条件的变化、上游河势的变化以及人类活动等因素，河道的冲淤发生调整变化，部分取水口、排水口构筑物附近河床出现一定的淤积，构筑物附近的含沙量增加，对取水口附近的水质带来一定影响的同时，取、排水口的工作效率也将有所降低，若继续出现较大淤积，也将对取水口、排水口构筑物的正常运行带来影响；部分取水口、排水口构筑物附近河床或岸坡出现较明显的冲刷，若继续持续冲刷，或将危及构筑物的防护措施及构筑物自身的安全。上述情况需加强监测并做好应急预案。

（2）部分取水口、排水口布局不合理，影响供水安全。由于以往缺少规划，取水口和排水口交错布置，现状取水口中有极少部分取水口位于排污下游，现状水质较差，需对其提出相应的替代方案，以保障取水水质，提高取水水源的安全性，而且随着城市的经济社会发展，部分城市已有的取水口供水能力严重不足，且设备老化严重，从水量保障上，部分取水口保证率不高；存在污水未经处理，散排入江的情况。

5.1.4.2 总体需求分析

《长江经济带沿江取水口、排水口和应急水源布局规划》（水利部，2016）的近期目标为：到 2020 年，取水口、排水口和城市应急水源布局基本合理，基本形成城市供水安全保障体系。对水量、水质无法保证的规模以下生活取水口取水统一纳入城市供水体系供水；所有地级及以上城市完成应急备用水源规划选址；进一步加强取水口、排水口和应急水源管理，初步形成完善的水资源开发利用与保护监管体系。远期目标为：到 2030 年，形成城市供水及应急水源安全保障体系；实现取水口、排水口和饮用水水源地管理规范有序，形成完善的水资源开发利用与保护的监管体系。

5.1.5 岸滩保护与利用

5.1.5.1 存在的主要问题

（1）局部地区岸线利用布局不尽合理，对防洪安全、河势稳定、供水安全及生态环境保护带来一定影响。历史上由于缺乏统一的规划指导，岸线重开发利用，轻岸线保护，甚至存在违法建设行为。一些建设项目开发利用布局不尽合理，开发利用方式粗放，造成河岸冲刷，或导致局部河势失稳，对防洪安全及河势稳定造成不利影响；有些危化品码头、排污口布局不符合河段水功能区水质保护的要求，甚至布置在水源保护区内，对供水安全造成重大威胁；有些开发项目布置在自然保护区的核心区，可能影响珍稀鱼类的洄游、繁殖等；有些项目布置在风景名胜区的核心景区，对自然景观及其环境造成严重影响。同时，局部地区存在岸线过度开发现象，建设项目的群体累积效应已经初步显现，对防洪、河势、供水、航运和生态环境造成一定影响。

（2）局部江段岸线开发利用程度高，岸线资源相对紧缺的矛盾日渐凸显。长江岸线资源是长江流域经济社会发展的重要支撑，具有不可替代性和稀缺性。特别是同时满足河势稳定、水深条件优越、陆域宽阔、对外交通方便的岸线资源更是稀缺。随着长江流域经济社会快速发展，一大批重要港口、重要产业园区、过江交通设施、临港产业沿江布局，特别是局部江段岸线开发利用程度高，岸线资源相对紧缺的矛盾正日益成为制约地方经济社会发展的瓶颈。

（3）局部江段岸线利用效率低，岸线资源浪费严重。由于受经济发展阶段制约，以及缺乏统一规划、统一管理等原因，部分江段岸线利用项目存在多占少用和重复建设现象，岸线利用效率低，不能充分发挥岸线资源的综合效能，造成岸线资源浪费。一些企业未能统筹协调岸线资源开发与后方陆域布局的关系，未能充分发挥岸线资源的综合效益。有的开发利用项目存在"占而不用、多占少用、深水浅用"，以及专用码头占用过多岸线，公共码头建设缺乏岸线等不合理现象，岸线资源配置不合理，岸线利用效率低，岸线资源浪费严重。

（4）岸线保护和开发利用管理有待进一步加强。近年来，随着长江大保护的推进，相关部门不断加强岸线开发利用管理，长江岸线保护和开发利用总体有序，但仍存在以下问题：一是岸线保护和开发利用相关法律法规尚不健全；二是管理涉及行业和部门众多，存在"政出多门""各自为政"等问题；三是岸线资源开发利用缺乏有效的市场、经济调控等管理手段，这些方面制约了岸线资源的有效保护、科学利用和依法管理。

5.1.5.2 总体需求分析

长江岸线作为支撑长江经济带发展的重要资源，是沿江重要国民经济设施建设的载体。随着沿江经济社会的快速发展，对长江依赖程度越来越高，岸线保护与开发利用之间的矛盾日益突出，迫切需要按照推动长江经济带发展的战略部署，统筹长江岸线资源的保护和开发利用，促进长江岸线资源的有效保护、科学利用和依法管理。

（1）推动长江经济带国家战略实施。长江是货运量居全球第一的黄金水道，长江通道是我国国土开发最重要的东西轴线，在区域发展格局中具有重要战略地位。依托黄金水道推动长江经济带发展，打造中国经济新支撑带是党中央、国务院确定的重大战略部署。进入 21 世纪以来，长江水运呈现上中下游货运全面快速发展、江海运输需求迅猛增长、大宗干散货传统货种和集装箱、滚装汽车等新兴货种多头发展的局面。航道条件的改善，有力促进了港口发展，以及战略性新兴产业集聚区、高新产业园区的建设。同时，随着城镇化、工业化进程加快，区域之间、城市之间以及城市内部交通运输体系不断完善，沿江地区已建成一大批跨江、临江、穿江的桥梁、隧道、管线等设施。随着长江经济带国家战略的逐步实施，长江航运、临港产业、跨穿江设施建设将迎来新的发展机遇期，对岸线开发利用将提出新的更高要求，迫切需要统一规划，合理保护和开发利用长江岸线资源，统筹岸线和后方土地的使用和管理，提高岸线资源的集约利用水平，支撑长江经济带的可持续发展。

（2）保障防洪、供水、通航安全及河势稳定。长江经济带凭借资源禀赋和区位优势，已发展成为我国综合实力最强、战略支撑作用最大的区域之一，沿江城市化进程加快、产业密布、社会财富高度集中，2019年长江经济带地区生产总值达45.78万亿元，占此同期全国总量的46.2%。长江干流年货运量连续十余年世界第一。随着长江经济带国家战略的深入推进，岸线开发利用需求更加迫切，不合理的开发利用布局和方式对防洪、供水、通航安全及河势稳定将带来不利影响，迫切需要统一规划、强化管理，统筹岸线保护和开发利用，保障防洪、供水、通航安全及河势稳定。

（3）统筹岸线资源开发利用，强化岸线资源保护。长江岸线是重要的自然资源，随着经济社会快速发展，部分地区岸线资源供需矛盾凸显，迫切需要通过统一规划和加强管理，着力解决目前长江岸线资源开发利用存在的局部江段布局不合理、使用效率低、资源浪费严重等问题，实现岸线资源的有效保护和合理利用。

（4）维系优良生态环境。长江岸线是长江生态环境的重要组成部分，规划范围涉及众多自然保护区、风景名胜区、水产种质资源保护区以及重要湿地等生态敏感区，岸线开发利用与生态环境保护密切相关，迫切需要通过科学布局、强化保护，避免岸线开发利用对生态环境造成影响，维系优良生态环境，助推长江绿色生态廊道建设。

5.1.6　水生态环境

5.1.6.1　存在的主要问题

长江下游沿江地带为我国经济发达地区，其中江苏、上海为我国经济的精华地区，沿江城镇密布，众多厂矿企业、港口、码头交错分布。由于污水处理设施不够完善，各种工业废水和城镇生活污水大量排入长江，导致长江下游水体各种污染物负荷增加，总磷、粪大肠菌群、氨氮、铅、挥发酚等水质指标不同程度出现超标现象，水环境质量恶化趋势没有得到根本转变，特别是城市江段的水环境质量难于达到水功能区规定的水质类别要求。

长江下游干流鱼类等水生生物资源丰富，分布有白鱀豚、江豚、中华鲟等珍稀保护水生动物，同时也是沿江通江湖泊众多鱼类的繁殖场所。近年来随着沿江经济的快速发展，城市建设、航运等各项活动对长江下游水生生物的干扰越来越激烈，部分水域水生生境萎缩，生境条件改变，已对长江下游鱼类等水生生物的栖息和生存构成严重威胁，特别是白鱀豚、江豚、中华鲟等珍稀保护水生动物的生存空间日益缩小，受人类活动伤害的频率越来越大。规划范围内虽然已建立多处保护区，但由于水环境条件的恶化，人类活动的干扰等众多因素的影响，白鱀豚已功能性灭绝，江豚、中华鲟等资源量仍然在下降，水生生物多样性降低。

长江下游沿江湿地的生态功能除了具有调蓄洪水、为水生动物和迁徙性鸟类提供食物和栖息场所等功能外，还有降解水体污染物、净化水质、保障饮用水安全以及景观方面的功能。近年来城市化进程加快，城市防洪、港口与交通基础设施建设以及区域开发等活动不断蚕食湿地，导致湿地面积锐减，尤其是城市区域，湿地面积及其结构遭到较大破坏，湿地功能几乎丧失。亟待加强对湿地保护的认识，协调开发活动与湿地保护的关系，保护湿地在维护生物多样性、净化水质、保障饮水安全等方面功能。

5.1.6.2　总体需求分析

长江下游沿江地区人口密集，经济发达。沿江城镇密布，众多厂矿企业、港口、码头沿江交错分布，各种污水排放量大，人类活动对水环境、水生态的影响较大。长江下游干流鱼类等水生生物资源丰富，除了分布有白鳍豚、江豚、中华鲟等珍稀保护水生动物外，还是沿江通江湖泊众多鱼类的繁殖场所。为维护河流健康，促进人水和谐，持续利用水资源，应加强水资源保护，严格控制入河排污量。同时应按照生态系统完整性的要求，在治理与开发中，从流域、河流廊道、河段等不同层次，落实生态环境保护及水生生物资源养护措施，并对现状生态环境已破坏的水域积极修复，以实现河流生态系统服务功能的可持续发挥。

5.2　长江下游干流河道综合治理思路

长江下游干流河道综合治理思路是随着长江下游流域经济社会逐步发展，人民生活水平逐步提高，而逐步形成的，这经历了一个漫长的时间历程。

1949 年，长江水利委员会组建之初就以"防洪为重点，抓紧堤防建设，兴建沿江排灌涵闸，开辟分蓄洪区，同时积极研讨长江的治理计划"为中心任务。长江下游地区开展了下游大通至南京河势控制的前期研究等工作。1975—1989 年，长江下游的护岸工程从经济和实用的角度出发，是以"守点顾线"的河势控制理念来达到确保堤防的防洪安全为目的而进行的，因而护岸及抛石守护是研究工作的重点。1989 年后，沿江经济发展迅速，河道综合整治需求上升，国家和地方经济实力增强，长江下游河道治理从河势控制为主转变为河势控制、河道综合整治及一般崩岸整治三种类型并举。2001—2020 年，尤其是2003 年以来，三峡工程蓄水运用后的坝下游河道冲刷问题日渐突出，护岸工程新技术新材料开始推广应用。2012 年以来生态文明建设及长江大保护对长江下游干流综合治理提出了更高的要求（卢金友等，2020）。

5.2.1　治理原则与目标

5.2.1.1　治理原则

认真贯彻落实习总书记系列重要讲话精神，遵循创新、协调、绿色、开放、共享的发展理念，紧紧围绕党中央、国务院推动长江经济带发展的战略部署，以"共抓大保护、不搞大开发"为基本宗旨，全面规划、统筹兼顾、标本兼治、综合治理，考虑新时期黄金水道的建设需求，采取工程和非工程措施，对长江下游干流河道进行系统治理，控制和改善河势、保障防洪安全、促进航运发展。长江下游干流河道综合治理一般性原则如下（长江水利委员会，2016）：

（1）因地制宜、因势利导。长江下游干流各河段有不同的形态特征，其河段特性、演变规律、治理任务有所不同。同时，河道治理顺势而为，则事半功倍，反之则事倍功半。因此，应根据不同河段演变特点及演变趋势，考虑经济社会发展需求，提出河道治理方案。

（2）统筹兼顾、突出重点。统筹考虑防洪、航运、供水等各方面对河道治理的要求，妥善处理好上下游、左右岸、各部门之间的关系，以确保防洪安全、促进河势向稳定方向发展为重点进行河道整治。

（3）生态优先、绿色发展。长江拥有独特的生态系统，是我国重要的生态宝库。长江下游干流河道治理应尊重自然规律，坚持生态优先、绿色发展的原则，正确处理防洪、通航与生态保护的关系，推动长江下游绿色循环低碳发展。

（4）远近结合、分期实施。既考虑近期需要，解决当前存在的问题，又要以战略眼光预估将来的发展，使近期整治措施有利于远期发展，做到远近结合。要分轻重缓急，分期实施，优先实施最紧迫、最重要的工程。

考虑到长江下游干流河道以分汊型河道为主，结合长江下游河道洲滩汊道演变的基本规律及特征，统筹考虑、妥善处理各方面、各部门关系，长江下游干流河道综合还重点考虑如下具体性原则：

（1）维护长江下游河道河势及洲滩形态基本稳定的原则。维护长江下游河道河势及洲滩形态基本稳定既是保障防洪安全、维护航道稳定、满足沿江社会经济发展的需求，同时也是维系长江下游河道优良水生态及环境保护的需要。河道的洲滩和水是水生态的载体，河道的洲滩形态、水流的主流态势即河势对水生态环境具有一定程度的影响，维护长江下游河道河势及洲滩形态基本稳定也是对长江下游河道水生态环境的保护途径之一，需处理好局部洲滩整治带来的短期环境改变影响与整治洲滩后水生态的良好载体较长期稳定带来的效果的关系。

（2）确保两岸防洪安全、洲滩整治适度的原则。长江下游大部分洲滩为河道行洪区，开发较早的江心洲、河漫滩建有圩堤，居住有一定数量的人口。对于长江大堤外侧较窄的边滩、河漫滩，水流贴岸或迎流顶冲，为确保两岸防洪安全需及时治理守护；因大量的洲滩被利用后将可能减少河道洪水期的槽蓄量，对防御大洪水产生不利影响，对于有些江心洲、边滩等冲刷崩退，其洲滩治理应遵循"不碍洪、稳河势、保民生、促发展"的原则，结合河道演变规律、长江下游防洪的具体形势及变化，并根据区域经济社会发展状况具体研究确定。

（3）力求综合整治效益最优原则。随着长江下游河道来水、来沙条件的变化，以及沿江两岸经济社会的快速发展，长江下游河道整治涉及的问题也愈来愈复杂，目标也愈来愈多元化，给以洲滩治理为主的河道整治提出了更高的要求。因此，应综合河势、防洪、航运、生态与环境保护、水沙、岸线利用及社会经济发展等多方面的需求，力求综合整治效益最优。

5.2.1.2 治理目标

近期在结合三峡工程运用后的水沙变化情况，对现有护岸段和重要节点段进行加固和守护，继续发挥其对河势的控制作用，保障防洪安全，防止三峡工程运用后河势出现不利变化；基本控制分汊河段的河势，对河势变化较大的河段进行治理，为黄金水道的建设提供坚实的保障。

远期考虑上游水利水电枢纽的建设及运用将进一步影响下游水沙变化的情况，对长江下游干流河段进行全面综合治理，使长江下游干流河道的有利河势都得到有效控制，不利河势得到全面改善，形成河势和岸线稳定，泄流通畅，航道、港域优良的河道，为沿江地区经济社会的进一步发展服务。

5.2.2　综合治理思路

5.2.2.1　综合治理体系与总体布局

1. 综合治理体系

根据长江下游河道基本形态种类以及河道自然属性与社会属性，河道综合治理体系包括河势控制、防洪安全、航道安全、洲滩保护与利用、水资源高效利用、水生态环境修复多目标需求。在《长江流域综合规划（2012—2030 年）》《长江中下游干流河道治理规划（2016 年修订）》等规划的统筹指导下，结合河道治理、防洪、航道、岸滩利用与保护、水资源、水生态与水环境等专项规划及工程实施情况，剖析河道综合治理中河势控制、防洪安全、航道安全、洲滩保护与利用、水资源高效利用、水生态环境修复多目标之间的相互关联及层次关系，分析以河势稳定为基础的长江下游河道治理对保障防洪安全、航道稳定、洲滩岸线利用发挥的重要作用，明确河势控制对兼顾水资源保护、水生态环境修复等方面起到的促进作用。构建以不同类型河道河势稳定为基础，防洪安全为核心，航道、岸滩保护与利用、水资源和水生态环境相协同，工程与非工程措施齐备的长江下游河道综合治理体系（图 5.3）。

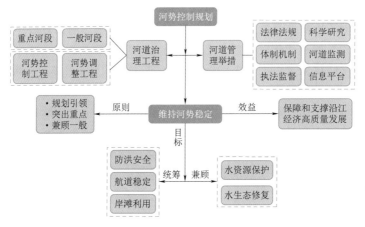

图 5.3　河道治理体系概念图

2. 总体布局

基于长江下游河道综合治理体系，总体布局长江下游干流河道治理。

（1）不同类型河道河势控制布局。分析《长江流域综合规划（2012—2030 年）》和《长江中下游干流河道治理规划（2016 年修订）》等相关规划发布以来长江下游干流河势控制规划实施情况，认为以河道治理工程、河道管理举措为主的工程和非工程措施对促进河势稳定发挥了重要的作用，河道崩岸得到有效控制。因此，基于长江下游不同类型河道特征及治理需求，确定以崩岸预警与防护、汊道控制、滩槽控导等为核心的河势控制工程与非工程措施布局。

（2）长江下游防洪保障布局。根据《长江流域防洪规划》《长江中下游干流河道治理规划（2016 年修订）》和《长江洪水调度方案》等与防洪相关的规划文件，分析新形势长江下游防洪安全存在的主要问题和短板，揭示长江下游干流河道治理现状与防洪规划目标的关系，明确堤防提升改造、洪水下泄等对河道治理的要求，构建以堤防提升为基础，洪水下泄能力为保障，结合崩岸预警与防治、水系连通调度等的长江下游防洪保障布局。

（3）航道、岸滩保护与利用、水资源、水生态环境综合布局。根据《长江干线"十三五"航道治理规划》《长江中下游干流河道治理规划（2016年修订）》《长江中下游干流河道采砂规划（2016—2020年）》《长江岸线保护和开发利用总体规划》《长江干线过江通道布局规划（2020—2035年）》和《关于加强长江中下游干流河道洲滩管理的意见》等相关资料，分析航道整治工程中高滩和低滩整治的主要技术手段和治理效果，明确满足航道整治需求的河道治理技术体系；分析长江下游干流河道采砂与维持河势稳定的矛盾关系；分析长江下游干流洲滩岸线利用与河势控制的关系；基于河势控制及防洪安全，构建航道、岸滩保护与利用、水资源、水生态环境综合布局。

5.2.2.2 实施与保障

（1）法规政策保障。20世纪80年代末颁布实施的《河道管理条例》作为针对河道管理的专门性法规，为河道的治理、开发与保护提供了法规性的支撑，但随着经济社会的不断发展和人民日益增长的物质、文化等多方面需求的不断提高，沿江开发的涉水活动及涉水工程建设不断增加，水土、水文情势的变化及河道的自然演变等，其中一些规定已经不能适应实际需要，需修改后及时出台。

后续需要制订或出台解决长江下游河道及重点区域较为突出的涉水问题的实施办法、行政法规及部门规章，如《长江河道管理条例实施细则》《关于加强长江中下游干流河道洲滩民垸管理的意见》《长江中下游河道治理的相关意见或办法》《长江口滩涂、岸线利用条例或实施细则》，逐步建立起以《水法》《防洪法》《中华人民共和国长江保护法》等法律为核心，以《河道管理条例》等行政法规、部门规章为准绳，其他和地方涉水法规相配套的较为完善的河道综合管理法律法规体系。远期在总结长江河道治理、开发与保护的实践上，积极推进《江湖治理条例》的研究及制定。

（2）管理体制保障。近期通过进一步明晰流域管理机构、各地方人民政府水行政主管部门及各不同部门间的管理职责、管理权限，探索跨区域和跨部门的协调管理机制，进一步加强涉水事务的协调管理；远期通过合理调整，建立跨区域和跨部门协调机制，初步实现涉水事务的协调统一管理。

（3）科技支撑保障。加强长江下游河道综合治理的基础科学问题研究，开展长江控制性水库运用后长江下游河道演变影响滚动研究，动态跟踪掌握长江控制性水库运用后长江下游干流河道的冲淤变化和演变特点，预测其变化趋势，重点开展长江下游崩岸演化机制与岸坡稳定监测预警技术研究、河流生态岸线保护和高效利用关键技术研究、受损岸线修复与生态廊道构建关键技术研究等方向，系统推进重点河段多目标综合整治，为长江下游河道综合治理提供扎实的科技支撑。

参 考 文 献

安徽省水利水电勘测设计院，2018. 长江马鞍山河段二期整治工程初步设计报告［R］. 合肥：安徽省水利水电勘测设计院.

长江航道局，2017. 长江干线"十三五"航道治理规划 ［R］. 武汉：长江航道局.

长江科学院，2017. 安徽省长江芜湖、安庆河段河道整治工程安庆河段可行性研究报告 ［R］. 武汉：长江科学院.

长江水利委员会，1997. 长江中下游干流河道治理规划 ［R］. 武汉：长江水利委员会.

长江水利委员会，2008. 长江流域防洪规划 ［R］. 武汉：长江水利委员会.

长江水利委员会，2012. 长江流域综合规划（2012—2030 年）［R］. 武汉：长江水利委员会.

长江水利委员会，2016. 长江中下游干流河道治理规划（2016 年修订）［R］. 武汉：长江水利委员会.

卢金友，等，2020. 长江中下游河道整治理论与技术 ［M］. 北京：科学出版社.

江苏省水利勘测设计研究院有限公司 . 长江镇扬河段三期整治工程初步设计报告 ［R］. 南京：江苏省水利勘测设计研究院有限公司，2016.

第6章

长江下游典型河段综合治理方案研究

本章针对长江下游安庆、马鞍山、镇扬等典型河段存在问题与综合治理需求，提出了各河段综合治理思路与方案，并采用河工模型试验及二维水沙模型计算分析了方案效果，成果可为长江下游河道治理提供参考。

6.1 安庆河段综合治理研究

6.1.1 存在问题与综合治理需求

6.1.1.1 存在问题

安庆河段河道宽阔，洲滩汊道较多，同时受上游来水、来沙条件的变化影响，近年来仍有一些重要的滩岸段持续冲刷崩退，近年守护的鹅眉洲头左缘迎流顶冲段部分损毁、鹅眉洲头左缘近岸河槽大幅冲深，一些局部已护段近岸深槽大幅度刷深、岸坡变陡，已建水下护岸工程部分损毁，局部段出现窝崩，岸线呈现较大幅度的冲刷崩退；一些局部段近岸冲深，危及已建水下护岸工程的稳定。

安庆河段主要存在的问题是：

（1）近期河道冲刷明显，近岸深槽刷深，岸坡变陡，多处岸段崩塌频发，部分已建护岸工程损毁，严重威胁堤防防洪安全。

资料分析表明，2003 年以来，官洲段左岸广成圩信用队至团结队 4.0km 段、右岸复生洲左缘幸福村 4.0km 段、安庆段鹅眉洲左缘 3km 段等处冲刷较明显，发生较大程度的崩退；官洲段的官洲右缘至跃进圩段 2.8km，安庆段的丁家村至马窝 4.2km 等处近年呈现深槽大幅度刷深、岸坡变陡，已建水下护岸工程部分损毁，安庆段的鹅眉洲头左缘 2.5km 迎流顶冲段已建水下护岸工程大部分损毁，洲头左缘滩岸线大幅后退；一些局部段如官洲段的六合圩至王家墩 3.0km，何家墩至双河口 2km 段、小闸口 1.0km 段等处近岸岸坡变陡，局部段出现窝崩，已危及已有的护岸工程稳定。安庆河段很多地段堤外滩地狭窄，滩槽高差大，一旦发生崩岸险情，将直接危及长江干堤的安全。广成圩段同马大堤多年未直接挡水，广成圩堤出险也将危及同马大堤的安全。官洲段复生洲左缘 4.0km 段、清洁洲右缘崩岸段已接近复生洲、清洁洲洲堤，威胁洲堤度汛安全。

（2）重要洲滩岸段仍未得到有效控制，危及上下游河势稳定。

广成圩岸线是控制官洲段汇流段主流走向的重要节点岸段。官洲西江出口处以下至皖河口长约 9km，1981 年以后西江出口处以下段的滩岸开始受到冲刷，岸线崩退，且崩岸逐年向下游移动，1998 年大水后，鉴于该段滩岸崩塌呈不断发展之势，先后于 2001 年、

2010 年对广成圩 3.942km 崩岸段进行了水下抛石守护，但随着冲刷范围不断下移扩大，目前广成圩信用队至安西段长约 4km 岸线受水流冲刷，岸线大幅崩退，一旦广成圩岸线继续大幅崩退并失去控制，过渡至安庆港的主流贴岸部位将大幅度下移，从而导致深泓外移，安庆西门石化码头区河床淤积，给安庆市的经济建设带来严重的影响。

南夹江左、右岸的稳定是控制南夹江分流比的一个重要环节。复生洲左缘是南夹江口门段的右岸，1981 年后该段逐年冲刷右移，其冲刷右移范围长约 4.5km；清洁洲右缘中部是南夹江上段的左岸，1966—2011 年不断冲刷崩退左移，其冲刷左移范围长约 2km。上述两段若继续冲刷崩退，将进一步使南夹江分流比继续不断增加。南夹江 1959 年后分流比不断增加，至 2013 年分流比已增加至 24%，若南夹江分流比继续不断增加，将给本河段的河势带来较大的变化，不利于河段的长期稳定。

安庆段鹅眉洲头及左缘则是控制潜洲右汊分流比的重要岸段。2010 年虽对鹅眉洲头及左、右缘约 4.88km 进行了守护，但因鹅眉洲头及左缘迎流顶冲，至 2014 年长约 2.4km 段已护工程近岸河床冲刷较严重，部分岸段冲刷后退。以下段长约 3km 近年持续冲刷明显，发生较大程度的崩岸。鹅眉洲左缘的稳定对江心洲汊道分流状况及下游河段河势至关重要，若洲头冲淤变化和左缘持续不断地崩退，将导致汊道分流、分沙状况的改变和汊道内主泓走向的变化，不利于汊道两岸护岸工程的稳定和岸线的开发利用，并影响下游太子矶河段进口河势。

6.1.1.2　综合治理需求

（1）稳定河段河势、实现河道系统治理的需求。长江安庆河段全长约 57km，是长江中下游 16 个重点河段之一，河势变化复杂。近年来该河段受上游来水、来沙条件的变化影响，一些重要的滩岸段持续冲刷崩退，仍未得到有效控制，危及上下游河势稳定；同时由于全河段及其支流堤防未进行过系统全面的治理，对河道进行综合治理，稳定目前左、右汊分流状况和岸线，稳定大的河势格局，为今后更好地改善河势奠定基础，不仅是十分必要的，而且是非常紧迫的。

（2）保障防洪安全、提高区域防洪能力、促进地区社会经济发展的需求。长江安庆河段江堤保护范围为安庆市和池州市，自 20 世纪 50 年代开始进行治理，尤其是在 1998 年洪水后进行了部分崩岸治理及堤防隐蔽工程建设，逐步稳定了河段河势，提高了河段防洪能力，但近年来受上游来水、来沙条件的变化影响，部分岸段冲刷崩退；同马大堤为 2 级堤防，位于皖河入江口处的同马大堤巨网段多次发生沉陷、滑坡、下挫、开裂等险情，严重威胁堤防的防洪安全；同时广成圩原属民堤，现保护范围内已进行了开发建设，频繁的洪水灾害严重制约了地区经济社会的持续健康发展。

另外，安庆河段虽已进行过治理，但河道河势始终没有进行全面整治，新的水沙条件又带来了新的影响，局部河段冲刷严重，威胁江堤的防洪安全。广成圩堤堤身、堤基质量差，洪水期管涌、渗漏、散浸等险情经常发生，而汛期一旦发生大暴雨，圩垸还将遭受外洪与内涝双重灾害。

（3）改善航道条件，加快黄金水道建设的需求。根据《长江干线航道总体规划纲要》，到 2020 年，安庆至南京河段：Ⅰ级航道标准，通航 2 万～4 万吨级船队和 5000 吨级海船，利用航道自然水深通航 1 万吨级海船，见表 6.1。

表 6.1 长江中下游干线航道 2020 年规划标准

河段	里程/km	现状最小维护尺度（水深×航宽×弯曲半径）/(m×m×m)	规划最小维护尺度（水深×航宽×弯曲半径）/(m×m×m)	保证率/%
安庆—芜湖	204.7	5.0×100×1050	6.0×200×1050	98
芜湖—南京	101.3	7.5×100×1050	7.5×200×1050	98

（4）改善区域环境、促进水生态文明建设的需求。党的十八大把生态文明建设放在突出地位，强调将生态文明建设融入经济建设、政治建设、文化建设、社会建设各方面和全过程，党的十八届三中全会作出《中共中央关于全面深化改革若干重大问题的决定》，将水资源管理、水环境保护、水生态修复、水价改革、水权交易等纳入生态文明制度建设重要内容，并提出明确要求。水是生态环境的主要控制性要素，水生态文明建设是生态文明建设的重要内容之一，而防洪安全建设是水生态文明建设的重要组成部分。

综上所述，必须对安庆河段进行治理，稳定官洲、江心洲汊道左、右汊分流状况和岸线，稳定大的河势格局，为今后更好地改善河势奠定基础，为两岸经济的长远发展和水生态文明建设创造条件。

6.1.2 综合治理方案

6.1.2.1 综合治理思路与原则

根据《长江流域综合规划（2012—2030 年）》《长江中下游干流河道治理规划报告（2016 年修订）》中规划要求，长江安庆河段治理工程的工程任务是：通过对新崩岸险情进行治理、已建护岸工程险工段进行加固，维护河段岸坡及河势的稳定，保障两岸防洪安全；通过对南夹江口门复生洲岸线的护岸、鹅眉洲洲头及滩缘的护岸工程措施，稳定官洲段、江心洲段的分汊格局及河势，抑制官洲段南夹江及安庆段潜洲右汊的分流比增加，为河道岸线稳定、航道稳定及经济设施的正常运用等提供有利的河势条件。

安庆河段河道整治原则主要有以下几方面：

（1）统筹兼顾、保护为重。统筹兼顾上下游、左右岸、各部门的需求关系；妥善处理好整治工程与生态环境保护之间的关系，在环境保护核心区、缓冲区和实验区内，不新建河势调整工程；在环境保护核心区内，不新建和加固护岸工程；对于环境保护缓冲内已将危及堤防安全、河势稳定的崩岸险段，优化护岸工程结构型式酌情加固治理。

（2）因势利导、远近结合。在充分分析工程河段河道演变规律及其演变趋势的基础上，因势利导、科学布置工程，结合工程措施及时抑制不利的河势发生及大幅度的冲刷和岸坡崩塌。

（3）突出重点、效率优先。充分分析已建护岸运行状况，重点对近年来新出现的崩岸进行治理。

6.1.2.2 综合治理组合方案

综合分析考虑，安庆河段河道治理方案初定为：官洲汊道段近期对新中汊促淤，为远期新长洲并入清节洲创造有利条件。封堵余鹏洲右汊，减小河道分汊。守护清节洲左缘及新长洲左缘，防止切滩形成新的分汊水流。守护官洲汊道进口段北岸，稳定顶冲点位置，保障防洪安全。守护跃进圩、广成圩段滩岸，维护官洲汊道汇流段向南微弯的河道形态，为下游河段河势稳定创造有利条件。鹅眉洲汊道近期守护潜洲、江心洲、鹅眉洲三洲头部，稳定洲滩平面位置。对潜洲右汊进行促淤，促使潜洲与鹅眉洲合并。对南北两岸弯顶段滩岸进行守护，防止河道进一步弯曲，保障防洪安全。

其中，官洲汊道段及安庆汊道段的汊道控制是综合治理方案的重点部分，有关分析如下：长江安庆河段官洲汊道段三汊中，东江与新中汊具有互为消长的演变关系，新中汊是东江左移、弯道曲率不断加大、水流取直切滩的产物。新中汊的进一步发展会减小东江分流比，导致河势发生大的调整。目前新中汊仅中、高水时过流，分流比约 4%，应吸取以往河道整治的经验教训，抓住有利时机，促淤新中汊，以形成稳定的河势格局。江心洲汊道段鹅眉洲头及左、右缘的稳定对江心洲汊道分流状况及下游河段河势至关重要，洲头冲淤变化和两缘持续不断地崩退，将导致汊道分流、分沙状况的改变和汊道内主泓走向的变化，不利于汊道两岸护岸工程的稳定和岸线的开发利用，并影响下游太子矶河段进口河势。目前鹅眉洲汊道的变化有利中汊的发展，而右汊则逐渐萎缩，枯水期分流比明显减小，这对河势的稳定是不利的。因此必须抓紧时机对江心洲汊道进行治理，首先稳定目前左、右汊分流状况和岸线，稳定大的河势格局，为今后更好地改善河势奠定基础，为两岸经济的长远发展创造条件。

针对安庆河段的河势现状及存在的主要问题，结合安庆河段治理规划的原则和目标，结合前期数学模型试验结果，重点研究官洲汊道新中汊促淤工程和安庆段潜锁坝控制工程，工程方案布置见图 6.1。

（1）官洲汊道新中汊促淤工程。官洲段为多分汊段，为控制广城圩过渡到杨家套至小闸口段的主流走势，以有利于下游河势，可将官洲汊道的三汊转化为二汊，堵塞分流比最小的新中汊，实施官洲段新中汊的促淤工程，促淤坝工程拟布置在新中汊下段离出口约750m 处，促淤坝坝顶宽度为 5.0m，上下游坝坡按 1∶3 设计，坝顶高程采用 10m 和 13m 进行比选，相应坝轴线长分别约 650m 和 970m。官洲汊道段新中汊促淤工程试验方案参数见表 6.2。

表 6.2　　　　　　　　官洲汊道段新中汊促淤工程试验方案参数

序号	方案	坝顶高程/m	坝顶宽度/m	坝轴线长度/m	上下游坝坡比
1	官 10m	10	5	650	1∶3
2	官 13m	13	5	730	1∶3

（2）安庆段潜锁坝控制工程。为控制鹅眉洲汊道左右两汊的分流比，在潜洲心滩右缘中下段部位做一潜洲心滩与鹅眉洲左缘的低连接潜锁坝，以遏制潜洲右汊的发展，遏制鹅眉洲左缘的冲刷后退。通过以上工程措施还期待增加主河道左汊与鹅眉洲右汊的分流，遏制右汊衰退的形势，以保证鹅眉洲右汊供水和码头作业的基本需要。潜锁坝坝顶宽度为5.0m，上下游坝坡按 1∶3 设计，试验方案按照坝体所在汊道位置以及坝顶高程进行组合，共中部 0m、中部 3m、下部 0m 和下部 3m 四个方案；坝的纵断面采用复式断面，汊道中部坝轴线长为 1098m，下部坝轴线长为 709m。安庆段潜锁坝控制工程试验方案参数见表 6.3。

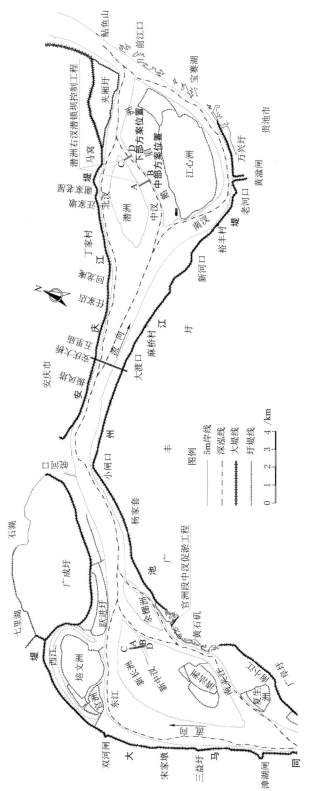

图 6.1 安庆河段河势调整工程位置示意图

图例

————— 5m岸线
- - - - - 深泓线
+++++++ 大堤线
+++++++ 圩堤线

0 1 2 3 4 /km

表6.3　　　　　　　　　　　安庆段潜锁坝控制工程试验方案参数

序号	方案	坝顶高程/m	坝顶宽度/m	坝轴线长度/m	上下游坝坡比
1	安中0m	0		730	
2	安中3m	3	5	730	1:3
3	安下0m	0		530	
4	安下3m	3		530	

6.1.3　治理效果研究

6.1.3.1　汊道段分流比与局部流态变化

定床模型试验成果表明,官洲段新中汊促淤工程两个不同长度方案下,官洲段工程前后分流比变化见表6.4。

表6.4　　　　　　　各流量下官洲段新中汊促淤工程前后汊道分流比变化

流量/(m³/s)	方案	工程前分流比/%			分流比变化值/%		
		左汊(东江)	新中汊	右汊(南夹江)	左汊(东江)	新中汊	右汊(南夹江)
14000	官10m	85.4	0	14.6	0	0	0
	官13m				0	0	0
28700	官10m	75.4	0.6	24.0	0.4	−0.6	0.2
	官13m				0.4	−0.6	0.2
45000	官10m	68.2	7.6	24.2	1.0	−1.5	0.5
	官13m				4.2	−6.0	1.8
56800	官10m	63.9	11.9	24.2	1.1	−1.7	0.6
	官13m				1.8	−2.8	1.0
83500	官10m	75.9		24.1	0		0
	官13m				−0.1		0.1

从表6.4可以看出:枯水条件下,左汊分流比最大,左汊、右汊、新中汊分流比依次减小;随着流量的增加,左汊的分流比逐渐减小,新中汊、右汊分流比逐渐增加;至洪水流量时,左汊分流比由枯水条件的85.4%(多年平均枯水流量14000m³/s)减少为63.9%(多年平均洪峰流量56800m³/s),而右汊的分流比由14.6%增加到24.2%。新中汊在中高水时才过流,分流比则由0%增加到11.9%。上述变化规律与实测资料中反映的规律是一致的。

实施官洲段新中汊促淤工程后,官洲段新中汊的过水断面被缩小,因此导致新中汊分流比减小、左汊(东江)和右汊(南夹江)分流比增加。由于新中汊在中高水时才过流,因此多年平均流量为28700m³/s以下,工程对分流比基本无影响;平滩流量45000m³/s以上官洲段新中汊分流比减小较为明显,相应的右汊(南夹江)的分流比略有增加,而左汊(东江)的分流比增加较多。

平滩流量 45000m³/s 下和多年平均洪峰流量 56800m³/s 分流比变化比较大,平滩流量 45000m³/s 下,官 13m 方案左汊(东江)、新中汊和右汊(南夹江)分流比变化分别为 4.2%、−6.0% 和 1.8%。随着流量的增加和水位的升高,水流漫滩,导致促淤效果减弱,防洪设计流量 83500m³/s 下,官洲左汊(东江)+新中汊分流比基本无变化。

安庆段潜锁坝控制工程四种方案下,工程前后分流比变化见表 6.5。

表 6.5　　　　　各流量下安庆段潜锁坝控制工程前后汊道分流比变化

流量 /(m³/s)	方案	工程前分流比/%			分流比变化值/%		
		左汊	中汊	右汊	左汊	中汊	右汊
14000	安中 0m	60.4	23.2	16.4	1.7	−3.8	2.1
	安中 3m				2.5	−5.5	3.0
	安下 0m				2.2	−4.8	2.6
	安下 3m				3.1	−7.0	3.9
28700	安中 0m	49.1	22.8	28.1	1.3	−2.3	1.0
	安中 3m				1.9	−3.2	1.3
	安下 0m				1.8	−3.0	1.2
	安下 3m				3.0	−5.0	2.0
45000	安中 0m	44.0	28.3	27.7	0.7	−1.3	0.6
	安中 3m				1.1	−1.8	0.7
	安下 0m				1.0	−1.6	0.6
	安下 3m				1.3	−2.0	0.7
56800	安中 0m	40.2	31.4	28.4	0.5	−0.8	0.3
	安中 3m				0.9	−1.5	0.6
	安下 0m				0.8	−1.2	0.4
	安下 3m				1.0	−1.5	0.5
83500	安中 0m	71.2		28.8	−0.2		0.2
	安中 3m				−0.2		0.2
	安下 0m				−0.3		0.3
	安下 3m				−0.3		0.3

从表 6.5 中可以看出:枯水期,左汊分流比最大,左汊、中汊、右汊分流比依次减小;随着流量的增加,左汊的分流比逐渐减小,中汊、右汊分流比逐渐增加;至洪水流量时,左汊分流比由枯水期的 60.4%(多年平均枯水流量 14000m³/s)减少为 40.2%(多年平均洪峰流量 56800m³/s),而中汊的分流比则由 23.2% 增加到 31.4%,右汊的分流比由 16.4% 增加到 28.4%。上述变化规律与实测资料中反映的规律是一致的。

实施安庆段潜锁坝控制工程后,安庆段中汊过水断面被缩小,因此导致中汊分流比减小、左汊和右汊分流比增加。分流比变化的程度随流量的增大而减小。多年平均流量 28700m³/s 以下(中枯水条件),中汊分流比减小以及左右汊分流比增加较为明显,且右汊分流比增加较左汊要多。多年平均枯水流量 14000m³/s 下,分流比中汊减小 3.8% ～

7.0%，左汊增加1.7%～3.1%，右汊增加2.1%～3.9%。平滩流量45000m³/s以上（洪水条件），中汊分流比减小以及左右汊分流比增加较小，此时由于水位较高，导致潜州过水，右汊分流比增加较左汊要多。多年平均洪峰流量56800m³/s下，分流比中汊减小0.8%～1.5%，左汊增加0.5%～1.0%，右汊增加0.3%～0.5%。防洪设计流量83500m³/s下，右汊增加仅为0.2%～0.3%。

从分流比变化情况来看，促淤效果从大到小依次为安下3m、安中3m、安下0m和安中0m。多年平均流量28700m³/s下，分流比中汊减小分别为5.0%、3.2%、3.0%和2.3%，左汊增加分别为3.0%、1.9%、1.8%和1.3%，右汊增加分别为2.0%、1.3%、1.2%和1.0%。

实施安庆河段河势调整工程后，工程河段流速场变化主要发生在工程局部区域附近，其余区域流速场格局没有发生比较明显的变化。普遍表现为工程局部河段中汊流速减小，左、右汊流速增大。治理工程前后工程附近局部流态也发生了一定变化，平滩流量及多年平均流量条件下工程局部流态如图6.2～图6.4所示。

无工程

官10m方案

官13m方案

图6.2　平滩流量下官洲段新中汊促淤工程附近局部流态图

官洲段新中汊促淤工程实施后，在中枯水条件下，由于官洲新中汊基本断流，因此工程对河势和防洪安全基本无影响；在洪水条件下，工程的实施，缩窄了官洲新中汊的河道断面，减小的水流流入左汊东江和右汊南夹江，但是其流速增加较小，其流速场格局没有发生比较明显的变化。官10m方案，阻水面积相对较小，对流速的影响较小，同时壅水主要集中在官洲新中汊，坝上游30m最高仅为0.06m。官13m方案对水流扰动较大，易

无工程　　　　　　　　　　　　　　　安中0m

安中3m

图 6.3　多年平均流量下潜锁坝控制工程附近局部流态图

无工程　　　　　　　　　　　　　　　安下0m

安下3m

图 6.4　多年平均流量下安庆段潜锁坝控制工程附近局部流态图

造成拟建工程右侧清洁洲等滩地的漫流冲刷、引起局部河势变动。官洲促淤工程的目的是抓住目前的有利时机，因势利导，促淤固滩，避免大水情况下新中汊的发展导致下游河势发生变化，从而稳定官洲汊道平面形态和各汊水流流向，稳定过渡至杨家套的主流顶冲部位；因此宜采用官10m方案。

安庆段潜锁坝控制工程实施后，缩窄了江心洲中汊的河道断面，减小的水流流入左汊和右汊，增加了左右汊的断面流速。对于中汊下部安下0m、安下3m两个方案而言，由于潜州该处滩顶高程最高约8.4m，中高水条件下水流易漫滩，在增加阻水面积的情况，但是增加的分流比效果并不明显。对中部安中0m、安中3m两个方案而言，安中3m阻水较为强烈，其在增加阻水面积的情况下，分流比减小并不显著，同时考虑到目前中汊位于上游安庆单一段主流顶冲位置，因此不宜采用安中3m方案。安中0m方案，阻水面积相对较小，对流速的影响较小，其流速场格局没有发生比较明显的变化，但是其中枯水条件下分流比能达到2.3%～3.8%，洪水条件下能达到0.8%～1.3%，在目前中汊位于上游安庆单一段主流顶冲位置的情况下，采用较低的安中0m方案较为合适。

综上所述，推荐采用官洲段官10m方案＋安庆段安中0m方案进行动床试验。

6.1.3.2 冲淤变化

治理工程实施后，经历系列年水沙条件，主汊（皖河口至潜洲头）冲刷减小，工程所在官洲新中汊和江心洲中汊的淤积以及左右两汊冲刷，全河段累计冲刷569万 m³（表6.6）。

表6.6 系列年条件下工程前后各汊道冲淤量

河 段	无工程冲淤量/万 m³	有工程冲淤量/万 m³
官洲左汊（东江）	−169	−190
官洲新中汊	−21	89
官洲右汊（南夹江）	−27	−128
主汊（官洲尾—皖河口）	146	134
主汊（皖河口—潜洲头）	−340	−242
江心洲左汊	−47	−223
江心洲中汊	−46	95
江心洲右汊	21	−104
合计	−483	−569

官洲促淤工程效果明显，促淤坝前5m等高线消失，同时导致新长洲尾部左缘冲刷，下游皖河口附近冲淤变化不大。江心洲中汊潜锁坝促淤效果较为明显，坝前−5m等高线消失，潜洲头部有一定的回淤。潜洲上游−5m及−15m等高线下移趋缓，−5m等高线有向两汊发展的趋势。潜洲左汊−15m及−5m等高线均有所扩大，潜洲尾部−15m深槽接近贯通。

总体来看，官洲新中汊促淤工程促淤效果良好，避免了洪水期新中汊发生冲刷情况下下游小闸口过渡至安庆港的主流线的摆动，对保持目前官洲段的稳定格局起到了促进作用；安庆段潜锁坝控制工程改变江心洲中汊水沙分配，减缓江心洲中汊的发展速度，遏制了中汊发展的势头,在保证整体河势没有发生大变化的前提下,保证了左右汊的分流比和水深,工程治理效果良好。

6.2 马鞍山河段综合治理研究

6.2.1 存在问题与综合治理需求

6.2.1.1 存在的问题

马鞍山河段河道演变与马鞍山市地区经济发展、两岸堤防安全息息相关。20世纪50年代马鞍山港区深水岸线自马钢泵房至慈姆山,长达9km多;60年代后小黄洲头崩退,过渡段下移,左岸郑浦圩、太阳河、金河口发生严重崩岸,造成堤外无滩或窄滩,汛期年年出险,严重威胁和县江堤的安全,右岸马钢泵房淤积,深水岸线下移了约3km,严重地影响了马钢的生产运行;同时深水岸线的缩短,也影响到了马鞍山市经济的可持续发展。为此,相关部门自1956年来对马鞍山河段进行了较长期的重点崩岸段的护岸守护,并于1999—2001年实施了马鞍山河段一期整治、和县江堤防渗护岸加固、马鞍山江堤加固等工程。通过几十年的治理,马鞍山河段江心洲左汊、小黄洲右汊主流大幅摆动的局面已基本得以控制,河段总体河势已趋于基本稳定,但由于该河段是长江中下游演变较剧烈、问题较多、危害也较大的重点整治河段之一,整治难度较大,局部段河势仍然处于不利于河道稳定的变化调整之中。

马鞍山河段存在的问题如下:

(1)河势存在的问题。已实施的河航道工程虽然对马鞍山河段关键部位实施了守护或控制,但是新水沙条件下,部分已实施的工程崩塌冲失或建设标准已不能满足需要,威胁河段的防洪安全及河势的稳定。近期江心洲左汊心滩大幅度冲刷下移,下何家洲头冲刷后退,江心洲左缘、江心洲尾等处冲刷崩塌亦较大,若任由上述变化继续发展,将引起江心洲左汊主流的摆动、过渡段的继续下移,并将使江心洲到小黄洲主流更加弯曲,小黄洲左汊进一步发展,整个河段的河势将发生重大变化。同时,小黄洲左汊分流比仍在继续增加,左汊分流比1998年为23.6%,2012年增加到26.8%,2016年增加到31.87%,2018年6月达32.86%。大黄洲尾崩退幅度仍较大,且崩退下移,这不利于小黄洲右汊水流进入新生洲左汊,导致新生洲左汊分流比继续呈现减小的趋势,对南京河段的河势稳定造成了不利影响。

(2)航道存在的问题。江心洲左汊滩群不稳是该段航道条件不稳的主要因素之一。目前,牛屯河边滩尾部淤积明显,江心洲形态过渡段浅区航宽大幅缩窄,心滩与下何家洲尾部淤积下延,小黄洲头过渡段航道将更为扭曲,危及船舶航行安全,这些关键滩槽的变化对于目前航道条件的稳定和航道尺度的进一步提升是十分不利的。

(3)岸线利用存在的问题。江乌水道一期整治工程实施了牛屯河边滩守护工程,保障牛屯河边滩高大完整,但随着江心洲左汊主流过渡段不断下移,牛屯河边滩滩尾淤积下延,严重影响了郑浦港区深水岸线的利用及该段取水口的取水安全。小黄洲右汊分流比持续减小,该汊道呈淤积之势,马鞍山港深水岸线仅约5km,深水岸线本已过短,这种不利的河势若任其发展，主流贴小黄洲右缘下行，将使右岸主流下移，马鞍山市可利用的深水岸线更为缩短，沿江中大型企业的取水口、码头将有淤废的可能，届时将威胁马鞍山市的供水安全，不利于马鞍山市国民经济的长远发展。

（4）生态环境保护存在的问题。马鞍山河段已实施的护岸工程大多采用是传统的护岸型式。传统的护岸型式对生态环境的影响考虑较少，如彭兴洲至江心洲左缘等岸段采用的混凝土预制块护坡，破坏原来岸坡上的草皮和植被。在当前"共抓大保护，不搞大开发"的总体要求的前提下，需重视整治工程与生态保护和修复的结合，提出多目标协调的治理方案。

6.2.1.2 综合治理需求

（1）河势稳定的治理需求。三峡蓄水后，受上游河势变化及上游来沙大幅减少影响，局部河段演变仍较剧烈，崩岸频繁发生，应对出现的崩岸险情进行治理，维护河段河势和岸坡稳定，保障防洪安全。需进一步稳定江心洲左汊下段、小黄洲汊道的河势，采取工程措施抑制小黄洲左汊的快速发展。

（2）航道条件改善的需求。已实施的航道整治工程使得马鞍山河段的航道维护水深已达到9.0m。随着南京以下12.5m深水航道工程的建设，为了使通航能力适应流域经济发展需要，以10.5m为目标的上延深水航道尤显必要。随着船舶大型化，解决小黄洲洲头过渡段航行条件、提高船舶航行安全尤为迫切；江心洲过渡段航道近几年来持续下移、宽度缩窄，小黄洲洲头过渡段间的直线段距离在持续缩短，增大了船舶航行安全风险，同时，心滩过渡段的10.5m航宽在持续缩窄。因此，需针对局部河段依然存在的制约船舶航行的不利因素，对河段进行治理，稳定目前相对较好的航道条件并且进一步提升航道尺度。

（3）岸线利用的治理需求。抑制或减缓江心洲左汊过渡段及牛屯河边滩滩尾下移，保证江心洲左汊左岸郑浦港区深水岸线的利用。增加小黄洲右汊分流比，保证小黄洲右汊右岸马鞍山港、马鞍山钢铁厂等大中型企业以及取水口的正常运营。

（4）生态环境保护需求。考虑工程的建设应尽量减小固化边界对生态环境的影响，给水生生物群落提供栖息空间。

6.2.2 综合治理方案

6.2.2.1 综合治理思路与原则

控制江心洲左汊河势稳定，抑制或减缓江心洲左汊主流过渡段下移的趋势；保障江心洲左汊下段洲滩及各汊道分流比的基本稳定；抑制左汊下边滩、心滩及何家洲上串沟的发展，减少分汊水流；抑制小黄洲左汊分流比增加的态势；保障大黄洲边滩及小黄洲尾基本稳定。

马鞍山河段综合治理原则如下：

（1）全面规划，综合治理。马鞍山河段治理应从全局出发，兼顾上下游、左右岸，综合考虑河势稳定、通航、岸线综合利用等方面的要求。

（2）因势利导、重点整治。马鞍山河段处在不断地演变过程之中，通过河演分析掌握演变规律及趋势，河道治理需遵循河道自然演变规律，顺应河势变化趋势，因势利导，采取工程措施，兼顾两岸防洪要求及国民经济设施布局，对河势进行适当调整。

6.2.2.2　综合治理组合方案

　　综合考虑改善马鞍山河段的河势条件，尤其是稳定局部段的分流格局，保障航道条件稳定及通航安全、马鞍山港等重要岸线的利用，提出马鞍山河段的综合治理方案为固滩工程及汊道分流控制工程，其中固滩工程包括：心滩及下何家洲之间夹槽封堵工程，上何家洲左缘潜坝工程，心滩头部护滩工程；汊道分流控制工程包括：小黄洲左汊潜坝工程及彭兴洲头导流坝工程。同时，兼顾水生态环境保护的因素，考虑工程的建设应尽量减小固化边界对生态环境的影响，给水生生物群落提供栖息空间，实施的护滩及坝体宜采用生态透水型材料，本次固滩工程及汊道分流控制工程采用四面体透水框架群技术，崩岸段水下护脚采用生态巢穴石护脚方案。

　　马鞍山河段治理方案布置如图6.5所示，各单项工程具体方案如下。

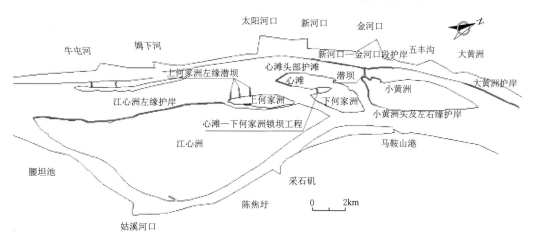

图6.5　马鞍山河段治理方案布置图

　　（1）护岸工程。在江心洲左缘中段、新河口至金河口、心滩头部、小黄洲头及左右缘实施水下护脚工程。

　　（2）汊道分流控制工程。

　　1）小黄洲左汊潜坝工程。

　　治理思路：抑制小黄洲左汊的发展。

　　治理方案：在小黄洲口门护底带上新建一道潜坝，坝顶高程为－15m，坝顶宽为10m，两边以1：2的坡度与天然地形衔接。

　　2）心滩及下何家洲之间连接工程。治理思路：加速心滩与下何家洲之间夹槽的淤积，减少水流流路，稳定洲滩。

　　治理方案：在心滩与下何家洲间夹槽中间建一道锁坝，平均坝高5m。坝体上、下游边坡均为1：3。

　　（3）固滩工程。上何家洲左缘潜坝。

　　治理思路：潜坝工程具有一定的引导水流、调整岸线的作用，使主流过渡段保持稳定，抑制其不断下移的态势，从而抑制牛屯河边滩的下移。

　　治理方案：在已实施的上何家洲3道护滩带上新建3道潜坝，头部高程为－15m，坝顶宽为5m，根部接岸处理，两边以1:3的坡度与天然地形衔接。

6.2.3 治理效果

利用定床、动床物理模型试验的手段研究工程的治理效果。模型试验的范围上起芜裕河段的曹姑洲头，下至南京河段的新生洲尾，河道全长约55km。模型平面比尺 $\alpha_L=500$，垂直比尺 $\alpha_H=125$，模型变率 $\eta=4.0$。定床制模地形采用2016年10月实测1:10000河道地形图制作。动床模型范围为东梁山至小黄洲尾，河床高程5m以上的两岸及洲滩为不可动边界，动床模型初始地形为2016年10月实测1:10000河道地形图。定床、动床模型的试验条件见表6.7。

表6.7 模 型 试 验 条 件

试验	试 验 条 件
定床试验	枯水流量（14000m³/s）、多年平均流量（28600m³/s）、造床流量（46000m³/s）、防洪流量（85000m³/s）
动床试验	淤积试验：选择三峡建库后三个偏于多沙的平常水文年作为模型试验的系列组合，即小水中沙年（2008年）+中水中沙年（2012年）+大水中沙年（2016年）。 冲刷试验：大水小沙年（2017年）+百年一遇洪水典型年

在稳定河势方面，通过对江心洲左缘、新河口至金河口、小黄洲头及左右缘、大黄洲边滩等重要岸段实施守护，岸线崩退的幅度明显减小，同时也对河段总体河势的稳定起到了关键的作用。心滩至下何家洲连接工程的实施，使得枯水流量下心滩至下何家洲汊道不过流，下何家洲与心滩之间夹槽的河床发生了明显的累积性淤积，且潜坝上游的河床淤积幅度大于下游，淤积试验年末，该处淤积3~5m，冲刷试验年末，该处淤积3m左右，表明该工程起到了较好的固滩作用，结合实施的心滩头部护滩工程、小黄洲头及左右缘护岸工程，较好地控制了江心洲尾至小黄洲头段的河势。工程的实施对控制小黄洲汊道的分流格局起到了积极的作用。工程实施后，小黄洲左汊持续发展的态势得到了抑制，小黄洲左汊口门潜坝工程上游河床淤积，淤积试验年末，该处淤积约2m；潜坝工程下游表现为上段淤积、下段冲刷，淤积试验年末河床冲淤幅度约为-1~1m，冲刷试验年末冲淤幅度约为-4~2m；中小水流量下，小黄洲左汊分流比减小较为明显，平滩流量下，工程后该汊道分流比减小1.65%（图6.6和表6.8）。

表6.8 工程前后个各汊道分流比变化表

流量级	江心洲右汊		小黄洲左汊		下何家洲—小黄洲汊道	
	工程前分流比/%	工程后分流比变化/%	工程前分流比/%	工程后分流比变化/%	工程前分流比/%	工程后分流比变化/%
多年平均流量（28600m³/s）	12.35	0.10	31.99	-1.32	30.48	0.11
平滩流量（45000m³/s）	12.77	0.26	32.93	-1.65	29.51	0.23

在航道条件改善方面，工程实施前的淤积及冲刷试验结果表明，牛屯河边滩尾延续淤积的态势，心滩左汊分流比减小，心滩至下何家洲右汊冲刷发展，与主航槽争流；小黄洲

（a）下何家洲与心滩锁坝工程上游局部河床淤积效果　　　（b）小黄洲口门低潜坝工程局部河床冲淤效果

图 6.6　试验效果

过渡段局部淤积，有效航宽缩窄，航道条件变差。工程实施后，多年平均流量下，心滩左汊分流比由工程前 58.59% 变化为 61.42%，小黄洲头过渡段分流比由工程前 30.48% 变化为 30.59%；冲刷试验年末，心滩过渡段 10.5m（水深）槽最小宽度由工程前约 200m 变化为约 300m，小黄洲头过渡段 10.5m（水深）槽最小宽度由工程前约 180m 变化为约 280m；工程后，心滩及下何家洲的稳定，使得小黄洲头过渡段航槽持续向弯、窄方向发展的态势得到了一定程度的抑制（图 6.7 和图 6.8）。

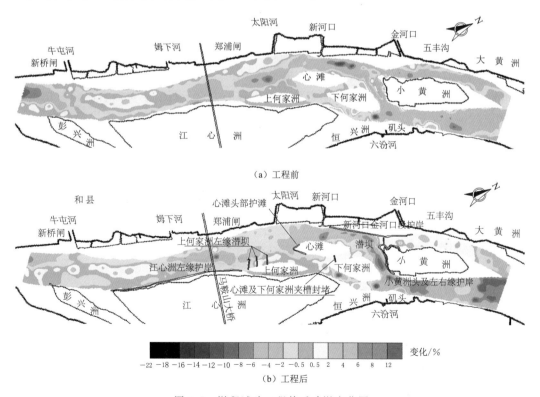

（a）工程前

（b）工程后

图 6.7　淤积试验工程前后冲淤变化图

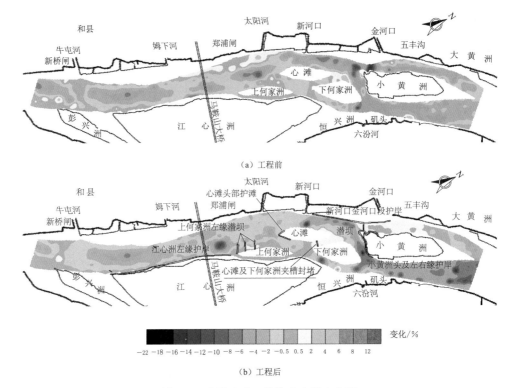

（a）工程前

（b）工程后

图 6.8　冲刷试验工程前后冲淤变化图

在岸线利用方面，工程实施后，牛屯河边滩尾部淤积下延的趋势得到遏制，与无工程相比，淤积试验条件下尾部 0m 等高线上提了约 45m，冲刷试验条件下 0m 等高线上提了约 50m，这有利于保障郑蒲港区及附近取水口工程的安全运行。小黄洲右汊分流比增加，小黄洲右汊河床转变为普遍冲刷，尤其是表现为深槽的冲刷幅度增加，右岸马鞍山港一带河床淤积试验年末冲刷幅度达到 1~4m，冲刷试验年末冲刷幅度约为 2~4m；同时心滩过渡段至小黄洲头过渡段航道条件的改善，对马鞍山港的持续发展也有积极的作用（图 6.9）。

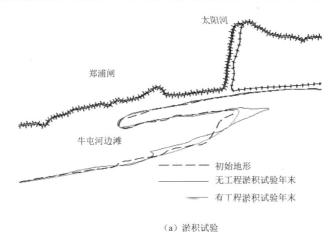

———— 初始地形

———— 无工程淤积试验年末

———— 有工程淤积试验年末

（a）淤积试验

图 6.9（一）　工程前后牛屯河边滩滩尾 0m 线变化

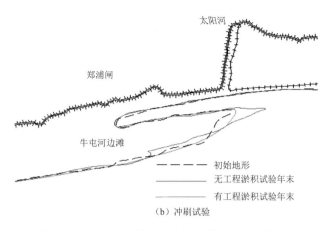

（b）冲刷试验

图 6.9（二）　工程前后牛屯河边滩滩尾 0m 线变化

综合以上成果，实施治理工程后，牛屯河边滩滩尾下移的态势得到抑制；心滩至下何家洲夹槽淤积，心滩和下何家洲高滩逐渐淤并；小黄洲左汊分流比有所减小。工程的实施起到了稳定江心洲左汊下段、小黄洲汊道河势的目的，从而为马鞍山市的河道岸线利用、供水安全及航道稳定等提供有利的河势条件。

6.3　镇扬河段综合治理研究

6.3.1　存在问题与综合治理需求

镇扬河段自 20 世纪 50 年代以来相继实施了以局部护岸为主的整治工程（1959—1983 年）、镇扬河段一期整治工程（1983—1993 年）、长江应急治理工程（1994—1997 年）、镇扬河段二期整治工程（1998—2003 年）、近期急守护工程（2004 年以来）、镇扬河段三期整治工程（2016—2019 年）以及江苏省崩岸应急治理（2018—2019 年）。近年来航道部门相继实施了长江南京以下 12.5m 深水航道建设二期工程（仪征水道、和畅洲水道航道整治工程）（2016—2019 年），长江南京以下 12.5m 深水航道后续完善工程（仪征水道、和畅洲水道）目前正在研究开展中。

长江镇扬河段三期整治进行了多方案的整治效果比较试验，包括试验中研究的方案有潜坝、顺坝、固定河床、调整岸线、对口丁坝、分水鱼嘴和长导流坝等方案，最终优选出世业洲左汊出口段建潜坝为主的三期整治工程方案（图 6.10）。根据物理模型试验结果，在连续大水年的作用下，在仅实施平顺护岸的情况下，世业洲左汊会继续发展，分流比在平滩流量下已超过 40%；仅实施世业洲左汊口门护底工程，世业洲左汊分流比减少不到 1%；世业洲左汊口门护底和潜坝工程实施后，与无工程相比，第三年左汊分流比减小 1.09%～1.89%，第五年时，左汊分流比减小 0.33%～1.34%。通过推荐整治方案的实施，抑制了世业洲左汊分流比急剧扩大的趋势，加强了仪征水道、世业洲汊道段及六圩弯道段岸坡的稳定性，使镇扬河段河势进一步趋于稳定和改善。

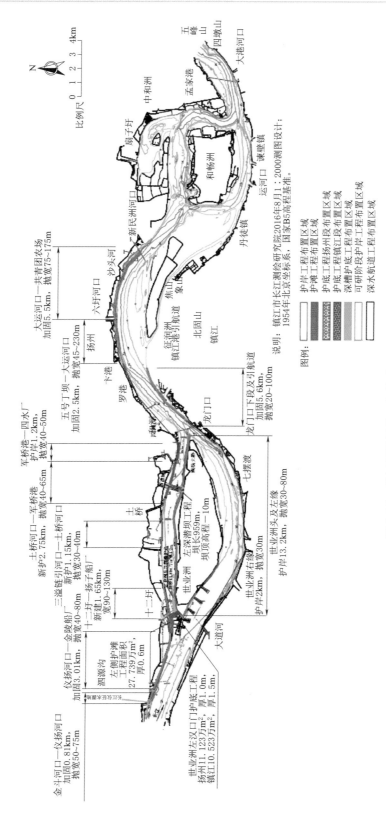

图 6.10 长江镇扬河段三期整治工程平面布置图

6.3.1.1 存在问题

镇扬河段一期、二期、三期整治工程及深水航道整治工程实施后，镇扬河段的河势条件有了一定程度的改善，但河势尚未得到完全控制，且有朝不利方向发展的可能性，具体表现在以下几个方面：

（1）镇扬河段进口段仪征水道主流左移，滩岸崩塌，影响防洪安全及扬州市沿江岸线开发利用，并对世业洲汊道的河势稳定产生了不利影响。虽然近期泗源沟附近实施了护岸加固工程，但仪征水道主流左移的趋势并没有改变。

（2）近期世业洲左汊发展速度加快，特别是经过几年的连续大洪水的冲刷，分流比仍在增加；而世业洲右汊呈缓慢萎缩态势，右汊分流比减小，进口口门淤积，影响右汊内国民经济设施的安全运行，同时也不利于右汊主航道条件的维持及下游河段的河势稳定。镇扬河段三期整治工程及深水航道整治工程在一定程度上起到了抑制世业洲左汊过快发展的作用，但也加剧了左汊进口处左岸的冲刷，同时左汊潜坝工程的实施也使左汊下段至出口处的冲刷有所增强。

（3）随着世业洲左汊的发展，世业洲汊道汇流后的河道主流右移，深槽冲刷下延，瓜洲边滩持续淤积，从右岸过渡到左岸的水流顶冲点下移，从而导致六圩弯道主流进一步贴岸，河床冲刷，岸坡向陡峻方向发展，近年发生了多起已建丁坝坍塌事件，深槽段继续向下延伸，出流方向更有利于和畅洲左汊进流，直接危及和畅洲汊道的河势稳定。

（4）和畅洲汊道段存在的最主要问题是和畅洲汊道两汊不均衡，作为主航道的右汊分流比严重不足，且右汊存在进一步恶化的可能。虽然经过镇扬河段一期、二期、三期整治工程及深水航道整治工程的作用，和畅洲左汊过快发展的态势得到了一定控制，但左汊仍占绝对优势，水动力条件很强，如遇不利水文年（例如发生大洪水），仍存在左汊再度发展、右汊再度衰退的可能。

综上所述，世业洲左汊、和畅洲左汊发展及分流比增加一直是镇扬河段河势面临的棘手问题，如何有效地解决这一棘手问题迫在眉睫，对有效控制镇扬河段河势至关重要，亟须开展相关治理对策研究。

6.3.1.2 治理需求

（1）维系优良河势、改善不利河势。良好而稳定的河势是长江南京两岸进行经济建设的前提条件。沿江地区经济的发展、长江产业带的建设，需要南京河段河道具有良好而稳定的河势。随着沿江开放开发的不断深入，对河势稳定的要求将越来越高。沿江城市的发展布局，航道的建设，港口的布局，沿江工业园区、物流园区码头和供水设施的建设，城市和农村的防洪、排涝、取水都离不开良好而稳定的河势。

（2）提升防洪能力、维护防洪安全。镇扬河段沿江扬州、镇江地区经济发达、交通便利、人口众多、经济条件优越、区位优势明显。根据河道演变分析可知，三峡工程蓄水运用后，下泄水流含沙量大幅减小，镇扬河段整体表现为冲刷，部分河段河势还在继续调整、尚未稳定，这可能会导致原有防护工程段发生破坏，同时出现新的险工险段，威胁堤防安全。为保障扬州、镇江地区的防洪安全，要进一步通过河道治理工程，加强防护，避免过强顶冲，达到稳定岸线、保障堤防安全的目的。

（3）稳定航道边界、改善通航条件。随着长江南京以下12.5m深水航道建设一期、二期工程的实施，12.5m 深水航道将上延至南京，但局部河段航道边界仍不稳定，每年仍需要辅以疏浚维护。根据《长江干线"十三五"航道治理规划》，南京至浏河口段建设目标为：保障南京以下 12.5m 深水航道安全、稳定运行，全面实现全天候双向通航 5 万吨级海船。"十三五"期间，继续采取工程措施，控制汊道分流格局、稳定航道边界、改善局部浅区条件、减少疏浚维护，实现了 12.5m 深水航道的安全畅通。具体而言，仪征水道需进一步稳定汊道分流态势，并加强对世业洲右缘的守护；和畅洲水道需适时采取工程措施巩固工程效果，加强坝下防护。

6.3.2　综合治理方案

6.3.2.1　综合治理思路与原则

（1）治理思路。重点遏制世业洲左汊与和畅洲左汊分流比的进一步发展，稳定汊道分流格局；通过对六圩弯道北岸丁坝段的改造，平顺流态，进一步稳定并保持六圩弯道的单一弯道形式；进一步加强崩岸治理，提高滩岸稳定性，使镇扬河段整体河势趋于稳定。

（2）治理原则。以限制世业洲左汊与和畅洲左汊的进一步发展为首要目标，通过工程措施，适当增加右汊分流比，以维持现有相对有利的河势条件；进一步加强六圩弯道左岸的守护，稳定并保持六圩弯道的单一弯道形式；加强新水沙条件下及治理工程实施后险工险段的治理，进一步稳定镇扬河段的整体河势。

6.3.2.2　综合治理组合方案

镇扬河段综合治理参数考虑如下：①通过采取工程措施，世业洲左汊分流比控制在 40% 以内，和畅洲左汊分流比控制在 70% 以内，且逐年呈缓慢下降趋势，遇大水大沙年分流比无明显反弹。②镇扬河段内无大的窝崩或崩岸出现，即使有崩岸出现能得到及时、有效控制，不会影响镇扬河段整体河势的稳定。

镇扬河段河势控制方案如下：

（1）对未护段实施守护，对原护岸工程进行全面加固，稳定镇扬河段整体河道形态。重点考虑对以下岸段进行防护：①世业洲左汊进口左岸；②和畅洲左缘全线加固；③和畅洲左汊孟家港附近岸段。

（2）进一步采取河势控制工程，限制世业洲左汊的发展。初步考虑实施以下工程：①镇扬三期已批复的世业洲左汊潜坝加高加固工程，将原设计坝顶高程由 −10m 提高至 −8m，坝顶宽度维持在 10m 不变；②考虑在世业洲左汊进口和出口新设置两道潜坝。左汊进口潜坝设置在十二圩附近，左汊出口潜坝设置在润扬大桥下游 1.6km 处，坝顶高程取 −10m，坝顶宽度为 10m。

（3）全面加固六圩弯道已有护岸工程，并对丁坝实施适度改造。具体工程分布和方案见图 6.11 和表 6.9。

（4）对和畅洲左汊现有潜坝进行加高加固，主要包括：①对水利部门实施的左汊口门的第一道潜坝进行加高加固，坝顶高程由 −20m 抬高至 −18m，并对潜坝整体实施加固；②对航道部门实施的后两道潜坝的坝体进行加固，维持现有高程不变。

镇扬河段综合治理方案平面布置如图 6.12 所示。

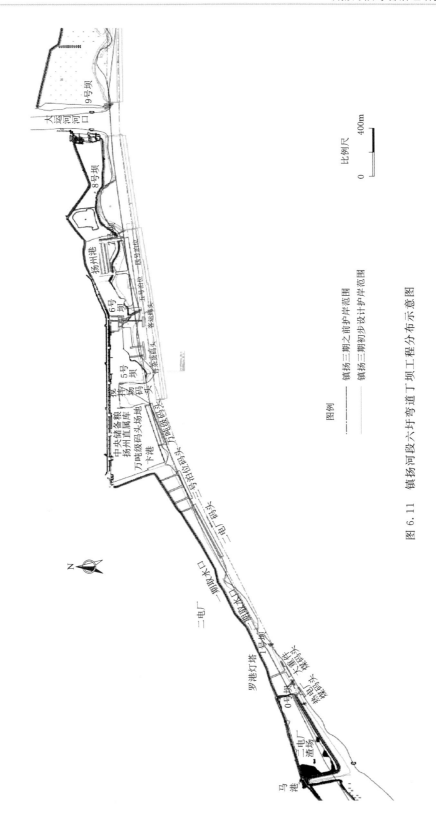

图 6.11 镇扬河段六圩弯道丁坝工程分布示意图

图例

—————— 镇扬三期之前护岸范围

—————— 镇扬三期初步设计护岸范围

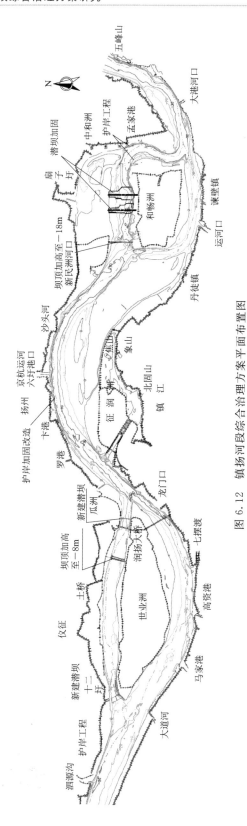

图 6.12 镇扬河段综合治理方案平面布置图

表 6.9 丁坝加固改造初步方案

坝体名称	初 拟 方 案	
	方案 A	方案 B
0 号坝	维持现状	
1 号坝	维持现状	
5 号坝	维持现状	
6 号坝	整体拆除，并进行平顺抛石护坡	将沿 5 号泊位码头前沿延长线将 6 号丁坝头部拆除约 22m，对坝头进行修复，坝高保持不变，坡比为 1∶2
7 号坝	整体拆除，并进行平顺抛石护坡	将 7 号坝体与 4 号泊位码头平台靠岸侧延长线相交以上至坝头坝体拆除，拆除段长约 50m，新坝头高程保持不变，坡比为 1∶2
8 号坝	整体拆除，并进行平顺抛石护坡	为与上游水流平顺衔接，拟将坝长减 50m，坝高降 2m
9 号坝	抛石加固	

6.3.3 治理效果

6.3.3.1 分流比变化

根据物模模型研究成果，由于实施了世业洲潜坝加高加固工程，并在世业洲左汊进出口附近新建了两道潜坝，工程对世业洲分流比的影响略大于对和畅洲分流比的影响，相对于工程前，均呈现左汊分流比减小、右汊分流比增大的现象，详见表 6.10。其中，世业洲右汊分流比第 5 年末较工程前增加 2.5%，10 年末较工程前增加 2.3%；和畅洲右汊分流比第 5 年末较工程前增加 1.3%，10 年末较工程前增加 1.2%。从试验成果来看，随着时间的推移，工程对抑制世业洲左汊与和畅洲左汊分流比发展的作用略有减弱。

表 6.10 工程前后汊道分流比变化表

河段	水文年	分 流 比 /%				右汊分流比相对增加
		工程前		工程后		
		左汊	右汊	左汊	右汊	
世业洲汊道	初 始	42.4	57.6	38.3	61.7	4.1
	第 5 年末	40.3	59.7	37.8	62.2	2.5
	第 10 年末	39.8	60.2	37.5	62.5	2.3
和畅洲汊道	初 始	70.2	29.8	68.1	31.9	2.1
	第 5 年末	68.2	31.8	66.9	33.1	1.3
	第 10 年末	67.7	32.3	66.5	33.5	1.2

6.3.3.2 平面冲淤变化

1. 世业洲汊道段

河势控制方案实施后，对世业洲汊道段左、右汊的平面冲淤分布有一定调整，与工程前相比，变化主要体现在：①世业洲左汉进口潜坝上游淤积，相对淤积厚度为 $1 \sim 3m$，下游冲刷，相对冲刷深度为 $1 \sim 4m$；左汉中部潜坝上游相对淤积 $0.8 \sim 2.5m$，下游相对冲刷 $0.6 \sim 2.0m$；左汉出口潜坝上游相对淤积 $1.2 \sim 4.0m$，下游相对冲刷 $0.8 \sim 3.5m$。②世业洲右汉整体上略有冲刷，平均冲刷幅度为 $0.5 \sim 2.2m$。

河势控制方案实施后，各段的河床冲淤量有一定的调整，相对于工程前，系列年第 5 年末洲头分流区相对淤积 23 万 m^3，世业洲左汉相对淤积 42 万 m^3，世业洲右汉相对冲刷 26 万 m^3，汇流区相对淤积 9 万 m^3；系列年第 10 年末洲头分流区相对淤积 16 万 m^3，世业洲左汉相对淤积 63 万 m^3，世业洲右汉相对冲刷 117 万 m^3，汇流区相对淤积 27 万 m^3（表 6.11）。

表 6.11　　　　　　　　世业洲汉道段工程前后河床冲淤量统计表

时段	河段范围	起始～第 5 年末			起始～第 10 年末		
		工程前	工程后	变化值	工程前	工程后	变化值
冲淤量（0m 以下）/$10^6 m^3$	洲头分流区	−2.48	−2.25	0.23	−4.12	−3.96	0.16
	世业洲左汉	−7.23	−6.81	0.42	−12.45	−11.82	0.63
	世业洲右汉	−5.96	−6.22	−0.26	−10.21	−11.38	−1.17
	汇流区	−1.14	−1.05	0.09	−1.79	−1.52	0.27
	合计	−16.81	−16.33	0.48	−28.57	−28.68	−0.11

注　表中正值代表淤积，负值代表冲刷。

2. 六圩弯道段

由于实施了护岸加固改造，对原六圩弯道的丁坝进行了改造，与工程前相比，滩槽格局及河势没有发生调整，对河势的影响主要表现为：①深泓出现不同程度的靠岸，工程侧近岸流速增大；②扬州港码头区域出现冲刷，工程附近深槽和对岸浅滩有一定程度的淤积；③丁坝的挑流作用减弱，丁坝群的布局及功能有所改变，可能导致工程河段河势的局部调整，直至达到新的平衡，在加强岸坡防护的前提下，对防洪及河势均无较大影响。

3. 和畅洲汉道段

河势控制工程实施后，和畅洲汉道段整体冲淤规律没有发生变化，即：①和畅洲左汉上中段新建两道边坡潜坝后，左汉河床冲淤变化主要集中在深槽部位，体现在坝前的淤积和坝后的冲刷，洲滩变化不大；②和畅洲右汉进口至一颗洲深槽冲刷加深，一颗洲边滩与运河口附近低滩亦冲刷明显。

河势控制工程（主要是第一道潜坝坝顶加高至 −18m）实施后，与工程前相比，和畅洲左汉口门潜堤～HL1 号潜堤之间河床呈略微冲刷态势，冲刷幅度在 1m 左右；HL1～HL2 号潜堤之间呈相对淤积态势，淤积幅度为 $1 \sim 2.5m$；HL2 号潜堤下游侧由于上游水动力条件的减弱，亦呈微淤态势，但幅度较小，为 $0.5 \sim 1.2m$；左汉孟家港以下河段冲淤交替，总体以淤积为主，淤积幅度为 $1 \sim 2m$。

和畅洲汉道河势控制方案实施后，各段的河床冲淤量有一定的调整，相对于工程前，系列年第 5 年末六圩河口至分流段相对淤积 19 万 m^3，和畅洲左汉相对淤积 15 万 m^3，和畅洲右汊相对冲刷 18 万 m³，汇流区相对淤积 11 万 m³；系列年第 10 年末六圩河口至分流段相对淤积 14 万 m³，和畅洲左汊相对淤积 23 万 m³，和畅洲右汊相对冲刷 11 万 m³，汇流区相对淤积 14 万 m³。河段总体冲刷量略有减小，工程后系列年 10 年末河床冲刷量减小了约 40 万 m³（表 6.12）。系列年第 10 年末世业洲汊道段平面冲淤变化如图 6.13 所示，系列年第 10 年末六圩弯道及和畅洲汊道段平面冲淤变化如图 6.14 所示。

表 6.12   和畅洲汊道段工程前后河床冲淤量统计表

时段	河段范围	起始～第 5 年末			起始～第 10 年末		
		工程前	工程后	变化值	工程前	工程后	变化值
冲淤量 （0m 以下） /10⁶ m³	六圩河口—分流段	−3.84	−3.65	0.19	−6.72	−6.58	0.14
	和畅洲左汊	−1.32	−1.17	0.15	−1.81	1.58	0.23
	和畅洲右汊	−6.59	−6.77	−0.18	−8.86	−8.97	−0.11
	汇流区	−5.82	−5.71	0.11	−6.69	−6.55	0.14
	合计	−17.57	−17.30	0.27	−24.08	−23.68	0.40

根据模型试验成果，和畅洲水道河势控制工程（主要是第一道潜坝坝顶加高至 −18m）实施后，和畅洲水道总体河势继续保持稳定，左汊发展进一步受限，潜坝工程下游区冲刷总体上呈减小趋势，右汊分流比进一步增大、河床普遍冲刷，随着时间的推移，潜坝工程对促进右汊发展的效果有所减弱。

综合上述可知，综合治理方案实施后，世业洲左汊与和畅洲左汊的发展得到了进一步的抑制，河势进一步趋于稳定，与工程前相比，左汊呈相对淤积态势，右汊冲刷有一定的加强，但幅度均不大，且随着时间的推移，潜坝对限制左汊发展、促进右汊发展的作用有所减弱。

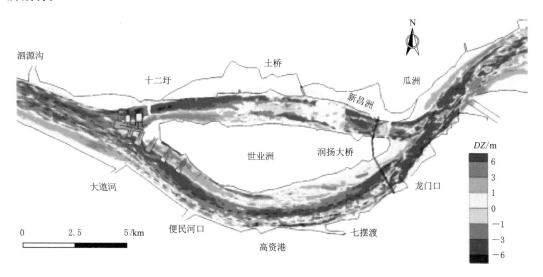

图 6.13   系列年第 10 年末世业洲汊道段平面冲淤变化图

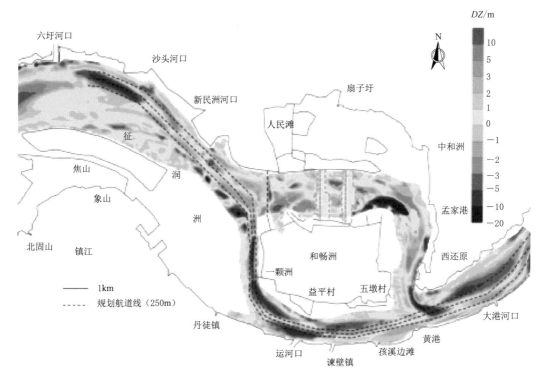

图 6.14　系列年第 10 年末六圩弯道及和畅洲汊道段平面冲淤变化图

参 考 文 献

长江科学院，2015. 长江安庆河段治理工程河工模型试验研究报告 [R]. 武汉：长江科学院.

长江科学院，2018. 长江安庆河段治理工程可行性研究报告 [R]. 武汉：长江科学院.

长江科学院，2012. 长江马鞍山河段二期整治工程河工模型试验研究报告 [R]. 武汉：长江科学院.

长江科学院，2018. 长江马鞍山河段二期整治工程可行性研究报告 [R]. 武汉：长江科学院.

长江科学院，2015. 长江镇扬河段三期整治工程可行性研究报告 [R]. 武汉：长江科学院.

长江科学院，2015. 长江镇扬河段三期整治工程河工模型试验研究报告 [R]. 武汉：长江科学院.

长江水利委员会，1990. 长江流域综合利用规划简要报告（1990 年修订）[R]. 武汉：长江水利委员会.

长江水利委员会，1997. 长江中下游干流河道治理规划报告 [R]. 武汉：长江水利委员会.

长江水利委员会，2008. 长江流域防洪规划 [R]. 武汉：长江水利委员会.

长江水利委员会，2012. 长江流域综合规划（2012—2030 年）[R]. 武汉：长江水利委员会.

长江水利委员会，2016. 长江中下游干流河道治理规划（2016 年修订）[R]. 武汉：长江水利委员会.

管丽萍，2010. 长江马鞍山河段江心洲左右汊河道演变分析 [J]. 江淮水利科技，(4)：22-25.

洪建，廖小永，2012. 长江下游马鞍山河段河道治理初步研究 [J]. 长江科学院院报，29（2）：1-5.

刘杰，赵德招，程海峰，2011. 长江口南支河床近期冲淤演变机制 [J]. 水运工程，(7)：113-118.

吕丽君，李振青，刘小斌，2009. 长江马鞍山河段河道演变及整治研究 [J]. 长江科学院院报，26（12）：13-16.

潘庆燊，胡向阳，2011. 长江中下游河道整治研究 [M]. 北京：中国水利水电出版社.

盛皓，戴志军，梅雪菲，等，2017. 长江口青草沙水库前沿河床演变与失稳风险研究 [J]. 海洋工程，

35（2）：105 - 114.

唐金武，由星莹，侯卫国，等，2015. 长江下游马鞍山河段演变趋势分析 [J]. 泥沙研究，（1）：30 - 35.

余文畴，卢金友，2005. 长江河道演变与治理 [M]. 北京：中国水利水电出版社.

张朝阳，刘羽婷，张志林，2019. 长江口太仓段险工近期发展新特点及趋势 [J]. 人民长江，50（12）：
    7 - 12.

后　记

　　长江下游上起鄱阳湖湖口，下至长江口，是长江水量最大的河段，也是长江经济带核心区域，其中的长江三角洲地区是中国经济发展最活跃、开放程度最高、创新能力最强的区域之一，在国家现代化建设大局和全方位开放格局中具有举足轻重的战略地位。新中国成立以来，长江下游河道历经近70年的治理，取得了很大成效，在沿江地区的经济社会发展中发挥了非常重要的作用。随着长江下游经济社会的快速发展，两岸地区对下游河道河势稳定、防洪安全、航道提升、岸线保护与利用、水生态水环境等综合性需求不断提高；尤其是党的十八大把生态文明建设纳入了中国特色社会主义事业以来，长江大保护要求越来越高。长期以来，长江下游河道由于洲滩汉道众多，冲淤多变，演变复杂，局部河段河势变化频繁，目前长江下游还有相当长的岸线尚不稳定、崩岸仍时有发生；而随着三峡工程蓄水运用以及上游乌东德、白鹤滩等干支流控制性水库群陆续建成运用，长江下游来水过程发生调整，来沙大幅度减少，给长江下游河道及两岸地区带来深远的影响。

　　本书涉及的范围主要是长江下游干流河道，基于多年来长江下游河道发育研究与治理实践，分析了长江下游干流河道基本情况，探讨了长江下游区域地质构造及演化、干流河道历史变迁、近现代河道演变规律特性和不同河型河道发育特征；运用实体模型试验和数学模型计算，预测了冲刷条件下长江下游干流河道发育趋势；在此基础上，结合新形势下长江下游干流河道河势、防洪、航运、水资源、岸滩利用与保护、水生态环境和涉水工程等综合治理需求，探讨了长江下游干流河道综合治理原则思路，并针对长江下游安庆、马鞍山、镇扬三个重点河段综合治理进行了研究。以上研究，希望能为新时期长江大保护及综合治理提供技术支撑与参考。

　　长江下游干流河道综合治理还有很长的路要走，本书是作者及其团队在长江下游实践中获得一些经验及认识，有的可能不太全面，有的甚至存在一些疏漏，恳请读者及水利同仁批评指正。

作者

2021 年 9 月